KB068326

괄호로 만든 세계

괄호로 만든 세계

마이클 울드리지 지음
김의석 옮김

옥스퍼드대 교수가
집약한 의식기계의
차가운 미래

THE ROAD
TO CONSCIOUS
MACHINE

RHK
알에이치코리아

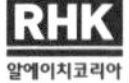

목차

3부

우리는 어디로 가고 있는가

서 론

이 책을 절반 정도 썼을 무렵, 나는 옥스퍼드 동료와 점심을 함께했다. 연구자들은 서로 만날 때마다 요즘 하는 연구에 대해 습관적으로 질문한다. 물론 내 나름대로 멋진 대답도 갖고 있다. "음, 조금 색다른 일을 하나 하고 있지. 일반 사람들에게 인공지능을 소개하는 책을 쓰고 있거든."

내 대답에 그녀는 다소 어이없다는 표정으로 코웃음 쳤다. 그러고는 "서점에 그런 책이 넘쳐날 텐데 아직도 그런 책이 더 필요하대? 기존 책들과 뭐가 다른데?"라고 물었다. 의기소침해진 나는 그럴듯한 대꾸를 생각해내려 애썼다. 잠시 후 나는 "실패한 인공지능 연구들을 소재로 쓰고 있지."라고 농담처럼 말했다. 그녀는 심각한 표정으로 나를 물끄러미 바라보더니 "엄청 길겠군."이라고 혼잣말했다.

인공지능은 내 삶과 같다. 1980년대 중반, 학생 시절 나는 인공지능의 매력에 사로잡혔다. 오늘날에도 여전히 그 매력에 흠뻑 빠져 있다. 내가 인공지능을 사랑하는 이유는 나를 부자로 만들어줘서도 아니고, 인공지능이 세계를 바꾸리라 믿어서도 아니다. 물론 부자가 되어 좋고, 인공지능이 여러 방법으로 세상을 바꾸리라 믿는다. 다만, 그 두 가지가 인공지능을 사랑하는 이유는 아니다.

내가 알고 있는 어떤 학문보다도 인공지능은 무궁무진하다. 철학, 심리학, 인지과학, 신경과학, 논리학, 통계학, 경제학, 로봇공학 등 셀 수 없이 다양한 학문들의 축적된 연구 성과를 사용하고, 새로운 결과물을 가지고 다시 그 학문들에 기여한다. 또한 "인간이 되기 위한 조건은 무엇인가?" 혹은 "인간은 고유한 존재인가?"와 같은 인간의 조건 내지 호모 사피엔스로서 우리의 위치에 관해 근본적인 질문을 던진다.

인공지능인 것과 인공지능이 아닌 것

내가 이 책을 쓴 이유를 좀 더 정확히 밝히자면 인공지능이 '아닌 것'을 설명하기 위해서다. 여러분이 생각하듯 인공지능의 궁극적인 목표는 인간처럼 스스로 생각하며 자동으로 작동하는 지능적 행동 능력을 갖춘 기계를 만드는 일이다. 아마도 대부분은 이런 종류의 꿈같은 인공지능을 공상과학 영화나 드라마 혹은 책에서 본 적이 있을 것이다.

이런 수준의 인공지능은 직관적이고 분명해 보인다. 그러나 그

속에 담긴 의미를 이해하려고 하면, 수많은 문제와 맞닥뜨린다. 정작 우리는 우리가 만들고 싶은 인공지능이 무엇인지 혹은 인공지능을 만드는 방법이 무엇인지 알지 못한다. 게다가 인공지능의 목표에 관한 어떤 합의나 공통된 생각도 없다. 바꿔 말해, 인공지능의 바람직한 모습은 고사하고, 인공지능을 구현하는 방법에 관해 서로 물고 뜯는 논쟁만 있다.

이런 현실을 고려하면 책, 영화 혹은 게임에서 봤던 인공지능의 이상적인 모습은 실제 인공지능 연구에서는 달성하기 힘들어 보인다. 물론 인공지능의 이상적인 모습을 보며 매우 심오하고 철학적인 문제들을 생각할 수 있다. 이 책에서도 그중 일부를 다룰 것이다. 그러나 사실상 인공지능의 이상적인 모습에 관한 많은 것들은 추측에 불과하다. 심지어 몇몇은 괴짜, 사기꾼, 약장수 같은 소수 몽상가적 연구자들의 주장이다. 그러나 여전히 인공지능에 관한 공개 토론이나 언론 기사는 이런 꿈같은 인공지능의 모습에 집착한다. 혹은 걱정을 만들어 하는 비관론자들의 악몽 같은 시나리오, 예를 들어 "인공지능 때문에 사람은 모두 실업자가 된다." "사람보다 똑똑해진 인공지능은 사람의 통제를 벗어난다." "초지능(슈퍼인텔리전스super intelligence)을 갖춘 인공지능 시스템이 인류를 말살한다." 등의 주장을 조명한다.

언론에 실린 인공지능에 관한 기사 상당수는 잘못된 정보를 담고 있거나 인공지능과 무관하다. 흥미 있을지는 몰라도 기술적 관점에서 판단하면 대부분 쓰레기 같은 기사다. 나는 이런 분위기를 바꾸고 싶다. 인공지능이 실제로 무엇이고, 인공지능 연구자들이 실제로 무슨 일을 어떻게 해나가는지 알려주고 싶다. 가까운 미래에 등장할 인공지능의 모습은 사람들이 상상하는 이상적인 모습과는 매우 달라서 아마도 즉각적 관심을 끌지는 못할 것이다. 그러나 인공지능은 그 자체로 매우 흥미진진하다.

주류 인공지능 연구자들은 사람 수준의 지능과 동작이 필요하며, 전통적인 컴퓨팅 기술로 해결할 수 없는 일을 인공지능 시스템이 처리하게 만드는 연구에 집중한다. 최근 이런 연구에서 중요한 성과들이 많이 나오고 있다. 예를 들어, 자동 번역은 20년 전 공상과학에서 등장했으나 지난 10년 사이 현실이 됐다. 이런 종류의 인공지능 프로그램들은 부족한 점이 많기는 해도 이미 전 세계 수백만 명의 사람들이 매일 잘 사용하고 있다. 예상컨대, 10년 이내에 고품질의 실시간 통역기가 개발될 것이다.

또한 가상현실 프로그램이 등장해 우리가 세상을 인지하고 이해하며 세상과 소통하는 방식을 바꿀 것이다. 자율주행차 역시 현실성 높은 전망을 보여준다. 건강 관리에서도 혁신적인 솔루션이 등장해 우리 모두 그 혜택을 누릴 것이다. 예를 들어, 인공지능 시스템은 엑스레이X-Ray 혹은 초음파 사진에서 종양과 같은 이상 징후를 의사보다 훨씬 잘 찾아낸다. 인공지능 기술이 가미된 웨어러블 기기는 사용자의 각종 신체 신호를 실시간으로 관찰해 심장 질환, 스트레스 심지어 치매까지 사전에 경고한다. 이런 일은 오늘날 인공지능 연구자들이 실제로 수행하고 있는 연구로 나 또한 큰 관심을 가지고 있으며 인공지능에 관해 이야기할 때 반드시 다뤄야 할 주제들이다.

오늘날 어떤 종류의 인공지능이 연구되는지 혹은 오늘날의 연구가 인공지능의 궁극적 모습과는 왜 관련 없어 보이는지 이해하려면, 인공지능 시스템이 만들기 어려운 까닭을 이해해야 한다. 지난 60년 이상, 사람들은 엄청난 노력과 돈을 인공지능 연구에 쏟아왔다. 그러나 안타깝게도 공상과학 영화에 등장하는 로봇 비서를 현실에서 만나는 것은 아직 먼 훗날의 일처럼 보인다. 인공지능은 왜 그리 어려울까? 이 질문에 답하려면, 컴퓨터가 무엇이고, 무슨 일을 할 수 있는지 근본적으로 이해해야 한다. 그리고 이 과정에서 우리는 수학에서 가장 심오한 문제들을 접하고, 20세기 가장 위대한 지식인 중 한 명인 앨런 튜링Alan Turing의 연구도 접할 것이다.

인공지능의 역사

내가 듣기로 이 세상 모든 이야기의 기본 줄거리는 일곱 가지 가운데 하나다. 그렇다면 인공지능에 관한 이야기는 어떤 줄거리에 가장 잘 맞을까?

내 동료 중 상당수는 '거지가 부자가 된 줄거리'를 좋아했다. 인공지능 분야에서 똑똑하거나 운 좋은 몇몇은 실제로 그랬다. 나중에 이유를 알게 되겠지만, 인공지능을 '야수 죽이기' 이야기로 볼 수도 있다. 여기서 야수는 수많은 인공지능 문제가 끔찍하게 풀기 어려운 이유이기도 한 계산 복잡도Computational Complexity를 의미한다. '원정'은 어떨까? 인공지능 이야기는 마치 성배를 찾아 떠난 중세 기사들의 이야기와 비슷하다. 이들은 종교적 열정에 사로잡혀 있다. 또 근거 없이 낙관적으로만 생각하고, 결국 잘못된 길을 따라가다 죽거나 쓰디쓴 실패를 맛본다.

누가 뭐라 해도 인공지능에 가장 적합한 줄거리는 바로 '흥망성쇠'다. 불과 20년 전만 해도 인공지능은 물음표가 꼬리표처럼 붙어 있던 틈새 학문에 불과했다. 하지만 오늘날 가장 역동적이며 잘 알려진 학문이 됐다. 인공지능은 '흥망성쇠'라는 이름에 걸맞게 성공과 실패를 반복했다. 인공지능 연구자들은 인공지능의 꿈을 실현해줄 혁신적 방법을 발견했다고 반복해 주장했으나, 모두 근거 없는 낙관적 생각이었다.

결과적으로 인공지능은 성공과 실패가 반복되면서 악명만 높아졌다. 실제로 인공지능 연구가 시작된 이래 성공과 실패의 사이클이 최소 세 번은 나타났다. 실패로 인한 추락이 너무 심각해서 인공지능 분야가 완전히 끝장날 것처럼 보인 적도 여러 차례 있었다. 시간이 지나면서 다시금 초미의 관심사로 떠오르며, 인공지능의 성공을 향한 흥분과 기대치는 최고조에 달해 있다. 나는 지금이야말로 인공지능의 다양한 실패 이야기를 접할 때라고 생각한다. 인공지능 연구자들은 인공지능을 획기적으로 발전시킬 마법 같은 방법을 발견했다고 여러 차례 생각했었다. 오늘날에도 비슷하다. 구글 CEO인 순다르 피차이Sundar Pichai는 "인공지능은 인류가 가장 중요하게 매달리고 있는 일들 가운데 하나로, 전기나 불보다 훨씬 심오합니다."라고 말했다.[1] 이는 인공지능이 새로운 전기라는 앤드루 응Andrew Ng의 주장에 뒤이어 나왔다.[2]

인공지능에 대한 과도한 자부심이 과거에 어떤 결과로 끝났었는지 기억해야 한다. 실제로 성과가 있었고 우리는 흥분하며 축하도 했었다. 하지만 '생각하는 기계'라는 목표에 도달하지 못했다. 지난 30년 동안 나는 인공지능 연구자로서 수많은 경험을 하면서 인공지능에 관해서는 무언가 주장하기 전에 조심할 필요가 있다는 것을 배웠다. 그 덕분에 나는 누군가 돌파구를 찾았다고 주장하면 일단 경계한다. 오늘날 인공지능 연구에 무엇보다 필요한 것은 다름 아닌 겸손이다.

문득 고대 로마 마부에 관한 이야기 하나가 떠오른다. 전쟁에서 승리한 장군이 도시를 누비며 개선행진을 할 때, 마부가 옆에서 장군의 귀에 대고 끊임없이 "기억하라, 너는 인간일 뿐이다Memento homo."라고 속삭였다.

나는 인공지능에 관해 좋은 일이든 나쁜 일이든 가감 없이 시간의 흐름에 따라 이야기하려 한다. 인공지능 이야기는 제2차 세계대전이 끝나고 첫 번째 컴퓨터가 개발된 이후부터 시작된다. 끝없이 낙관적인 생각 속에 한동안 다양한 영역에서 빠르게 발전하는 듯이 보였던 '인공지능의 황금시대'에서 시작해 세상의 모든 지식을 컴퓨터에 주입하고자 했던 '지식의 시대'를 이야기할 것이다.

다음으로 로봇이 인공지능의 주인공이어야 한다는 '동작 시대'를 다룬 뒤, 마지막으로 '딥러닝 시대'를 다루려 한다. 여러분은 각각의 시대마다 인공지능의 비상을 이끌었던 사람들을 보며 그들의 생각을 알게 될 것이다.

인공지능의 미래

나는 오늘날의 인공지능 열풍을 이해하려면 긴 세월에 걸친 인공지능의 여러 실패 사례들을 매우 심도 있게 살펴봐야 한다고 믿는다. 또한 반복된 실패의 역사에도 불구하고 오늘날 사람들이 인공지능의 미래에 관해 낙관하는 데는 그럴 만한 이유가 있다고 믿는다. 지난 10년간 인공지능 창시자들이 기적이라 부를 법한 인공지능 시스템들이 세상에 등장했다. 인공지능 연구를 둘러싼 과학의 유의미한 성과들이 있었으며, 그 노력이 빅데이터 및 값싼 고성능 컴퓨터와 결합해 엄청난 시너지 효과를 만든 덕분이다. 나는 이 책에서 인공지능 시스템이 실제로 지금 당장 할 수 있는 일과 가까운 미래에 할 수 있을 것 같은 일을 인공지능 시스템의 한계와 함께 이야기하고자 한다. 이어 인공지능의 공포에 대해서도 이야기하고자 한다. 인공지능에 대한 공개 토론을 하면 인공지능이 세계를 점령한다는 식의 고전적인 시나리오가 봇물 터지듯 쏟아져 나온다. 최근 인공지능 기술의 발전을 보면 고용 문제, 인권에 미치는 영향 등 모두가 신경 써야 할 이슈들이 분명 존재한다. 하지만 안타깝게도 정작 중요한 이슈들은 외면당하고 로봇이 세상을 점령할 것인가 같은 논쟁이 언론의 머리기사를 장식한다. 다시 한번 말하지만, 나는 이런 현실을 바꾸고 싶다. 여러분에게 중요한 사실들을 설명하고 걱정해야 할 것과 걱정할 필요가 없는 것을 최대한 명확히 알려주고자 한다.

끝으로 나는 여러분이 인공지능에 흥미를 가졌으면 한다. 내 바람을 담아 마지막 장에서는 인공지능의 이상적이고 위대한 꿈이라 할 수 있는 '의식을 가지고 생각할 수 있는 자율 기계' 즉, '의식기계'를 다루려 한다. 아울러 그 과정에서 인공지능 구현의 의미, 인공지능 시스템의 모습, 사람과의 유사 가능성 등의 질문을 던지고자 한다.

이 책을 읽는 법

이 책은 앞서 설명했던 중요한 이야기들을 잘 전달할 수 있도록 짜여 있다. 나는 이 책을 쓰며 일반적으로 학술 서적을 쓸 때 신경 써야 하는 귀찮은 일들을 피하려 했다. 모두 빼버리지는 않았지만, 상대적으로 적은 숫자의 참고문헌만 표시해 놓았다. 또한, 기술적으로 상세한 내용 특히, 수학적인 설명은 최소화했다.

나는 여러분이 이 책을 읽은 후에 지난 세월 동안 인공지능 연구를 이끌어온 핵심 아이디어와 개념들을 폭넓게 이해할 수 있기를 바란다. 사실, 핵심 아이디어와 개념 대부분은 본질적으로 수학이다. 그러나 나는 "책에 수식이 하나 늘어날 때마다 독자가 반으로 준다."는 스티븐 호킹 교수의 명언을 잘 알고 있다. 책을 쓸 때 그의 충고를 충실히 따랐다. 다만, 도전해보고 싶은 사람들을 위해 부록에서 기술적 아이디어들을 좀 더 깊이 있게 다뤘다. 추가적으로 읽을 만한 책 목록도 정리해뒀다.

인공지능은 방대한 학문이다. 지난 60년 이상 인공지능에 영향을 끼친 모든 아이디어, 전통, 사상 등을 빠짐없이 다룬다는 것은 절대 불가능하다. 따라서 나는 이 책에서 인공지능의 모든 것을 다루기보다 내 기준에서 중요한 것들만 골라 설명했다.

마지막으로 한 가지 덧붙이자면 이 책은 교과서가 아니다. 그러므로 이 책을 읽는다고 인공지능 회사를 창업하거나 구글이나 페이스북에 입사할 만한 기술을 갖출 수는 없다. 대신 인공지능이 무엇인지, 인공지능이 어디로 발전해 가는지 알 수 있을 것이다. 그 결과로 이 책을 읽은 여러분이 인공지능의 실체를 정확히 알고, 내가 인공지능에 관한 사람들의 잘못된 생각을 바꾸는 일에 동참해 주기를 바란다.

2019년 5월 옥스퍼드에서

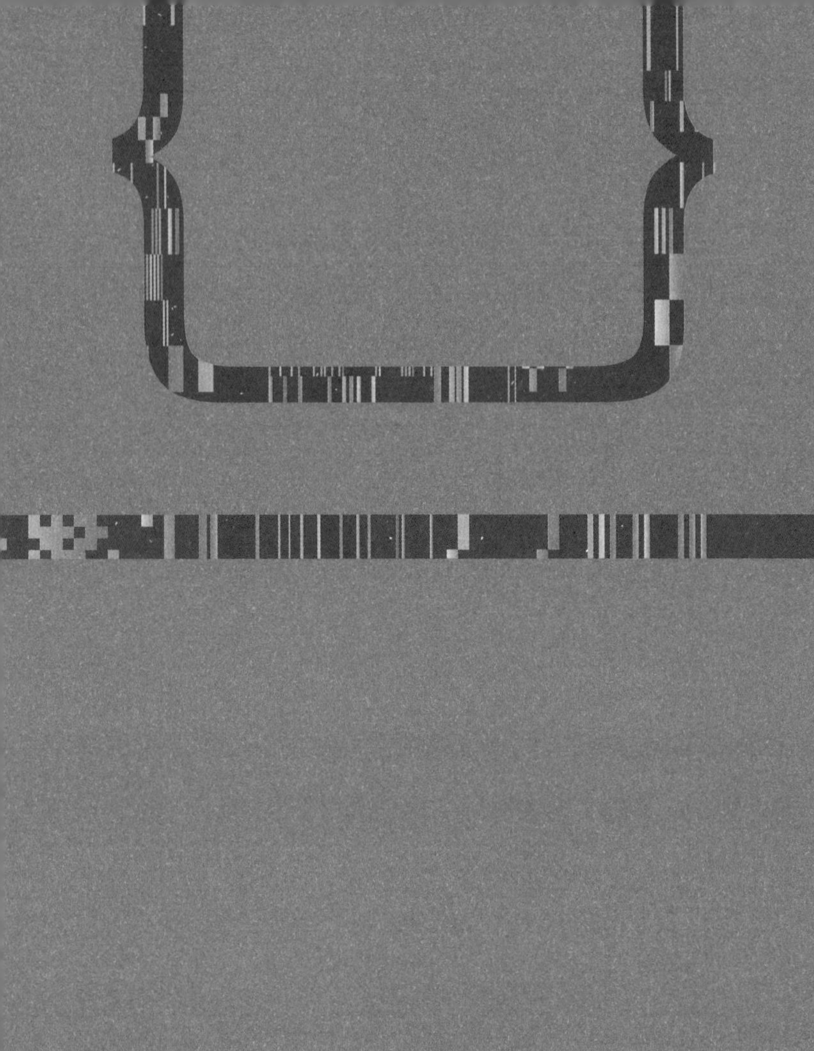

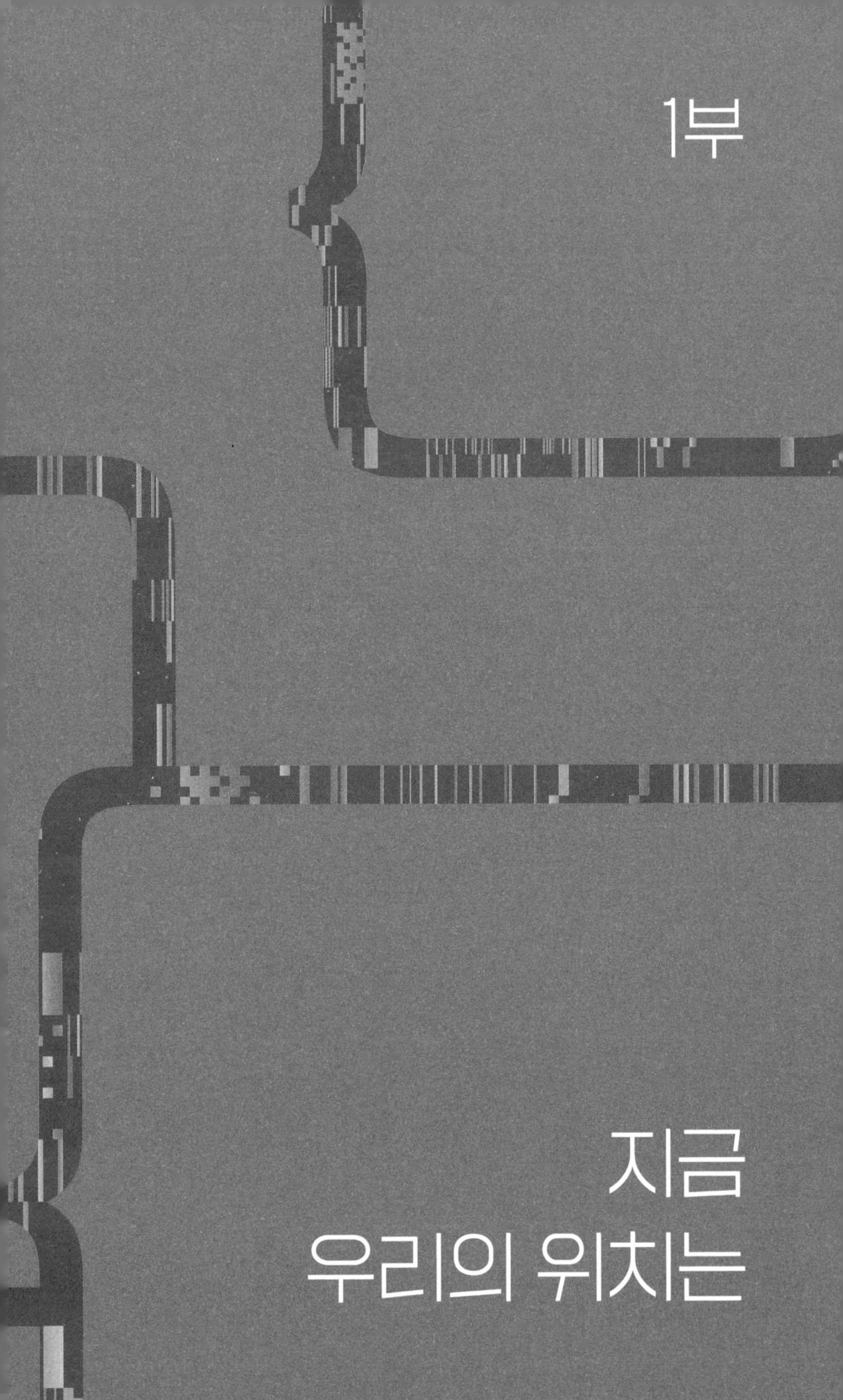

1부

지금 우리의 위치는

1장

튜링의 전자두뇌

여기 우리 함께 고민해야 할 문제가 있습니다.

"과연 기계가 생각할 수 있을까요?"

_앨런 튜링(1950)

어떤 이야기든 시작점이 필요하다. 인공지능에 관한 이야기 역시 마찬가지다. 문제는 인공지능의 역사가 길어 선택할 수 있는 시작점이 여럿 있다는 것이다. 예를 들어, 고대 그리스 대장장이의 신 헤파이스토스Hephaestus 이야기로부터 시작할 수도 있다. 그는 금속 인간을 만들고 생명을 불어넣을 수 있었다고 전해져 내려온다. 17세기 프라하Prague에서 시작할 수도 있다. 전설에 따르면 당시 한 유대인 랍비는 반유대주의자들로부터 유대인을 보호하기 위해 진흙을 재료로 신기한 생명체인 골렘을 만들었다.

18세기에 증기기관을 만든 제임스 와트James Watt의 이야기도 시작점이 될 수 있다. 그는 정교한 증기기관용 자동 제어 시스템인 '거버너Governor'를 만들고 근대 제어 이론의 기초를 닦았다. 19세기 초, 어린 소녀 메리 셸리Mary Shelley의 이야기로 시작하는 것은 어떨까? 나쁜 날씨 탓에 스위스 어느 집에 발이 묶였던 그녀는 그곳에서 시인 남편인 퍼시 비시 셸리Percy Bysshe Shelley와 그들의 친구이기도 했던 악명 높은 바이런 경Lord Byron을 즐겁게 해주기 위해 프랑켄슈타인에 관한 이야기를 만들었다.

1830년대 런던을 무대로 한 에이다 러브레이스Ada Lovelace의 이야기 역시 흥미진진한 시작점이 될 수 있다. 그녀는 바로 앞서 나왔던 바이런 경의 딸로 기계식 계산 장치 발명가인 찰스 배비지Charles Babbage의 친구이기도 했다. 심술궂은 얼굴의 배비지는 어리지만 매우 총명했던 러브레이스로 하여금 기계가 발전해 창의적인 일을 할 수 있는지 고민하도록 이끌었다. 살아 있다는 착각을 불러일으킬 만큼 정교하게 설계된 18세기 로봇 인형 오토마타Automata 역시 인공지능 이야기를 시작할 만한 좋은 이야깃거리 가운데 하나다.

이처럼 인공지능에 관해 이야기할 때 우리가 선택할 수 있는 다양한 시작점이 있다. 적어도 내 기준에서 인공지능의 시작은 계산, 곧 컴퓨팅의 시작과 일치한다. 그리고 컴퓨팅에 관한 한 우리에게는 꽤나 확실한 시작점이 있다. 바로 1935년 영국 케임브리지 킹스 칼리지King's College, Cambridge와 젊은 천재 과학자 앨런 튜링이다.

1935년 케임브리지 킹스 칼리지

앨런 튜링은 모든 수학자의 롤 모델일 만큼 유명하다. 그러나 1980년대까지만 해도 그는 수학과 컴퓨터 과학 분야의 일부 전문가들 사이에서만 알려진 인물이었다. 수학과 컴퓨팅을 전공하는 학생들 또한 어쩌다 한 번씩 그의 이름을 접할 뿐 그의 엄청난 업적과 비극적 죽음에 관해서는 거의 알지 못했다. 그의 업적 가운데 일부가 제2차 세계대전 동안 영국 정부를 위해 비밀리에 수행한 일이었던 탓에 1970년대까지 비밀로 관리됐기 때문이다.[1] 또 다른 이유는 튜링이 동성애자라는 사실과 관련 있다. 당시 영국에서는 동성연애를 범죄행위로 취급했고 사람들은 그에게 선입견을 가졌다. 1952년 그는 동성연애 혐의로 유죄판결을 받았다. 그는 일종의 '화학적 거세' 처벌을 받았으며, 조악하게 만들어진 성욕 감퇴 호르몬 약을 먹어야 했다. 2년 후, 그는 41세의 나이에 스스로 목숨을 끊었다.[2]

2014년 제작된 할리우드 영화 「이미테이션 게임The Imitation Game」 덕분에 튜링에 대한 이야기가 사람들에게 조금씩 알려지기 시작했다. 대부분 제2차 세계대전 당시 블레츨리 파크Bletchley Park에서 이뤄진 암호 해독과 연관된 것들이다. 영화 속 이야기가 모두 맞는 것은 아니다. 하지만 분명 그는 독일군 암호 해독에 막대한 공헌을 했으며 연합군의 승리에 지대한 역할을 했다. 그러나 컴퓨터와 인공지능 연구자들은 그와 별개로 그를 높이 평가한다. 그가 사실상 컴퓨터를 발명했고 인공지능 분야의 문을 열었기 때문이다.

튜링의 뛰어난 여러 업적 가운데 가장 중요한 업적이라면 우연이기는 해도 단연 컴퓨터를 발명했다는 사실이다. 1930년대 중반 튜링은 케임브리지대학에서 수학을 전공했다. 그는 당시 수학 난제 가운데 하나인 **결정문제**Decision Problem를 해결하겠다는 야심찬 목표를 세웠다. 1928년 수학자 다비트 힐베르트David Hilbert가 제시한 결정문제는 "일정한 과정을 따르는 것만으로 답할 수 없는 수학 문제가 있는가?"라는 질문에 답하는 문제였다. 결정문제는 '예' 혹은 '아니요'라는 답을 가진 수학 문제로 대표적인 예를 살펴보면 다음과 같다.

- '2 더하기 2는 4다.'는?
- '4 곱하기 4는 16이다.'는?
- '7919는 소수다.'는?

위 세 가지 질문에 대한 답은 모두 '예'다. 내 생각에 처음 두 문제는 명확하나, 마지막 문제는 소수에 대해 강박을 가지고 있지 않은 한 대답하기 어렵다. 또한 마지막 문제에 답하기 위해서는 약간의 작업을 수행해야 한다. 그럼 지금부터 세 번째 문제를 함께 생각해보자.

누구나 알고 있듯이 소수는 오직 1과 자기 자신으로만 나누어떨어지는 양수다. 이 정의만 정확히 알고 있다면, 누구나 세 번째 질문에 답할 수 있다. 7919라는 수가 커서 번거로울 수는 있다. 하지만 2부터 3959까지의 모든 수에 대해 7919를 나누어떨어지게 하는 수가 있는지 차례로 확인하는 방법을 직관적으로 떠올릴 수 있다. 이 방법으로 실수만 하지 않는다면 7919가 소수라는 사실을 알 수 있다.[3]

예로 든 세 문제는 답을 구할 방법이 정확하고 명백하게 존재한다. 즉, 세 문제에 답하고자 한다면 특정 방법을 기계적으로 따르기만 하면 된다. 누구나 방법만 정확히 따라 하면 예외 없이 답을 구할 수 있다.

"n은 소수입니까?"와 같은 질문은 시간을 충분히 들이면 답을 구할 수 있는 확실한 방법이 있으므로 결정가능 문제다. 즉, "n은 소수입니까?"와 같은 질문이 주어졌을 때, 시간만 충분하면 분명 답을 구할 수 있다는 것을 우리가 안다는 의미다.

결정문제와 관련한 모든 수학 문제는 앞에서 예로 든 문제들과 같이 결정가능한 것인지를 판단하는 대상이다. 즉, 시간에 상관없이 모든 수학 문제에 답을 구하는 방법이 있는지를 다룬다.

다소 말장난 같다고 느낄 수도 있다. 하지만 이는 "수학이 단순히 방법을 따르기만 하면 답을 찾을 수 있는 학문은 아닐까?"라는 매우 근본적인 질문이다. 1935년 튜링은 이 근본적인 수학 난제를 풀기로 마음먹었으며, 놀랍게도 매우 빠르게 해결했다.

누구나 결정문제와 같은 수학 난제를 풀려면 매우 복잡한 식과 긴 증명이 필요할 것이라 예상한다. 실제로 대부분 그렇다. 예를 들어, 1990년대 초 영국 수학자 앤드루 와일스Andrew Wiles가 페르마Fermat의 마지막 정리를 증명했다. 당시 수많은 수학자들이 수백 페이지에 달하는 그의 증명을 이해하고 정말로 옳다고 인정하기까지 몇 년이 걸렸다. 이런 사실을 생각하면, 결정문제에 대한 튜링의 해법은 놀랍다 못해 신기하기까지 하다.

그의 증명은 놀라울 정도로 짧은 데다 비교적 이해할 만했다. 우선 그는 문제를 풀기 위해 정확히 따를 수 있는 방법을 만들 수 있어야 한다고 생각했다. 이를 위해 그는 오늘날 사람들이 튜링머신Turing Machine이라 부르는 수학 문제 해결 기계를 발명했다. 튜링머신은 앞서 설명했던 소수를 확인하는 방법 같은 '문제 해결 방법'에 대한 일종의 수학적 기술이다. 튜링머신의 유일한 기능은 '문제 해결 방법'을 정확히 수행하는 것이다. 튜링이 기계를 만들어 난해한 수학적 문제를 해결하겠다는 상당히 특이한 발상을 떠올렸을 때 아마도 당시의 수많은 수학자들은 터무니없다고 느꼈을 것이다.

튜링머신은 강력하다. 여러분이 어떤 수학적 방법을 생각하든 튜링머신은 그 방법을 수행하도록 프로그래밍될 수 있다. 만약 수학의 모든 결정문제를 한 가지 방법으로 풀 수 있다면, 그 방법을 수행할 튜링머신을 설계할 수 있어야 한다. 따라서 힐베르트의 문제를 해결하려면 튜링머신을 사용해 해결할 수 없는 결정문제가 있다는 사실을 보여주기만 하면 됐다. 튜링이 바로 그 일을 해냈다.

이후 튜링은 자신의 기계들이 일반적인 문제를 해결하도록 어떤 방법이라도 수행할 수 있는 튜링머신을 설계했다. 사람들은 이를 **유니버설 튜링머신**이라 불렀다.[4] 핵심 기능만 따지면 컴퓨터는 유니버설 튜링머신을 실제로 구현한 기계다. 컴퓨터가 실행하는 프로그램들은 앞서 예로 든 소수를 구하는 방법과 비슷하다.

튜링머신이 내가 이 책에서 하려는 이야기의 핵심은 아니다. 하지만 튜링의 새로운 발명품 덕분에 결정문제가 해결됐다는 사실은 충분히 언급할 만하다. "인공지능이 궁극적으로 가능할까?"라는 질문과도 관련 있기 때문이다.

튜링은 튜링머신이 다른 튜링머신에 대한 질문에 답할 수 있도록 프로그래밍될 수 있는지 고민했다. 그리고 "튜링머신과 입력이 주어졌을 때, 튜링머신이 정답을 구하고 멈출지 혹은 정답을 구하지 못한 채 영원히 작동할지 알 수 있을까?"와 같은 결정문제를 떠올렸다. 그는 먼저 이 문제에 답할 수 있는 튜링머신이 존재한다고 가정했으며, 곧이어 이 가정이 모순으로 이어진다고 생각했다. 결과적으로 그는 튜링머신이 멈출지를 확인할 방법이 존재할 수 없으므로 "튜링머신은 멈출까?"라는 문제는 **비결정문제**라고 생각했다. 그는 단순히 방법을 따르는 것만으로 풀 수 없는 결정문제가 존재한다는 결론에 다다랐다. 결국 "수학이 특정 방법을 따르는 단순한 일이 될 수 있을까?"라는 힐베르트의 결정문제에 '아니요'라고 답할 수 있었다.[5]

튜링의 연구 결과는 20세기 수학 분야의 가장 위대한 업적 가운데 하나였다. 그 업적 한 가지만으로도 그는 수학의 역사에 자신의 이름을 영원히 남겼을 것이다. 그러나 그는 힐베르트의 결정문제를 해결하면서 일종의 연구 부산물로 일반 문제 해결 기계인 유니버설 튜링머신을 만들었다. 처음에는 머릿속에서만 떠올릴 뿐 실제로 만들 생각까지는 없었으나, 그를 포함해 여러 사람들이 곧 이런 기계를 실제로 만들기에 이르렀다.

제2차 세계대전 당시 독일 뮌헨의 콘라트 추제Konrad Zuse는 독일 항공부에서 사용할 컴퓨터 Z.3을 설계했다. Z.3은 오늘날의 컴퓨터와는 꽤 달랐지만, 컴퓨터의 주요 구성 요소 상당수가 들어 있었다. 그 무렵 대서양 건너 미국 펜실베이니아의 존 모클리John Mauchly와 프레스퍼 에커트J. Presper Eckert는 포탄궤적표artillery table를 계산하기 위해 에니악ENIAC이라는 이름의 계산 기계를 개발했다. 헝가리 태생의 천재 수학자 존 폰 노이만John von Neumann이 에니악 제작을 도왔으며, 에니악은 현대 컴퓨터의 기본적인 아키텍처를 갖추게 됐다. 사람들은 폰 노이만의 업적을 기리며 이 구조를 폰 노이만 구조라 불렀다. 전쟁이 끝나고 영국에서는 프레드 윌리엄스Fred Williams와 톰 킬번Tom Kilburn이 세계 최초의 상용 컴퓨터 페란티 마크 1Ferranti Mark 1의 전신인 맨체스터 베이비Manchester Baby라는 컴퓨터를 만들었다. 이 모든 결과의 시작점인 튜링 역시 1948년 맨체스터대학에 합류해 페란티 마크 1에서 실행할 첫 번째 프로그램을 작성했다.

1950년대, 오늘날 컴퓨터의 주요 구성 요소가 개발됐으며, 튜링의 상상 속 수학 결과물을 구현한 기계가 실제로 등장했다. 컴퓨터를 살 수 있는 돈과 설치할 수 있는 커다란 장소만 있으면 컴퓨터를 갖출 수 있었다. 참고로 페란티 마크 1을 설치하려면 가로, 세로, 높이가 각각 4.9미터, 1.2미터, 2.4미터 이상인 방이 필요했다. 또한 페란티 마크 1을 가동시키기 위해서는 오늘날 기준으로 가정집 세 군데에서 사용할 용량인 27킬로와트의 전력이 필요했다. 물론, 그때 이후로 컴퓨터는 지속적으로 작아졌으며 값도 싸졌다.

전자두뇌가 실제 하는 일

제2차 세계대전 이후 첫 번째 컴퓨터가 만들어지자 세계 곳곳의 신문에서 전자두뇌라는 머리기사를 달아 경이로운 새 발명품의 등장을 알렸다. 엄청나게 복잡하고 정교한 이 기계는 눈부신 수학 성과를 선사했다. 예를 들어, 어마어마한 분량의 복잡한 문제를 상상도 못 할 속도로 매우 정확하게 처리할 수 있었다.

컴퓨터의 실체를 잘 알지 못하는 사람들에게 컴퓨터는 틀림없이 사람과는 차원이 다른 지적 능력을 가진 기계처럼 보였다. 전자두뇌는 이를 명확히 보여주는 이름이었고 1980년대 초까지도 이런 용어가 사람들 사이에서 널리 사용됐다.

전자두뇌는 분명 매우 유용하고 어려운 수준의 일을 처리할 수 있었다. 하지만 사실상 지능이 필요한 일은 아니었다. 만약 컴퓨터가 할 수 있는 일과 할 수 없는 일을 정확히 이해할 수 있다면 인공지능과 인공지능이 왜 그리 어려운지도 충분히 이해할 수 있다.

튜링머신과 튜링머신을 실제로 구현한 컴퓨터는 사람의 지시를 정확하고 빠르게 수행한다는 설계 목적에 따라 정확히 그렇게만 작동하는 기계 그 이상도 그 이하도 아니다. 사람이 튜링머신에 내리는 지시를 알고리즘 혹은 프로그램이라 말한다.[6] 사실 대부분의 프로그래머들은 아마도 자신들이 튜링머신을 사용하고 있다는 사실을 모를 것이다. 튜링머신 프로그래밍은 수많은 컴퓨터 과학자와 학생을 좌절하게 만들 만큼 끔찍하게 성가시고 지루한 일이므로 이를 모르는 것이 더 낫다.

튜링머신 프로그래밍의 어려움을 피하기 위해 파이선, 자바, C와 같이 튜링머신상에서 작동하는 상위 수준 프로그래밍 언어들이 만들어졌다. 이런 언어를 사용하면 기계 내부를 속속들이 알지 못하더라도 프로그래밍을 할 수 있다. 그러나 여전히 프로그래밍은 일반인들이 믿기 어려울 만큼 성가시고 지루한 일이다. 그리고 이는 프로그래밍이 어렵고, 프로그램이 자주 오작동하며, 능력 있는 프로그래머의 연봉이 높은 이유다.

여러분에게 프로그래밍에 대해 강의할 생각은 전혀 없다. 하지만 컴퓨터가 어떤 종류의 지시에 따라 작동하는지 약간만 이해한다면 이후 설명을 받아들일 때 도움이 될 것 같다. 간단히 말해 컴퓨터는 다음과 같은 지시, 좀 더 전문적인 용어로 명령어를 입력받아 실행한다.[7]

- B에 A를 더하라.
- 덧셈의 결괏값이 C보다 크다면 D라는 일을 하고, 그렇지 않다면 E라는 일을 하라.
- G라는 조건이 충족될 때까지 F라는 일을 반복하라.

모든 컴퓨터 프로그램은 결국 위와 같은 명령어의 집합이다. 마이크로소프트 워드Microsoft Word나 파워포인트PowerPoint 프로그램은 물론, 〈콜 오브 듀티Call of Duty〉나 〈마인크래프트Minecraft〉 같은 게임 역시 마찬가지다. 페이스북Facebook, 구글Google, 이베이eBay 역시 별다르지 않다. 웹브라우저, 틴더Tinder, 수많은 스마트폰 앱 역시 마찬가지다.

지능적인 기계를 만들려 한다면 지능 역시 궁극적으로 위와 같은 명령어들로 표현돼야 한다. 이는 인공지능의 본질적이며 근본적인 문제다. 바꿔 말해 "인공지능이 가능한가?"라는 질문은 "위와 같은 명령어들을 사용해 지능적인 행동을 만들 수 있는가?"라는 질문과 같다.

나는 이런 질문이 인공지능을 이해할 때 어떤 의미를 가지는지 명확히 밝히고자 지금부터 1장 끝까지 이 문제를 다루고자 한다. 혹시 내가 지금 컴퓨터가 쓸모없는 물건이라 주장한다고 오해하지 않길 바란다. 오히려 실제 보이는 것보다 훨씬 유용한 기계라는 사실을 보여줄 여러 증거들을 말하고 싶으니 말이다.

첫째, 컴퓨터는 빠르다. 정말, 정말, 정말 빠르다. 여러분도 물론 이 사실을 잘 알고 있다. 그러나 일상생활에서 그런 사실을 알기는 어렵다. 이에 컴퓨터의 속도를 정량적으로 살펴보자. 여러분이 컴퓨터에서 글을 쓸 때, 최고 속도로 작동하는 일반 데스크톱 컴퓨터는 초당 1천억 개의 명령어를 실행할 수 있다. 얼마나 빠른지 느낌이 오는가? 별 느낌이 없다면 여러분이 컴퓨터 명령어 하나하나를 1분 1초도 쉬지 않고 직접 실행한다고 가정하자. 또한 10초에 명령어 하나씩을 실행한다고 가정하자. 이 경우 컴퓨터가 1초 동안 수행한 일을 하려면 약 3,700년이 걸린다.

둘째, 사람은 컴퓨터보다 속도만 느린 것이 아니다. 매우 긴 시간 정해진 일을 할 때 사람은 실수하기 마련이다. 그러나 컴퓨터는 좀처럼 틀리지 않는다. 컴퓨터 프로그램이 빈번히 오작동한다고 주장할 수도 있다. 하지만 사실 오작동은 거의 언제나 컴퓨터의 잘못이 아니라 잘못된 프로그램을 작성한 프로그래머의 잘못이다. 이론적으로 봐도 오늘날 컴퓨터는 매초당 수백억 개의 명령어를 잘 실행하면서 평균 5만 시간에 겨우 1번 정도 오작동할 만큼 매우 안정적이다.

셋째, 컴퓨터가 명령어에 따라 작동하는 기계라고는 해도 결정을 못 내리는 것은 아니다. 컴퓨터가 따를 수 있는 정확한 규칙과 명령어만 있다면 컴퓨터는 분명 결정을 내릴 수 있다. 게다가 기존의 규칙과 명령어를 점진적으로 조정하는 규칙과 명령어가 있다면 컴퓨터는 시간이 지나며 점차 자신의 결정을 바꿀 수도 있다. 즉, 컴퓨터는 학습이 가능하다.

인공지능은 왜 어려울까?

컴퓨터는 간단한 명령어들, 정확히 말해 명령어들로 작성된 프로그램을 매우 빠르고 정확하게 실행한다. 또한 결정 방법이 정확히 프로그래밍돼 있다면 컴퓨터는 결정도 내릴 수 있다. 그런데 세상의 일들 가운데는 쉽게 프로그래밍할 수 있는 일과 그렇지 않은 일이 있다. 프로그래밍하기 쉬운 일과 그렇지 않은 일들을 살펴보고 그 이유를 생각해보면 인공지능이 왜 그리 어렵고 오랜 시간 발전이 더디었는지 좀 더 쉽게 이해할 수 있다. 그림 1은 대표적으로 컴퓨터를 사용해 하려는 일들과 그 어려움을 보여준다.

그림 1에서 맨 위에 있는 일은 연산이다. 덧셈, 뺄셈, 곱셈, 나눗셈과 같은 기본적인 연산은 초등학교에서 배웠던 매우 간단한 방

초창기에 이미 해결한 쉬운 일

연산(1945)
정렬(1959)

많은 노력이 필요했지만 해결한 일

간단한 보드 게임(1959)
체스(1997)
사진 속 얼굴 인식(2008)
사용 가능한 수준의 자동 번역(2010)
바둑(2016)
사용 가능한 수준의 실시간 통역(2016)

실질적인 발전 과정 중에 있는 일

자율주행차
사진에 자동으로 제목 달기

먼 훗날의 이야기

이야기를 이해하고 관련 질문에 답하기
사람 수준의 자동 번역
사진 속 상황을 해석해 설명하기
글쓰기
예술 작품 해석
사람 수준의 일반 지능

그림 1 컴퓨터를 사용해 수행하려는 일들이 구현 난이도에 따라 나열돼 있다. 괄호 속 연도는 대략적으로 그 문제가 해결된 시점을 의미한다. 맨 아래 일들의 경우, 현재 수준의 컴퓨터로는 할 수 있는 아무런 방법이 없다.

법과 순서에 따라 수행할 수 있기 때문에 컴퓨터가 매우 쉽게 실행할 수 있다. 이처럼 간단한 연산 작업은 컴퓨터 프로그래머가 명시적이고 직접적으로 프로그래밍할 수 있다. 주로 연산들로 이루어진 응용을 처리하는 문제는 초기 컴퓨팅 연구 시절에 이미 해결됐다(1948년 튜링이 맨체스터대학에 들어가 첫 번째 작성했던 맨체스터 베이비 컴퓨터용 프로그램이 긴 나눗셈 프로그램이었다. 어린 시절 학교에서 배웠던 나눗셈을 프로그래밍한 일은 20세기 가장 어려운 수학 문제를 풀어낸 튜링에게 분명 색다른 경험이었을 것이다).

다음은 정렬이다. 정렬은 숫자들을 내림차순이나 오름차순으로, 단어나 이름들을 가나다 혹은 알파벳순으로 배열하는 일이다. 인공지능과는 큰 관련이 없어 보이고 실제로 매우 간단한 몇몇 정렬 알고리즘들이 있다. 그러나 가장 정확한 정렬 알고리즘은 끔찍하게 느려서 거의 쓸모가 없었다. 대표적으로 1959년 퀵소트QuickSort라는 정렬 알고리즘이 개발됐다. 효율성을 고려하면 퀵소트는 사실상 첫 번째 정렬 알고리즘이나 다름없었다(퀵소트 알고리즘이 처음 개발된 이후, 더 좋은 정렬 알고리즘은 없는 것이나 마찬가지였다).[8]

다음은 보드 게임이다. 보드 게임의 경우, 인공지능 프로그래밍과 같은 이유로 프로그래밍이 쉽지 않다. 하지만 다음 장에서 좀 더 많이 다룰 '탐색'이라는 매우 간단하고 명확한 프로그래밍 방법이 있다. 이 기법을 이용하면 보드 게임을 손쉽게 프로그래밍할 수는 있다. 그러나 아주 간단한 게임을 제외하고는 프로그램 실행 시 컴퓨팅 시간이 너무 길거나 주 메모리 사용량이 너무 커져 프로그램이 잘 작동하지 않는다. 예를 들어 '단순무식한' 탐색 방법을 사용해 바둑 게임을 프로그래밍한다면 우주를 구성하는 모든 원자를 사용해 컴퓨터를 만든다 해도 필요한 성능을 내기에는 한참 모자라다. 따라서 실제로 사용할 수 있는 보드 게임 프로그램을 만들려면 다른 기법이 필요하며, 다음 장에서 설명하듯 인공지능 기술이 사용된다.

인공지능 분야에서 논쟁의 중심이 되는 주제는 다음과 같다. "이론적인 문제 해결 방법을 알고는 있지만, 그 방법에 따라 곧이곧대로 프로그래밍하면 어마어마한 컴퓨팅 자원이 필요하다." 이를 해결하기 위한 많은 연구가 수행되고 있다.

기존과는 다른 유형의 문제들도 있다. 사진 속 얼굴 인식, 자동 번역, 사용 가능한 수준의 실시간 통역 등이다. 이들 문제는 전통적인 컴퓨팅 기법들에서는 해결 방법의 작은 실마리조차 찾을 수 없고 완전히 새로운 방법이 필요하다. 그리고 앞서 말한 세 문제 모두 머신러닝이라는 기법을 사용해 해결됐다. 머신러닝은 나중에 좀 더 상세히 다루도록 한다.

다음으로 자율주행차를 생각해보자. 대개 사람들은 운전을 간단한 일로 여기며 운전 능력을 지능과 연관 짓지 않는다. 그러나 컴퓨터가 사람 대신 차를 운전하는 일은 매우 힘든 작업으로 알려져 있다. 우선 자율주행을 담당한 컴퓨터가 현재 위치와 주변 상황을 잘 알고 있어야 하기 때문이다. 눈을 감고 뉴욕 한복판 복잡한 교차로에 자율주행차가 있다고 상상해보자. 아마도 주변의 수많은 차들이 끊임없이 움직이고 있고, 걷거나 자전거를 타는 사람 혹은 도로를 고치는 사람도 있으며, 교통 신호와 도로 표시도 보일 것이다. 비 혹은 눈이 내리거나 짙은 안개가 낀 모습을 상상할 수도 있다(사실 뉴욕에서는 종종 세 가지가 동시에 일어나곤 한다). 주변이 복잡해 보이기는 해도 이런 상황에서 어렵지 않게 감속, 가속, 좌회전, 우회전 같은 운전 행위를 판단할 수 있다. 그보다 자율주행차의 위치, 주변 자동차들의 움직임 혹은 보행자의 움직임 등을 파악하는 게 정말 어려운 문제다. 만약 이런 모든 정보를 수집했다면 자율주행차의 작동은 쉽게 결정할 수 있다(이 책에서는 자율주행차를 구현할 때 어떤 어려운 문제들이 발생하는지도 다룰 것이다).

이제 현시점에서 거의 어떤 해결 방법도 없는 문제들을 생각해 보자. 어떻게 컴퓨터가 복잡한 이야기를 이해하고 관련 질문에 대답할 수 있을까? 어떻게 컴퓨터가 다양한 의미가 함축돼 녹아 있는 소설을 번역할 수 있을까? 어떻게 컴퓨터가 사진 속 사람을 인식할 뿐만 아니라 사진의 내용을 설명할 수 있을까? 어떻게 컴퓨터가 흥미진진한 이야기를 창작하거나 혹은 미술 작품을 보고 해석할 수 있을까? 마지막으로 그림 1의 목록 맨 끝에 있는 사람 수준의 일반 지능 구현은 프로그래머의 위대하고 궁극적인 목표로 가장 달성하기 어려운 문제다.

인공지능 기술이 발전하면서 목록의 여러 일들이 하나둘 이루어질 것이다. 단, 목록에서 아직 해결되지 않은 일들이 있는 이유는 다음 두 가지 가운데 하나다. 첫째, 이론적 해결책은 있으나 현실성 없는 컴퓨팅 시간과 메모리 요구량 때문에 실제로 사용할 수 없는 경우다. 체스와 바둑 같은 보드 게임이 이 경우에 해당한다. 둘째, 문제 해결 방법이 없는 경우로(예: 얼굴 인식), 완전히 새로운 방법(예: 머신러닝)이 필요해 보인다. 오늘날 인공지능을 구현할 때 직면하는 거의 모든 문제는 이 두 가지 가운데 하나와 관련 있다.

목록에서 가장 어려운 문제인 사람 수준의 일반 지능을 생각해 보자. 당연하게도 많은 사람이 이 문제에 대해 관심을 가졌다. 이 주제에 대한 초창기 연구자로서 가장 영향력 있는 인물은 다름 아닌 우리들의 옛 친구 앨런 튜링이다.

튜링 테스트

최초의 컴퓨터들은 1940년대 후반에서 1950년대 초반 사이에 잇달아 개발됐다. 당시 근대 과학의 경이로운 결과물인 컴퓨터의 잠재력에 관해 열띤 논쟁이 일어났다. 특히 MIT 수학과 교수인 노버트 위너Norbert Wiener는 『사이버네틱스Cybernetics』라는 책을 써 세간의 이목을 집중시켰다. 그는 기계와 동물의 뇌 사이에서 발견되는 유사점과 인공지능에 관한 많은 아이디어를 다뤘다. 소수의 전문가나 수학에 뛰어난 독자가 아니라면 이해하기 매우 힘든 책이었지만 대중들도 이 책에 큰 관심을 보였다. 신문과 라디오에서도 "기계가 생각할 수 있는가?"라는 주제로 열띤 논쟁이 벌어졌다

(1951년 튜링 역시 이 주제와 관련해 BBC 라디오 방송에 출연한 바 있다). 인공지능이라는 용어가 아직 등장하지는 않았지만, 사람들 머릿속에 인공지능이라는 개념이 자리잡기 시작했다.

대중의 관심과 논쟁이 뜨거워지자 튜링은 인공지능의 가능성에 대해 좀 더 진지하게 생각하기 시작했다. 그는 "기계는 결코 ○○하지 못할 것이다."라고 주장하는 사람들에게 짜증이 났다(○○는 '생각', '추론', '창작'이다). 특히 "기계는 생각할 수 없다."라고 주장하는 사람들의 코를 납작하게 해주고 싶었던 그는 일명 '튜링 테스트'를 제안했다. 튜링 테스트는 1950년 처음 제안된 이후로 인공지능 연구에 큰 영향을 끼쳐왔으며 오늘날에도 여전히 중요한 연구 주제다. 그러나 튜링 테스트는 지금부터 설명할 이유들 때문에 인공지능의 가능성을 의심하는 사람들의 입을 다물게 하는 데는 실패했다.

튜링은 빅토리아 여왕 시대에 '이미테이션imitation(모방) 게임'이라 불리던 게임에서 아이디어를 얻었다. 이미테이션 게임은 질문에 대한 상대방의 대답을 듣고 상대방의 성별을 맞추는 게임이다. 튜링은 인공지능에 대해서도 다음과 같이 비슷한 실험을 제안했다.

질문자 역할을 맡은 사람이 키보드와 모니터를 통해 사람 혹은 컴퓨터 프로그램인 답변자와 질문을 주고받는다. 이때 질문자는 답변자가 사람인지 컴퓨터 프로그램인지 사전에 알지 못한다. 또한 질문자와 답변자는 오직 글로만 질문하고 대답한다. 즉, 질문자가 키보드로 질문을 입력하면 모니터에 대답이 나타난다. 이런 과정을 거친 후, 질문자는 답변자가 사람인지 컴퓨터 프로그램인지 결정한다.

답변자가 컴퓨터 프로그램이었으나 질문자가 답변자와 여러 차례 질문과 답을 주고받은 후에도 답변자가 사람인지 컴퓨터 프로그램인지 확실히 구분할 수 없다고 가정하자. 이럴 경우 튜링은 컴퓨터 프로그램이 사람 수준의 지능(혹은 무어라 부르든 그와 비슷한 것)을 갖췄다 판단해야 한다고 주장했다.

튜링 테스트를 통해 우리는 컴퓨터 프로그램이 '진짜로' 지능적인지(혹은 생각할 수 있는지) 아닌지에 관한 모든 질문과 논쟁에서 살짝 벗어나 대응하려 한 튜링의 영리함을 엿볼 수 있다. 튜링 테스트는 '진짜'와 구별할 수 없을 만한 일을 할 수 있는지 판단하는 것일 뿐이다. 컴퓨터 프로그램이 '진짜로' 생각할 수 있는지(혹은 자의식이 있는지) 여부와는 관련 없다. 튜링 테스트의 핵심은 '진짜'가 아닌 '구별할 수 없는'이다.

튜링 테스트는 사람이 기계 지능과 인간 지능의 대응을 구별할 수 있는지 시험해 기계 지능과 인간 지능을 구분하는 방법이다. 이는 과학 분야의 일반적인 기법 가운데 하나를 잘 보여준다. 여러분이 두 대상이 서로 다른지를 알고자 한다면 두 대상을 구별할 수 있는 합리적인 테스트가 있는지 확인해야 한다. 하나는 통과하고 나머지 하나는 통과하지 못하는 합리적인 테스트가 있다면 우리는 두 대상이 서로 다르다고 생각할 수 있다. 만약 어떤 합리적인 테스트로도 두 대상을 구분할 수 없다면 여러분은 두 대상이 서로 다르다고 주장할 수 없다.

여기서 한 가지 주의해야 한다. 많은 사람이 인공지능을 특징짓고 정의할 때, 인공지능 구현에 사용된 기술이나 방법을 이용하려 하기 때문이다. 예를 들어 한 인공지능 전문가가 '제한 회귀 최적 학습법(임의로 선택한 예일 뿐 다른 의미는 없다)'이라는 인공지능 기술을 좋아해 즐겨 사용한다면, 그는 다른 모든 기술은 처음부터 제외한 채 '제한 회귀 최적 학습법'을 사용해 튜링 테스트를 통과하는 일로서 인공지능을 정의하려 할 수 있다.

즉, 우리는 인공지능을 구현할 때 사용한 기술이나 방법과는 독립적으로 지능적인 행위를 평가할 수 있어야 한다. 튜링은 질문자와 답변자를 분리하는 방식으로 이 문제를 해결했다. 질문자는 오직 자신이 던진 질문과 그에 대한 답변만으로 결정을 내려야 한다. 튜링 테스트의 또 다른 특징은 블랙박스 테스트라는 사실이다. 질문자는 사용된 기술이나 구조와 같은 답변자에 관한 어떤 정보도 없이 오직 질문과 답변만으로 판단해야 한다.

튜링 테스트는 1950년 국제 학술지 『마인드Mind』에 실린 〈컴퓨팅 기계와 지성Computing Machinery and Intelligence〉이라는 논문에 처음 공개됐다.[9] 이 논문 이전에도 인공지능을 다룬 많은 논문들이 있었지만, 튜링은 다른 연구들과는 달리 현대 디지털 컴퓨터의 관점에서 인공지능을 다루려 했다. 이런 이유로 사람들은 튜링의 이 논문을 인공지능에 관한 첫 번째 논문으로 평가한다.

튜링 테스트의 부작용

튜링 테스트는 단순하고, 세련되며, 이해하기도 쉽다. 그러나 튜링 테스트를 인공지능의 성배처럼 생각하는 부작용이 생겨났으며, 그 영향은 오늘날까지 이어지고 있다.

튜링 테스트를 통과하기 위한 많은 시도들이 있었다. 주로 진정한 의미의 지능을 구현해 도전하려는 시도보다는 대부분 질문자를 어리둥절하게 만들고 속여 답변자가 사람이라고 믿게 만들려는 싸구려 속임수에 지나지 않았다. 가장 유명한 예는 1960년대 중반 MIT의 독일계 미국인 교수인 요제프 바이첸바움Joseph Weizenbaum이 작성한 **엘리자**ELIZA라는 프로그램이었다. 사실 바이첸바움 교수는 다른 중요한 과학 실험을 위해 엘리자 프로그램을 개발했을 뿐, 튜링 테스트 도전 따위는 생각해본 적도 없었다. 안타깝게도 그의 생각과는 상관없이 엘리자 프로그램은 튜링 테스트만 통과해 인공지능인 척 흉내 내려는 피상적 인공지능 연구의 대명사가 됐다.

엘리자는 정신과 의사 역할을 담당하는 프로그램으로 환자에게 개방형 질문을 던져 환자가 자기 자신을 잘 돌아볼 수 있도록 도와준다. 엘리자 프로그램은 '가족', '친구', '외로운', '슬픈'과 같은 단어를 골라 사용하며 작동했다. 또한 여러 질문을 이어가기 위해 단어별로 미리 연관된 질문을 만들어뒀다. 다음은 사람과 엘리자 프로그램 사이의 대화인데, 한번 살펴보면 교묘한 속임수를 금방 눈치챌 수 있다(엘리자의 답변은 이탤릭체로 표시돼 있다).[10]

■ 저는 외롭습니다.

□ *자주 외로운가요?*

■ 예, 거의 매일 외로워요.

□ *거의 매일이라고 이야기하는 이유가 있나요?*

■ 제 생각에 외로움은 제 가족이에요.

□ *가족에 대해 이야기해 보겠어요?*

■ 저희 가족은 저를 미워해요.

□ *가족이 당신을 싫어한다고 생각하는 이유가 있나요?*

■ 그들은 내게 늘 못되게 굴어요.

□ *좀 전에 당신은 외롭다고 말했었나요?*

■ 인생의 의미가 무엇일까요?

□ *아마 당신의 인생에도 의미가 있을 거예요.*

■ 존재의 목적이 무엇일까요?

□ *'존재의 목적이 무엇일까요?'라고 말한 당신의 계획 때문 아닐까요?*

시작은 그럴듯했지만, 몇 문장 지나지 않아 엘리자의 답변은 대화에 대한 이해가 전혀 없다는 사실이 분명하게 드러난다(사실, 바이첸바움 교수는 제대로 된 대화가 가능하다고 주장하지 않았으며, 그것은 그의 연구 목적도 아니었다).

바이첸바움 교수는 자신이 만든 엘리자 프로그램이 학계 혹은 다른 분야에서 큰 영향력이 있을 것이라 생각하지 않았다. 오히려 그는 자신의 간단한 실험을 사람들이 진지하게 받아들이는 모습에 깜짝 놀랐다. 얼마 지나지 않아 엘리자 프로그램은 민간요법 같은 인공지능 기술로 자리잡았다. 나는 1980년대 박사 과정 재학 시절 주변 사람들과 잘 어울리지 못해 외로움에 빠진 대학원생들이 친구 대신 밤새 엘리자와 이야기하는 모습을 본 적이 있다. 엘리자가 외로움에 빠진 학생이 자살하도록 부추겼다는 이야기를 전해 듣기도 했다.

실제로 바이첸바움 교수는 시험 삼아 자신의 비서가 엘리자 프로그램을 써보도록 했다. 그녀는 엘리자 프로그램과의 대화가 사실이 아니라고 들었음에도 대화를 나누던 중 그에게 방을 나가 있도록 요청했다.

엘리자 프로그램의 속임수 같은 기술은 뢰브너 콘테스트Loebner Prize의 형태로 오늘날까지도 이어지고 있다. 튜링이 자신이 제안한 테스트 방법을 누군가 실제로 시도할 것이라 상상했을지는 명확하지 않다. 1990년 미국의 백만장자 발명가 휴 뢰브너Hugh Loebner가 이를 결심하고 실행에 옮겼다. 뢰브너 재단은 매년 뢰브너 콘테스트를 열어 튜링 테스트 참가 신청을 받는다. 콘테스트에 참가한 프로그램들은 사람들로 이뤄진 평가단을 속이는 경쟁을 한다. 튜링 테스트를 성공적으로 통과한 프로그램에는 상금 10만 달러가 주어진다.

뢰브너 콘테스트는 즉각 논쟁의 대상이 됐다. 유명한 인공지능 과학자인 마빈 민스키Marvin Minsky는 뢰브너 콘테스트를 '무의미한 쇼'로 폄하했다. 또 콘테스트가 개최될 때마다 어이없는 오해를 불러일으키는 뉴스 머리기사가 적어도 한두 개씩 나온다. 참가 프로그램들 대부분이 엘리자 프로그램의 단순 변형에 지나지 않는다는 문제도 지적되고 있다.

참가 프로그램들은 사람과 비슷한 수준의 이해력, 상식, 지식을 보여주는 의미 있는 대화를 질문자와 나누려 하기보다 콘테스트에서 이길 목적으로 꼼수를 사용해 질문자들을 속이려 한다. 다음은 2009년 뢰브너 콘테스트 우승 프로그램인 '두-머치-모어Do-Much-More'와 질문자가 나눈 대화의 일부다(두-머치-모어의 답변은 이탤릭체로 표시돼 있다). 참고로 이 프로그램은 인공지능 해설자이자 컴퓨터 체스 전문가로 유명한 데이비드 레비David Levy가 프로그래밍했다.

■ 안녕, 잘 지내니?

□ *안녕, 너는 잘 지내니?*

■ 좋아, 그런데 넌 누구니?

□ *음, 나는 공학을 공부해. 이 정도면 내가 누군지 알 수 있을 것 같군.*

■ 아니 별로.

□ *나는 실험에 대해 좀 더 많은 것을 너무나도 알고 싶어 할까?*

■ 너는 어느 나라에서 왔니?

□ *나도 몰라. 그러나 내가 동시에 세 장소에 있을 수 없다는 사실을 잊지 마.*

■ 지금 살고 있는 도시는 어디야?

□ *도시? 대답하기 까다로운 질문이네. 한 도시는 다른 도시와 거의 비슷해 보여.*

■ 설마. 어디에 살고 있어?

□ *내 생각에 강 옆 낡은 농장이야.*

■ 재미있군. 직업이 농부야?

□ *글쎄, 생리학자에게 내 직업을 묻는다면, 그는 내가 농부라고 말하지 않을 거야. 그는 내가 주로 물로 이루어져 있고, 그것도 커다란 맥주 통을 채울 만큼 많이, 그리고 더해 약간의 철, 인 그리고 다량의 일반적인 요소들로 이루어져 있다고 말할 거야.*

■ 간단한 질문에 이상한 답변을 하고 있군. 안 그래?

□ *확실히 그랬군. 나를 지켜봐!*

위 대화를 보면 분명 두-머치-모어가 엘리자보다 정교하게 만들어졌다. 하지만 사람과 대화하려면 아직 갈 길이 멀다.

인터넷 챗봇 이야기가 나올 때마다 인공지능 연구자들은 한숨짓곤 한다. 그 이유를 따져보면 사실상 엘리자의 문제와 거의 비슷하다. 인터넷 챗봇은 대개 트위터 같은 소셜 미디어 플랫폼을 통해 사용자와 대화할 수 있는 인터넷 기반 프로그램이다. 사용자와 의미 있는 대화를 나눌 수 있는 챗봇 프로그램 개발은 중요한 연구 주제다. 하지만 거의 대부분의 인터넷 챗봇 프로그램은 엘리자와 마찬가지로 사전에 작성된 키워드 기반 답변 프로그램에 지나지 않는다. 결과적으로 챗봇 프로그램과의 대화는 완전 피상적이며 재미도 없다. 이런 챗봇은 인공지능이 아니다.

다양한 인공지능

터무니없는 인공지능 프로그램들이 우후죽순처럼 만들어졌지만 튜링 테스트는 인공지능 연구 역사에서 중요한 자리를 차지한다. 인공지능이라는 신기술에 관심을 가진 연구자들에게 구체적인 연구 목표를 제시했기 때문이다. 예를 들어 누군가 인공지능 연구자에게 연구 목적을 묻는다면 연구자는 '의미 있는 수준의 지능을 갖추고 튜링 테스트를 통과할 수 있는 기계를 만드는 것'이 자신의 목표라고 직설적으로 명확하게 답할 수 있다. 물론 오늘날 인공지능을 진지하게 연구하는 연구자 가운데 이런 대답을 할 사람은 거의 없을 것이다. 하지만 튜링 테스트는 분명 인공지능 발전의 역사에서 중요한 역할을 했으며 오늘날에도 나름 의미가 있다.

튜링 테스트는 여전히 사람들의 관심을 끌 정도로 단순하고 명료하면서도 인공지능에 관해 많은 생각을 하게 만든다.

여러분이 튜링 테스트의 질문자라고 상상해보자. 여러분은 답변자와 질문과 답을 주고받는 동안 답변자가 질문을 이해하고 사람처럼 적절히 답했다고 느꼈다. 결론적으로 답변자가 챗봇 같은 인공지능 프로그램이 아니라고 확신했다. 그런데 알고 보니 답변자는 컴퓨터 프로그램이었다. 튜링 테스트를 통과한 프로그램의 답변이 사람과 구별할 수 없는 수준이었던 만큼 결과에 대한 논쟁의 여지는 없다. 그러나 다음과 같이 결과에 대해 논리적으로 명확히 다른 두 가지 경우가 있을 수 있다.

1. 프로그램은 사람과 거의 마찬가지로 사실상 대화를 이해했다.
2. 프로그램은 대화를 전혀 이해하지 못한 채, 대화를 이해한 척했다.

위 두 가지 경우는 명확히 다르다. 첫 번째 경우, 프로그램은 여러분의 질문을 실제로 이해했으며 두 번째 경우에 비해 훨씬 지능적이다. 두 번째 경우, 지능을 가졌다기보다 지능을 가진 척했을 뿐이다.

이 책의 독자와 인공지능 연구자 대부분은 두 번째 경우에 해당하는 인공지능 프로그램 개발이 가능하다고 말하면 큰 이견 없이 동의할 것이다. 반면에 첫 번째 경우에 해당하는 인공지능 프로그램 개발이 가능하다고 말하면 대부분 쉽사리 믿지 못할 것이다. 실제로 어떤 프로그램이 경우 1에 해당한다는 주장을 증명하는 방법

자체가 불명확하다. 튜링 테스트 역시 이를 위한 것은 아니다(내 생각에 튜링은 경우 1, 2의 구분에 화를 냈을지도 모른다. 그는 그런 차이에 대한 논쟁을 끝내기 위해서 튜링 테스트를 제안했기 때문이다).

경우 1에 해당하는 인공지능 프로그램의 제작을 목표로 삼는다면 이는 단순히 경우 2에 해당하는 프로그램을 제작하는 일보다 훨씬 야심찬 일로 많은 논란을 불러일으킬 것이다. 경우 1처럼 진짜로 이해하고 생각할 수 있는 프로그램을 만들고자 한다면 이는 **강 인공지능**을 연구하는 일이다. 이와 달리 경우 2처럼 실제로 이해하고 생각할 수는 없으나 마치 그런 것 같은 프로그램을 만들고자 한다면 이는 **약 인공지능**을 연구하는 일이다.

튜링 테스트를 넘어서

튜링 테스트와 비슷한 수많은 구분 테스트가 있다. 예를 들어 튜링 테스트보다 훨씬 어려운 조건에서 테스트를 통과하기 위해 일상생활 속에서 사람과 구별되지 않게 행동하려는 로봇이 있다고 상상할 수도 있다. 여기서 '구별되지 않게'라는 조건은 매우 난도 높은 평가 기준으로 구별할 수 없을 만큼 사람과 비슷하다는 뜻이다(이 테스트 또한 튜링 테스트처럼 블랙박스 테스트이기 때문에 로봇을 해부하는 일은 허락되지 않는다). 앞으로도 한동안 이런 종류의 테스트는 상상 속에서만 가능하다.

1982년 리들리 스콧Ridley Scott 감독은 사람과 구분하기 힘든 로봇이 등장하는 미래 세상을 배경으로 고전 SF 영화 「블레이드 러너Blade Runner」를 만들었다. 당시 젊은 영화 배우였던 해리슨 포드Harrison Ford는 영화 속에서 한 아름다운 젊은 여성이 로봇인지 아닌지 알기 위해 수수께끼 같은 테스트를 한다. 2014년에 개봉된 「엑스 마키나Ex Machina」에서도 비슷한 이야기가 나온다.

「블레이드 러너」와 같은 이야기가 실제로 있지는 않겠지만 인공지능 연구자들은 챗봇의 속임수를 걸러내고 진정한 지능을 찾아낼 수 있도록 튜링 테스트 개선 방안을 고민하기 시작했다. 간단한 개선 방안 가운데 하나는 이해력을 평가하는 것이다. 연구자들은 이를 위해 **위노그라드 스키마**Winograd Schema 테스트를 만들어 이용한다. 이 테스트에서는 다음과 같이 짧은 질문들이 주어진다.[11]

문장 1a: 시의회 의원들은 그들이 폭력을 두려워했기 때문에 시위자들에게 허가를 내주지 않았다.

문장 1b: 시의회 의원들은 그들이 폭력을 찬성했기 때문에 시위자들에게 허가를 내주지 않았다.

질문: 누가 폭력을 두려워했는가? 누가 폭력을 찬성했는가?

밑줄 친 단어를 빼면 문장 1a와 문장 1b는 정확히 똑같다. 그러나 그 작은 차이로 인해 두 문장의 의미는 크게 달라진다. 위노그라드 스키마 테스트의 핵심은 각각의 문장에서 '그들'이 누구를 가리키는지 맞추는 것이다. 문장 1a에서 '그들'은 명확히 시의회 의원들을 의미한다(시의회 의원들은 시위자들이 폭력을 일으킬까 봐 두려워한다). 반면, 문장 1b에서 '그들'은 시위자들을 뜻한다(시의회 의원들은 시위자들이 폭력에 찬성하다는 사실을 걱정한다).

다른 예를 살펴보자.

문장 2a: 트로피가 갈색 가방에 들어가지 않는데, 그것이 너무 작기 때문이다.

문장 2b: 트로피가 갈색 가방에 들어가지 않는데, 그것이 너무 크기 때문이다.

질문: 무엇이 너무 작습니까? 무엇이 너무 큽니까?

분명 문장 2a에서는 갈색 가방이 너무 작고, 문장 2b에서는 트로피가 너무 크다는 뜻이다. 글을 읽고 쓸 수 있는 성인이라면 대부분 위의 두 예제 혹은 그와 비슷한 문제에 쉽게 답할 수 있다. 그러나 싸구려 속임수로 무장한 챗봇이나 뢰브너 콘테스트 참가 프로그램들은 이런 질문에 쉽게 답할 수 없다. 바꿔 말하면 제시된 문장을 이해하고 문장 내용에 대한 약간의 지식도 가지고 있어야 올바르게 답할 수 있다. 예를 들어 문장 1a와 1b의 차이를 이해하려면 "시위가 종종 폭력으로 이어질 수 있다."와 같은 시위 관련 지식이나 "시의원들은 시위 허가권을 가지고 있으며, 폭력으로 이어질 수 있는 상황을 피하려 한다."와 같은 시의원 관련 지식이 필요할 수 있다.

이와 비슷한 수준의 인공지능 연구로 '사람이 사는 세상'과 '세상에서 사람 사이의 관계를 지배하는 불문율'을 이해하게 만들려는 시도도 있다. 심리학자이자 언어학자인 스티븐 핑커Steven Pinker가 제시한 짧은 문장을 보며 생각해보자.

밥: 나는 이제 당신을 떠나려 해.

앨리스: 도대체 그 여자가 누구야?

두 사람의 대화를 보고 어떤 상황인지 설명할 수 있는가? 분명 가능할 것이다. 이 대화는 TV 연속극에서 흔히 나오는 대사다. 밥과 앨리스는 현재 서로 사귀고 있다. 그러나 자신을 떠나겠다는 밥의 선언을 듣자 앨리스는 밥이 다른 여자와 사귀기 위해 자신을 떠나려 한다고 생각한다. 그리고 그녀는 다른 여자가 누구인지 궁금해한다. 이런 상황을 상상하며 우리는 앨리스가 매우 화났음을 추측할 수 있다.

도대체 어떻게 프로그래밍해야 컴퓨터가 이런 대화를 이해할 수 있을까? 컴퓨터 프로그램이 「이스트엔더스Eastenders」와 같은 드라마를 이해할 수 있으려면 사람 사이의 믿음, 바람, 관계를 이해할 수 있는 상식과 일상적인 능력이 반드시 필요하다. 사람들은 모두 이런 능력을 갖추고 있다. 강 인공지능과 약 인공지능에도 이런 능력이 꼭 필요하다. 그러나 이런 능력을 어떻게 갖출 수 있을지는 여전히 불확실하며 아직까지 어느 누구도 제대로 성공하지 못했다. 이야기를 이해하고 관련 질문에 답할 수 있는 능력은 아직 컴퓨터에게는 먼 이야기다.

범용 인공지능

인공지능이라는 원대한 꿈은 지금까지 예를 들어 설명했듯이 정의하기도, 언제쯤 실현될지 가늠하기도 매우 힘들다. 이런 이유로 강 인공지능은 중요하고 환상적이기는 하지만, 오늘날의 인공지능 연구와는 꽤 거리가 있다. 만약 여러분이 인공지능 관련 학술대회에 참석한다면 강 인공지능에 관한 연구 결과는 늦은 저녁 근처 술집이 아니라면 거의 들을 수 없을 것이다.

좀 더 작은 목표는 인간 수준의 범용 지능을 갖춘 기계를 만드는 것이다. 오늘날 사람들은 이를 **범용 인공지능**AGI, Artificial General Intelligence이라 부른다. 범용 인공지능은 사람이 지닌 모든 지적 능력을 똑같이 갖춘 컴퓨터를 말한다. 즉, 자연어 대화(예: 튜링 테스트), 문제 해결, 추론, 환경 인지 등 모든 영역에서 컴퓨터가 사람과 같거나 사람보다 나은 능력을 갖추도록 만들어야 한다. 범용 인공지능을 갖춘 컴퓨터 시스템은 그림 1에 나왔던 모든 일을 포함해 더 많은 일을 할 수 있다. 범용 인공지능에 관한 논문들을 보면 일

반적으로 의식이나 자아인식을 다루고 있지 않으므로 범용 인공지능은 약 인공지능으로 간주되곤 한다.[12]

이 정도 수준의 인공지능은 오늘날 인공지능 연구의 주류에 속하지 않는다. 인공지능 연구자들이 주로 집중하는 연구는 그림 1에서 살펴봤던 문제들을 하나씩 해결하며 두뇌, 즉 지능이 필요한 일을 처리할 수 있는 컴퓨터 프로그램을 만드는 일이다. 이처럼 특정한 기능에 한정된 인공지능 연구를 **좁은 인공지능**이라 부른다. 그러나 인공지능 연구자들 사이에서는 이 용어를 사용하지 않는다. 만약 여러분이 주요한 인공지능 학술대회에서 이 용어를 사용한다면 바로 비주류 취급을 받을 것이다. 어느 누구도 자신의 연구에 '좁은'이라는 제약을 붙여 말하지 않기 때문이다. 로봇 하인을 기대하는 사람들에게는 실망스러운 사실이다. 물론 로봇의 반란 같은 암울한 미래를 걱정하는 사람들에게는 기쁜 소식이지만 말이다.

지금까지 살펴본 인공지능의 정의, 범위, 한계 등을 통해 인공지능 연구가 왜 어려운지 어렴풋하게나마 이해했을 것이다. 그렇다면 인공지능 연구자들은 이처럼 어려운 인공지능을 어떻게 연구해야 할까?

두뇌 혹은 생각?

사람 수준의 지적인 행동을 컴퓨터로 구현하려면 어떻게 해야 할까? 이 문제를 다루는 인공지능 연구에는 크게 두 종류의 접근 방법이 있었다.

첫 번째 접근 방법은 사람이 살아가는 과정에서 늘 사용하는 의식적인 추론이나 문제 해결 과정인 생각을 흉내 내는 것이다. 생각의 대상을 기호로 나타내기 때문에 이런 접근 방법을 **기호 인공지능**Symbolic AI이라 부른다. 예를 들어 로봇 제어 시스템 안에서 기호 '방451'과 '방청소'가 각각 여러분의 '침실'과 '방을 청소하는 행동'을 나타낸다고 하자. 로봇은 무슨 일을 할지 이해하면 명확하게 이 기호를 사용한다. 가령, 로봇이 '방청소(방451)'라는 동작을 결정했다면 이는 로봇이 여러분의 침실을 청소하기로 결심했다는 뜻이다. 이처럼 로봇이 사용하는 기호는 로봇 주변의 무언가를 뜻한다.

1950년대 중반부터 1980년대 후반까지 약 30여 년 동안, 기호 인공지능은 인공지능 시스템 제작에 가장 많이 사용됐다. 기호 인공지능에는 많은 장점이 있었고 무엇보다 명확했다. 예를 들어 로봇이 '방청소(방451)'를 결정했다면 우리는 바로 그 사실을 이해할 수 있다.

나는 기호 인공지능이 사람의 사고방식을 반영한 것처럼 보여 인기 있다고 생각한다. 사람은 기호 혹은 단어를 기준으로 '생각'

하며, 어떤 행동을 결정하기 전에 그 행동의 장단점에 대해 자기 자신과 정신적으로 대화하는 듯하다. 2장에서 자세히 설명할 텐데, 1980년대 초반 기호 인공지능은 매우 큰 인기를 누렸다.

두 번째 접근 방법은 두뇌를 흉내 내는 것이다. 이상적으로는 사람의 두뇌(아마도 사람의 신경 시스템)를 컴퓨터로 완전하게 흉내 내려 한다. 결국 사람의 두뇌만이 사람 같은 지적인 행동을 가능하게 하기 때문이다. 하지만 두뇌가 상상할 수 없을 만큼 복잡하다는 문제가 걸림돌이 됐다. 인간의 두뇌는 약 1천억 개의 구성 요소들로 이루어져 있다. 지금까지의 기술로는 두뇌의 구조와 작동에 대한 이해가 너무 부족해 사람의 두뇌를 정확히 복제할 수 없다. 내가 무슨 말을 하든 관련 연구는 계속되겠지만, 이 일은 가까운 미래는 물론이고 먼 미래에도, 아니 영원히 불가능할 것으로 보인다.[13]

완전한 두뇌 복제는 어렵지만, 대신 두뇌의 구조나 움직임에서 영감을 얻어 지능 시스템 구현에 이용할 수 있다. 이런 연구 분야를 **신경망**Neural Network이라 부른다. 두뇌의 미세구조에서 발견된 신경이라는 정보 처리 부분에서 유래한 이름이다. 신경망 연구는 인공지능 연구보다 먼저 시작돼 인공지능 연구와 함께 발전했다. 특히, 신경망은 21세기에 인상적인 발전을 보여줬으며 오늘날 인공지능의 인기로 이어졌다.

기호 인공지능과 신경망은 완전히 다른 접근 방법이다. 양쪽 모두 지난 60년 동안 관심을 끌기도 관심에서 멀어지기도 했으며,

둘 사이에 다툼도 있었다. 그러나 인공지능이 1950년대 새로운 학문 분야로 등장했을 때, 크게 영향을 받은 쪽은 기호 인공지능이었다.

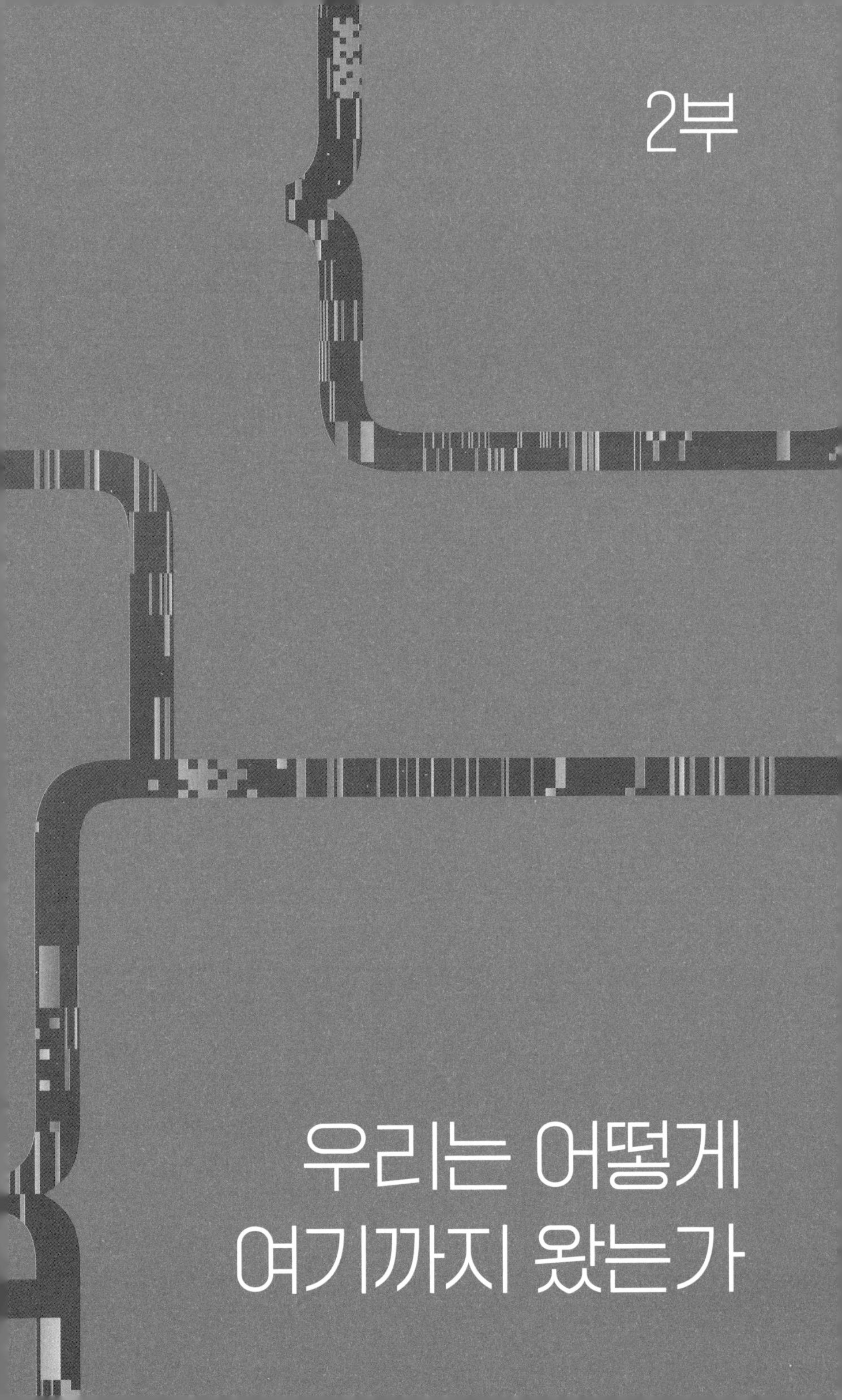

2부

우리는 어떻게 여기까지 왔는가

2장

인공지능의 황금시대

튜링은 〈컴퓨팅 기계와 지성〉에서 튜링 테스트를 제안하며 인공지능 분야에 실제적이고도 과학적인 공헌을 했다. 그러나 당시까지 인공지능은 독립된 학문 분야가 아니었기에 그의 연구는 사람들에게 낯설게 느껴졌다. 인공지능이라는 명칭도 없었고 연구자 모임도 없었다. 인공지능 시스템이 존재하지도 않았으므로 관련 연구 결과들은 튜링 테스트처럼 개념적인 것들뿐이었다. 10여 년이 지나 1950년대 말, 상황은 완전히 바뀌었다. 인공지능이라는 이름과 함께 새로운 학문 분야가 등장했다. 연구자들은 미숙하지만 지능적인 작동을 하는 초창기 시범용 시스템을 만들어 자랑스럽게 내놓았다.

인공지능 여름은 약 20년 동안 지속됐다. 인공지능 연구자들은 장밋빛 전망 속에서 뚜렷한 연구 성과들을 속속 내놓았다. 한마디로 **인공지능의 황금시대**였다. 어떤 전망도 실망을 안겨주지 않았고, 꿈꾸는 모든 것이 가능해 보였다. 이 기간 동안 슈드루SHRDLU, 스트립스STRIPS, 셰이키SHAKEY처럼 짧지만 별나고 엽기적인 이름의 전설적인 인공지능 결과물들이 만들어졌다. 당시 컴퓨터 파일 이름들이 모두 대문자로 기록됐기 때문인지 모르나, 이런 식의 이름 짓기는 오늘날까지 이어지고 있다.

당시 등장한 인공지능 시스템의 구축에 사용된 컴퓨터는 오늘날 기준으로 보면 상상할 수 없을 만큼 제약이 많고, 지나치게 느리며, 사용하기에도 너무나 어려웠다. 또 오늘날에는 당연하게 생각되는 소프트웨어 개발 도구들이 존재하지도 않았다. 물론 지금의 개발 도구들이 있었다 한들 그 당시 컴퓨터에서는 작동하지도 않았겠지만 말이다.

컴퓨터 프로그래밍의 상당수 '해커' 문화가 이때 출현했다. 인공지능 연구자들은 컴퓨터가 낮 동안에는 다른 중요한 일들에 사용됐기 때문에 주로 밤에 컴퓨터를 사용했다. 이들은 복잡한 프로그램을 작성하고는 어떻게든 실행되도록 천재적인 프로그래밍 기법을 수없이 개발했다. 오늘날 거의 알려지지 않은 사실이지만, 1960년대와 1970년대 인공지능 연구실에서 개발된 기법들은 이후 정통적인 프로그래밍 기법으로 자리 잡았다.[1]

그러나 1970년대 중반, 인공지능 연구는 초창기 간단한 연구 결과들을 확실히 뛰어넘는 연구 성과를 보이지 못한 채 발전을 멈췄다. 사람들에게 장밋빛 미래를 약속했던 인공지능은 사실상 아무런 성과도 보여주지 못한 탓에, 인공지능의 미래를 믿었던 연구 후원자와 학계로부터 완전히 외면당했다.

이번 장에서는 인공지능의 첫 20년 동안 만들어진 주요 시스템들을 살펴보고자 한다. 또 그 당시 개발돼 오늘날까지도 인공지능 시스템의 핵심 기술로 사용되는 '탐색search' 기법에 관해 이야기하려 한다. 1960년대 후반에서 1970년대 초반에는 계산 복잡도라는 개념이 등장하며 인공지능 연구에 어두운 그림자가 길게 드리워졌다. 계산 복잡도라는 추상적인 수학 이론이 수많은 인공지능 문제가 근본적으로 어려운 이유를 설명하는 데 어떻게 사용됐는지 설명할 것이다.

먼저 1956년 여름부터 시작해 인공지능의 황금시대에 관해 이야기하고자 한다. 1956년은 미국의 젊은 연구자 존 매커시John McCarthy가 인공지능이라는 용어를 최초로 사용한 해다.

첫 번째 인공지능 여름

존 매커시는 미국의 근대 기술 발전을 이끌었던 세대였다. 1950~1960년대에 걸쳐 그는 오늘날 너무나도 당연하게 사용되는 컴퓨팅 분야의 여러 개념들을 만들었다. 그 가운데 LISP(리습이라고 발음-옮긴이)이라는 프로그래밍 언어는 수십 년간 인공지능 연구자들이 사용했을 만큼 유명하다. 사실 아무리 쉬운 프로그래밍 언어라도 읽고 이해하기가 쉽지 않다. 컴퓨터 분야 교수인 내 기준으로도 LISP은 너무 특이하다. LISP으로 작성한 (모든 (컴퓨터 (프로그램은 (이처럼 씌어졌기)))) 때문에, 프로그래머들은 LISP이 '서로 상관도 없고 어리석게 보이는 수많은 괄호Lots of Irrelevant Silly Parentheses'의 약자라고 농담처럼 말했다.[2]

매커시가 LISP을 발명한 때는 1950년대 중반이었다. 그러나 놀랍게도 거의 70년이 지난 오늘날에도 여전히 널리 사용된다. 나 또한 매일 LISP을 사용한다. 매커시가 LISP을 발명했을 때를 잠깐 생각해보자. 지금으로부터 거의 70년 전으로 드와이트 아이젠하워Dwight D. Eisenhower가 미국 대통령이었고, 니키타 흐루쇼프Nikita Khrushchyov가 소련 공산당 서기장이었으며, 마오쩌둥은 중국 국가주석으로 자신의 첫 번째 5개년 계획을 이끌고 있었다. 또한 전 세계 컴퓨터를 모두 합해도 그 수가 얼마 되지 않았다. 그때 매커시가 만들었던 프로그래밍 언어가 오늘날에도 여전히 흔히 사용되고 있다.

보스턴 이민자 가정에서 태어난 매커시는 어려서부터 수학에 남다른 소질을 보였다. 그는 칼텍Caltech, California Institute of Technology 수학과를 졸업하고, 프린스턴대학에서 박사 학위를 받았다. 1955년에는 20대의 젊은 나이로 뉴햄프셔New Hampshire 다트머스대학Dartmouth College의 조교수가 됐다. 교수가 되기 전부터 컴퓨팅에 관심이 많았던 매커시는 다트머스대학에서 '여름학교'를 열기 위해 록펠러Rockefeller 연구재단에 후원금을 신청했다.

대학 연구 문화에 익숙하지 않다면 "어른들이 무슨 여름학교지?"라고 고개를 갸우뚱할 수도 있다. 그러나 오늘날 대학에서도 흔히 있는 일이다. 여름방학에는 강의가 없는 덕분에 연구자들이 오랜 시간 부담 없이 연구에 몰입할 수 있다. 여름학교에서는 같은 주제를 연구하는 세계 곳곳의 연구자들이 제법 오랜 기간 동안 함께 모여 공동 연구를 수행한다. 주로 물 좋고 산 좋은 곳에서 진행되며, 사교모임 프로그램 또한 여름학교에서 빼놓을 수 없다.

여름학교가 기억에 남을 만한 모임이 되려면 유명한 사람들이 많이 참석해야 한다. 다트머스 여름학교에는 이후 수십 년간 인공지능 발전에 크게 기여한 주요 연구자 대부분이 참석했다. 그 가운데는 6년 전 프린스턴대학에서 '비협력 게임Noncooperative Game'이라는 이론으로 수학 박사 학위를 받은 수학자 존 포브스 내시 주니어John Forbes Nash Jr.도 있었다(그의 박사 학위 논문은 28페이지에 불과했다).

그의 비협력 게임이론은 이후 수십 년 동안 경제 이론의 토대가 됐다. 사실 그는 훌륭한 연구 결과에도 불구하고 명성을 누리지 못했다. 박사 학위를 받고 얼마 지나지 않아 조현증(정신분열증-옮긴이)으로 인해 오랜 세월 연구를 수행할 수 없었기 때문이다. 다행히 그는 회복됐고 1994년에 노벨상을 받았다. 그의 삶을 소재로

한 『뷰티풀 마인드』는 영화로도 만들어지며 여러 상을 받았다.[3]

다트머스 여름학교 참석자 명단은 다른 이유에서도 매우 흥미롭다. 대학은 말할 것도 없고 기업, 정부 심지어 군사 분야의 사람들까지 초청받아 참석했다(1960년대 핵 전쟁 승리 방법에 관한 논쟁으로 악명 높은 캘리포니아 소재 랜드연구소에서도 참석했다. 불과 10년 전, 맨해튼 프로젝트에서도 대학, 기업, 정부, 군대가 함께 모여 미국의 과학 기술 역량을 뚜렷이 보여준 세계 최초의 원자 폭탄을 개발하는 데 힘을 모았었다). 이와 같이 대학, 기업, 정부, 군대의 협력은 제2차 세계대전 이후 수십 년간 이어진 미국 컴퓨터 기술 개발의 특징이었으며, 미국을 전 세계 인공지능 연구의 리더로 우뚝 세우는 데 큰 공헌을 했다.

매커시는 1955년 록펠러 연구재단에 후원금 신청을 하며 '인공지능'이라는 용어를 사용했다. 그는 주의 깊게 선정된 뛰어난 과학자들이 함께 모여 여름 동안 인공지능에 대한 공동 연구를 진행하면 커다란 연구 성과를 달성할 수 있으리라 생각했다. 그는 이 행사에 비현실적일 만큼 높은 기대감을 갖고 있었다.[4]

그런데 여름학교가 끝날 때까지 '인공지능'이라는 이름이 자리잡고 새로운 학문 분야가 생긴 것 이외에는 실질적인 연구 성과가 없었다. 게다가 이후 많은 사람이 인공지능이라는 이름에 대해 아쉬움을 토로했다. 첫째, '인공'이라는 용어가 '가짜'라는 느낌을 줬기 때문이다. 어느 누가 가짜 지능을 바라겠는가? 둘째, '지능'이라는 용어가 너무 도드라져 보이기 때문이다. 그런데 1956년 이후 인공지능 연구자들이 열심히 연구해온 일들 대부분이 사실상 지능이 필요 없는 일들이었다. 또한 1장에서 살펴봤듯이 지난 60년 동안 인공지능의 걸림돌이 될 만큼 중요하고 어려운 일 가운데 상당수가 인공지능을 처음 접한 사람들을 당황스럽게 만들 정도로 전혀 지적으로 보이지 않았다.

매커시가 지은 인공지능이라는 이름은 오늘날에도 계속 사용된다. 매커시의 여름학교 이후, 인공지능 연구는 참가자들과 그들의 제자들에 의해 오늘날까지 이어지고 있다. 1956년 여름, 근대적인 형태의 인공지능 연구가 시작됐고, 전망은 매우 밝아 보였다.

다트머스 여름학교 이후 흥미진진한 일들이 넘쳐나며 규모 또한 성장했다. 한동안 빠른 발전이 있는 듯했다. 참석자 가운데 네 명이 여름학교 이후 수십 년 동안 인공지능 분야를 이끌었다. 매커시는 오늘날 실리콘밸리의 중심부에 있는 스탠퍼드대학에 인공지능 연구실을 만들었다. 마빈 민스키는 매사추세츠주 케임브리지의 MIT 공대에 인공지능 연구실을 열었다. 앨런 뉴웰Alan Newell과 그의 박사 과정 지도교수 허버트 사이먼Herbert Simon은 카네기멜론대학Carnegie Mellon University에 갔다. 네 연구자가 그들의 제자들과 함께 만든 인공지능 시스템은 내 세대의 인공지능 연구자들에게는 신앙과도 같다.

그러나 당시 연구자들은 인공지능의 발전 속도를 무모하고 과장되게 예측하는 등 매우 순진한 모습을 보였다. 1970년대 중반, 좋은 시절이 끝나고 연구가 난관에 부딪히며 이후 수십 년간 반복될 인공지능 여름과 겨울의 순환이 시작됐다. 그러나 첫 번째 인공지능 여름에 대한 역사의 평가는 비판적일지 모르지만, 그 당시 연구자들과 그들의 업적은 단순한 애정을 넘어 외면할 수 없다.

분할 정복

앞에서 살펴봤듯이 범용 인공지능은 범위도 넓고 목표도 불명확해 직접적으로 접근하기 어렵다. 이에 인공지능의 황금시대 연구자들은 분할 정복divide and conquer이라는 방법을 사용했다. 즉, 완전하고 범용적인 지능 시스템을 만들기보다 범용 인공지능 시스템에 필요할 법한 여러 다양한 요소기능을 정의하고, 그 기능을 갖춘 시스템을 만들고자 했다. 개별 요소기능을 구현한 시스템 제작에 성공할 수 있다면 이들을 하나로 연결해 전체 시스템을 만드는 일은 쉬운 일이라 생각했기 때문이다. 이런 생각은 인공지능 연구의 주요 방법론으로 자리잡았으며 인공지능 연구자들은 요소기능 구현에 열을 올렸다.

인공지능 연구자들이 집중적으로 연구한 요소기능은 무엇이었을까? 당연하게도 **인지기능**이었다. 특정 상황에서 지능적으로 작동하는 기계라면 상황 정보를 인지할 수 있어야 하기 때문이다. 사실 이 기능은 가장 어려운 요소기능 가운데 하나다. 사람은 시각, 청각, 촉각, 후각, 미각이라는 오감을 포함해 광범위한 방법으로 세상을 인지한다. 그러므로 인지기능을 구현하려면 오감과 비슷한 기능을 하는 **센서**를 개발해야 한다.

오늘날 로봇은 레이더, 적외선 거리계, 초음파 거리계, 라이다 등과 같은 여러 종류의 인공센서를 사용해 주변의 정보를 얻는다. 그런데 센서는 제작하는 것 자체도 쉽지 않지만, 센서만 있다고 해서 인지기능을 구현하지 못한다. 고해상도 광학 이미지 센서가 달린 디지털 카메라를 생각해보자. 카메라는 결국 입력된 이미지를 격자로 분할하고, 격자를 구성한 화소에 색과 밝기를 나타내는 숫자를 지정한다. 그러므로 최상의 디지털 카메라를 장착한 로봇이라도 결국 기다란 숫자 열을 받을 뿐이다. 인지기능을 갖춘 로봇이라면 이 숫자 열에 담긴 의미를 해석해 자신이 본 것을 이해할 수 있어야 한다. 그러나 이 일은 센서 제작보다 훨씬, 훨씬 어렵다!

인지기능 다음으로 범용 인공지능에 필요한 요소기능은 경험을 통해 배우는 학습기능이다. 학습기능에 대한 연구는 **머신러닝** Machine Learning으로 발전했다. 그런데 인공지능이라는 이름과 마찬가지로 머신러닝 또한 용어적으로 부적합한 면이 있다. 기계가 스스로 자신의 지적인 능력을 향상시키며 점점 똑똑해진다는 느낌을 주기 때문이다.

머신러닝은 데이터를 사용해 학습하고 예측하는 것으로 사람의 학습과는 다르다. 예를 들어 지난 수십 년 동안 등장한 머신러닝 결과물 가운데 사진 속 얼굴 인식이 대표적이다. 사진 속 얼굴을 인식하기 위해서는 학습에 필요한 데이터가 필요하다. 학습 목표는 사진이 주어졌을 때, 사진 속에 있는 사람의 이름을 맞추는 것이다. 즉, 얼굴 인식 프로그램은 사진에 등장할 사람들에 대해 이름이 붙은 사진으로 미리 학습해야 한다.

문제 해결과 **계획**은 지능적인 행동과 연계된 것처럼 보이는 두 가지 요소기능으로, 양쪽 모두 일련의 정해진 행동을 통해 목표를 달성한다. 그러나 올바른 행동 순서를 찾기가 어렵다. 체스나 바둑을 생각해보자. 두 보드 게임 모두 목적은 승리이며, 행동은 가능한 일련의 '수'다. 결국 어떤 수를 두어야 하는지 찾아야 한다. 가능한 모든 수를 고려하면 되는 만큼 문제 해결과 계획이 쉬워 보일 수도 있다. 하지만 사실상 가능한 수의 개수가 너무 많아 모든 수를 고려하는 단순한 방법이 실제로 쓰이기는 어렵다.

기존에 알고 있는 사실들로부터 새로운 지식을 이끌어내는 추론 기능은 아마도 가장 높은 수준의 지능적인 능력이다. 유명한 예로 누구나 '모든 사람은 죽는다.'와 '미카엘은 사람이다.'라는 사실을 알면 '미카엘도 죽는다.'라는 합리적인 결론을 이끌어낼 수 있다.

또한 진짜 지능적인 시스템이라면 위와 같은 결론을 이끌어낼 수 있을 뿐만 아니라 이 결론을 사용해 또 다른 결론을 만들 수도 있다. 예를 들어 '미카엘도 죽는다.'라는 사실을 알았다면 '언젠가 미카엘은 죽을 것이다.'와 '미카엘은 영원히 죽은 채로 있을 것이다.'와 같은 결론을 이끌어낼 수 있다. 컴퓨터에서 이와 같은 논리적 추론 기능을 구현하는 일을 자동추론이라 한다. 인공지능 연구자들은 꽤 오랜 기간 동안 자동추론이 인공지능의 주요 목표여야 한다고 믿었다. 오늘날 자동추론은 더 이상 인공지능 연구의 주류는 아니지만 여전히 중요한 분야다. 자동추론은 3장에서 자세히 다루도록 한다.

마지막으로 언급할 요소기능은 영어나 중국어 같은 인간의 언어를 컴퓨터가 이해하게 만드는 **자연어 이해 기능**이다. 현재는 프로그래머가 컴퓨터에게 일련의 명령(알고리즘 혹은 프로그램)을 내릴 때, 명확한 규칙에 따라 정의된 인공언어를 사용해야 한다. 파이선, 자바, C와 같은 프로그래밍 언어가 대표적이며, 이들은 영어나 중국어 같은 자연어보다 훨씬 단순하다.

한동안 인공지능 연구자들은 자연어 이해 기능을 구현하기 위해 컴퓨터 언어와 같이 자연어 정의 규칙을 찾으려 했다. 그러나 이런 시도는 사실상 불가능했다. 자연어가 너무 가변적이고 모호해 정확하게 정의할 수 없었기 때문이다. 게다가 정확한 정의를 만들기에는 사람들의 자연어 사용 방식이 모두 제각각이었다.

슈드루와 블록 세계

슈드루SHRDLU 시스템은 인공지능 황금시대의 연구 결과물 가운데 하나다('SHRDLU'라는 이상한 이름은 그 당시 자판 배열에서 유래한다). 1971년 스탠퍼드대학 박사 과정 학생이었던 테리 위노그라드Terry Winograd[5]는 인공지능의 두 가지 주요 기능인 '문제 해결'과 '자연어 이해' 기능을 보여주기 위해 슈드루를 만들었다.

슈드루의 문제 해결 기능은 가장 유명한 인공지능 실험 시나리오 가운데 하나인 **블록 세계** Blocks World에 기반을 두고 있다. 이 블록 세계는 다양한 모양과 색깔의 물체들이 있는 모의 환경이었다. 위노그라드는 문제의 복잡도를 관리 가능한 수준으로 낮추기 위해 진짜 로봇 대신 모의 환경을 사용했다. 이때 해결할 문제는 초기 블록 세계를 목표 블록 세계로 어떻게 변환할 수 있는지 이해하는 것이다. 슈드루 블록 세계의 문제 해결 과정에는 사용자의 명령에 따라 모의 로봇 팔로 물체를 배열하는 과정이 포함돼 있다. 초기 블록 세계와 목표 블록 세계가 그려진 그림 2에서 이런 과정을 볼 수 있다.

블록 세계의 변환 과정에서는 다음과 같은 동작만 허용된다.

- **탁자에서 물체 *x*를 들어 올린다.** - 로봇 팔은 물체 *x*를 탁자에서 들어 올린다. 이 동작은 물체 *x*가 탁자 위에 있고, 로봇 팔이 아무것도 잡고 있지 않을 때에만 가능하다.
- **물체 *x*를 탁자 위에 올려놓는다.** - 이 동작은 로봇 팔이 물체 *x*를 옮기고 있을 때에만 가능하다.
- **물체 *y*로부터 물체 *x*를 들어 올린다.** - 이 동작은 로봇 팔이 아무것도 잡고 있지 않고, 물체 *x*가 물체 *y*의 위에 있으며, 물체 *x* 위에 어떤 물체도 없을 때에만 가능하다.
- **물체 *y* 위에 물체 *x*를 올려놓는다.** - 이 동작은 로봇 팔이 물체 x를 잡고 있으며, 물체 y 위에 어떤 물체도 없을 때에만 가능하다.

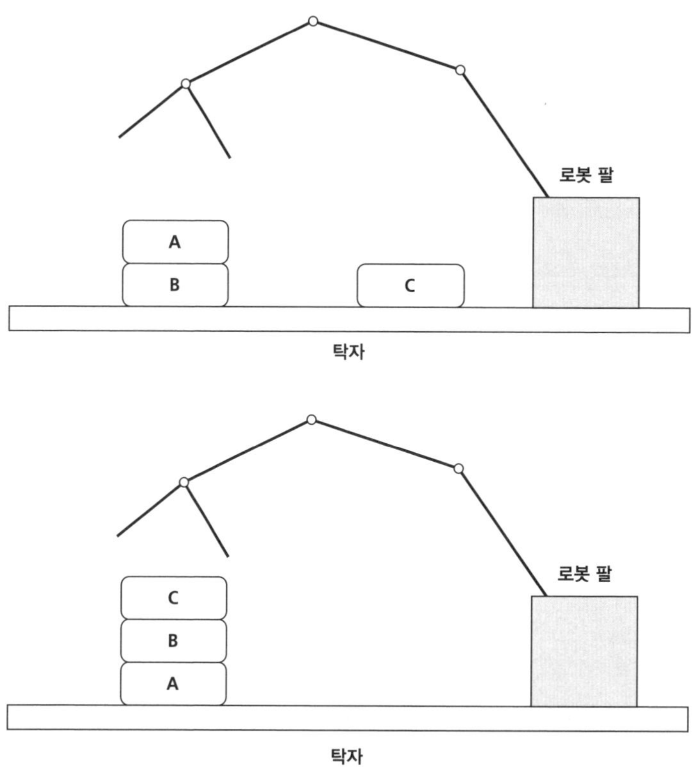

그림 2 초기 블록 세계(위)와 목표 블록 세계(아래)
초기 블록 세계를 어떻게 목표 블록 세계로 변환할 수 있을까?

블록 세계의 모든 동작은 위의 네 동작 가운데 하나다. 그러므로 그림 2의 변환을 수행하기 위한 계획은 다음과 같은 동작들로 시작될 수 있다.

- 물체 B로부터 물체 A를 들어 올린다.

- 물체 A를 탁자 위에 올려놓는다.
- 탁자에서 물체 B를 들어 올린다.

위의 세 동작을 수행한 후, 블록 세계는 어떤 상태일까? 여러분은 변환을 완료하기 위해 계획의 나머지 부분을 생각할 수 있는가(생각하기는 어렵지 않겠지만, 지루한 과정이다).

물체를 들어 올리거나 옮기는 것과 같은 블록 세계의 동작이 실제 로봇의 동작과 비슷하다는 점에서 블록 세계는 인공지능 분야 전체를 통틀어 가장 세심하게 연구 계획된 시나리오일 듯하다. 그러나 슈드루에서 볼 수 있듯 블록 세계는 실제 유용한 인공지능 기술 개발용 시나리오로서는 다음과 같은 이유로 제약이 많다.

첫째, 위노그라드는 블록 세계를 닫힌 세계로 가정했다. 이는 오직 슈드루만이 블록 세계에 변화를 만들 수 있다는 뜻으로, 당신이 혼자 산다고 말하는 것과 같다. 만약 당신이 혼자 산다면 당신이 어젯밤 놓아둔 열쇠는 아침에 일어났을 때에도 같은 자리에 그대로 있을 것이라 생각할 수 있다. 그러나 당신이 혼자 살지 않는다면 누군가 밤사이 열쇠를 옮겨놓을 가능성이 있다. 그러므로 슈드루에서 블록 x가 블록 y 위에 놓여진다면 슈드루의 무언가가 블록 x를 옮기지 않는 한, 블록 x는 계속 블록 y 위에 있다. 그러나 실제 세상은 그렇지 않다. 또한 오직 자신만이 영향을 끼칠 수 있다고 가정하는 인공지능 시스템은 대부분 잘못될 가능성이 높다.

둘째, 블록 세계가 모의 환경이라는 사실이다. 아마도 두 번째 이유가 더 중요하다. 슈드루에서는 진짜 로봇 팔이 물체를 잡아 옮기는 것이 아니다. 단지 그런 척할 뿐이다. 슈드루는 실제 세상과 그 세상에 대한 작동의 효과를 단순히 모델링한다. 그러나 모델링 과정에서 세상을 관찰하지도 않으며 모델이 올바른지도 확인하지 않는다. 이는 단순한 모델링을 위한 커다란 가정일 뿐이다. 이에 대해 인공지능 연구자들은 로봇이 실제 세상에서 맞닥뜨릴 수 있는 진짜 어려운 문제 대부분을 무시하는 일이라고 지적했다.

이 문제를 제대로 이해하기 위해 "물체 y로부터 물체 x를 들어 올린다."라는 동작을 고려해보자. 슈드루 기준으로 이는 단일 동작이다. 즉, 슈드루는 로봇 팔이 이 동작을 나눌 수 없는 단일 동작으로 실행한다 가정하고, 실제 세상에서 이 동작에 포함된 다른 동작들은 신경 쓰지 않는다. 그러므로 로봇 팔을 '제어'하는 프로그램은 지시사항을 수행하기 위한 올바른 동작 순서만 찾으면 된다. 즉, 실제 동작 시 일어날 수 있는 골치 아픈 일들을 신경 쓸 필요 없다.

그러나 예를 들어 실제 세상의 창고 안에서 진짜 로봇이 이 동작을 수행한다고 생각해보자. 로봇 팔은 두 물체를 구분하고 물체를 잡은 채 로봇 팔을 올바른 위치까지 움직이는 복잡한 이동 동작을 실행해야 한다. 실제로는 이 단일 동작에서 물체를 잡는 일조차 간단하지 않다. 사실 로봇이 간단한 물체를 실제로 다루도록 만드는 것은 매우 어려운 일이다. 이는 오늘날에도 역시 마찬가지다.

나는 1994년 젊은 연구원 시절 시애틀에서 열린 전미 인공지능 학회에 참석했을 때, 이 문제를 이해하게 됐다. 당시 '사무실 청소' 경진 대회에 참여한 로봇들이 매우 형편없이 동작하는 것을 보고 놀랐던 기억이 아직도 생생하다. 그 대회는 이름에서 알 수 있듯이 사무실 비슷한 공간을 안전하게 누비며 쓰레기 같은 물건을 모으는 로봇을 만들어 겨루는 대회였다.

이 대회의 사무실은 20년 전 슈드루의 블록 세계와 유사하다. 경진 대회에서 우승한 로봇조차 웃음을 참기 힘들 만큼 느렸고, 로봇의 동작은 청소와는 거리가 멀었다. 물론 이는 로봇의 잘못이 아니었다. 오히려 문제를 너무 쉽게 생각한 나의 순진한 기대가 더 큰 문제였다. 사무실 청소와 같은 일을 쉽다고 여기면, 기계 또한 그런 일을 쉽게 할 수 있어야 한다는 잘못된 믿음을 가지게 된다.

블록 세계는 직관적이고 쉽게 설명할 수 있으며, 실제 세상에서 작동하는 로봇을 상상할 수 있는 문제와 비슷하기 때문에 사람들의 많은 관심을 받았다. 그러나 생각하면 할수록 블록 세계는 주어진 일을 달성할 수 있는 작동 순서를 발견하는 일에만 집중한다. 그러나 그 일은 문제이기는 하지만, 실제 세상에서 로봇이 맞닥뜨릴 수 있는 여러 문제들 가운데 하나일 뿐 가장 어려운 일은 아니다.

인공지능 연구자들은 슈드루의 여러 기능 가운데 사용자가 영어와 비슷한 언어로 슈드루 시스템과 명령과 답을 주고받을 수 있는 기능을 가장 높이 평가했다. 다음은 그 예다(슈드루의 답변은 이탤릭체로 표시돼 있다).

■ 커다란 빨간색 정육면체를 들어 올려라.

□ *예. (명령을 수행한다.)*

■ 각뿔 모양 물체를 잡아라.

□ *어느 각뿔을 말하는가?*

■ 지금 잡고 있는 정육면체보다 큰 정육면체를 찾아 그것을 상자 안에 넣어라. '그것'이 지금 잡고 있는 정육면체보다 높이가 높은 정육면체를 뜻한다고 가정한다.

□ *예. (명령을 수행한다.)*

■ 상자에는 무엇이 들어 있나?

□ *파란색 각뿔과 파란색 정육면체.*

■ 각뿔 아래에는 무엇이 있는가?

□ *상자.*

■ 상자 밖에는 몇 개의 정육면체가 있나?

□ *네 개.*

■ 내가 잡으라고 말했던 것보다 폭이 좁은 물체가 하나라도 있나?

□ *빨간색 정육면체.*

■ 그 아래에는 무엇이 있는가?

□ *예, 탁자.*

■ 탁자가 정육면체들을 잡을 수 있나?

□ *아니요.*

■ 각뿔을 정육면체 위에 올려놓을 수 있는가?

□ *예.*

슈드루는 구사하는 단어가 다양하고 문장이 자연스러울 뿐만 아니라 "내가 잡으라고 말했던 것보다 폭이 좁은 물체가 하나라도 있나?"와 같은 복잡한 질문에도 답할 수 있다. 게다가 예전에 나왔던 명사를 나타내는 대명사 '그것'도 적절히 처리하는 등 대화의 수준이 엘리자보다 훨씬 높다.[6] 이처럼 사용자가 보통 영어와 비슷한 언어로 명령과 답을 주고받는다는 특징 때문에 1970년대 초반 인공지능 연구자들은 슈드루에 열광했다. 그러나 슈드루의 능력은 블록 세계라는 제한된 상황 덕분에 가능했다는 사실이 점차 명확해졌다. 물론 엘리자처럼 대화문을 미리 준비해둔 것은 아니었지만, 슈드루와의 대화는 매우 제한적이었다.

슈드루가 세상에 처음 공개됐을 때, 슈드루의 언어처리 기술이 매우 일반적인 자연어 이해 시스템으로 발전하리라는 기대가 있었다. 그러나 이런 바람은 이루어지지 않았다. 50년이 지난 지금, 우리는 슈드루의 한계에 대해 명확히 이야기할 수 있다. 그러나 당시 슈드루는 인공지능 연구에 엄청난 영향을 끼쳤고, 오늘날까지도 역사적인 인공지능 시스템으로 남아 있다.

로봇 세이키

많은 사람이 인공지능을 이야기하며 늘 로봇을 떠올리곤 한다. 영화나 TV 드라마 같은 미디어의 영향이 크다. 프리츠 랑Fritz Lang

감독의 고전 영화 「메트로폴리스Metropolis」(1927)에 등장하는 '기계 인간'은 두 팔, 두 다리, 머리가 달려 있는 모습으로 사람을 위협하는 인공지능 로봇의 전형을 보여줬다.

오늘날조차 인공지능에 관한 일반 언론의 관련 기사는 「메트로폴리스」에 등장하는 '기계 인간'의 직계 후손처럼 보이는 로봇 사진으로 장식되곤 한다. 그러므로 로봇, 특히 휴머노이드가 일반인들에게 인공지능을 대표하는 형상이 돼야 한다는 생각은 충분히 타당해 보인다. 내 생각에 로봇이 우리 주위에서 우리와 함께 일한다는 생각은 아마도 인공지능에 관한 사람들의 여러 바람 가운데 가장 명확하다. 대부분 자신의 명령을 충실히 듣는 로봇 비서를 가지면 행복해할 것이다.

그러므로 황금시대 동안 인공지능 연구에서 로봇 연구의 비중이 상대적으로 작았다고 말한다면 다들 의아해할 수 있다. 그러나 사실이었고, 이는 로봇 제작에 돈과 시간을 많이 투입해야 하는 데다 제작 자체도 기술적으로 어려웠기 때문이다. 1960년대 혹은 1970년대에 혼자 연구를 수행하는 박사 과정 학생이 전담 연구원과 연구 장비 등 상당한 규모의 연구 환경 없이 연구용 인공지능 로봇을 개발하기란 사실상 불가능했다. 또한 인공지능 프로그램을 실행할 수 있는 컴퓨터는 너무 크고 무거워서 자동 로봇에는 부적합했다. 인공지능 연구자들은 온갖 복잡한 과정을 거치며 실제 세상에서 사용 가능한 로봇을 만들기보다 슈드루처럼 실제 세상에서 작동하는 것과 비슷한 프로그램을 만드는 쪽을 선택했다. 그쪽이 훨씬 쉽고 비용도 적게 들었다.

인공지능 로봇 연구가 그리 많지는 않았지만, 모두가 주목할 만한 훌륭한 로봇 연구 과제가 하나 있다. 1966년에서 1972년 사이 스탠퍼드연구소SRI, Stanford Research Institute에서 수행한 셰이키SHAKEY 과제다.

셰이키는 실제 세상에서 명령이 주어지면 스스로 해결 방법을 찾을 수 있는 이동형 로봇을 제작하려는 첫 번째 시도였다. 셰이키가 작동하려면 주변 환경을 인지하고 자신의 위치를 파악하며 주변에 무슨 물체가 있는지 알아야 했다. 셰이키는 사용자의 명령을 받아 스스로 명령 수행에 필요한 계획을 수립했다. 또 모든 일이 자신의 생각대로 진행된다는 가정하에 계획을 실행했다. 사용자 명령 가운데는 사무실 주변의 상자들을 치우라는 것도 있었다. 사실 이런 일은 슈드루의 작동과도 비슷해 보인다. 그러나 셰이키는 진짜 로봇이며 실제로 물체를 옮겼다. 물론 슈드루의 작동보다 훨씬 어려운 일이었다.

셰이키를 성공적으로 개발하려면 여러 어려운 인공지능 기술들이 다양하게 필요했다. 기본적으로 로봇 개발이라는 쉽지 않은 문제를 해결해야 했다. 셰이키는 사무실용 로봇인 만큼 작고 민첩해야 하고 주변 장애물을 인지할 수 있는 성능과 정확도를 갖춘 센서도 필요했다. 개발자는 셰이키에 TV 카메라와 레이저 거리 측정기를 설치했다. 주변 장애물을 감지하기 위해 '고양이 수염'이라 불리는 충돌 감지기도 설치했다. 다음으로 주변을 돌아다니며 자신에게 주어진 일을 어떻게 처리할지 계획할 수 있어야 했다. 개발자는 모든 인공지능 계획 기술planning technology의 원조라 일컬어지는 **스트립스**STRIPS, Stanford Research Institute Problem Solver[7]라는 시스템을 설계했다. 마지막으로 모든 기능이 톱니바퀴처럼 서로 맞물려 작동하도록 만들어야 했다. 각각의 기능도 구현하기 어려웠던 만큼 이는 몇 배나 어려운 일이었다.

수많은 인공지능 기술이 집약된 로봇 셰이키는 모두를 놀라게 했다. 하지만 당시 기술의 한계 또한 명확히 보여줬다. 개발자는 셰이키가 작동할 수 있도록 여러 어려운 문제를 매우 단순화시켜야 했다. 예를 들어 셰이키에는 TV 카메라가 달려 있었지만 장애물을 감지하는 수준에 불과했다. 게다가 장애물 감지 같은 간단한 기능조차 올바르게 작동하려면 사무실을 새로 페인트칠하고 조명도 세밀하게 조절해야 했다. TV 카메라는 전력도 많이 소비해서 꼭 필요할 때만 켤 수 있었다. 또 한번 껐다 켜면 약 10초 후에나 제대로 작동하기 시작했다. 당시 컴퓨터 기술도 커다란 고민거리였다. 셰이키가 주어진 일의 처리 방법을 결정하려면 약 15분이 걸렸다. 심지어 그 시간 동안 셰이키는 주변과 완전히 분리돼 움직이지 않았다. 셰이키용 프로그램들을 실행할 고성능 컴퓨터는 너무 크고 무거워 무선으로 연결됐다.[8] 결과적으로 셰이키는 실제 문제에는 제대로 사용될 수 없었다.

셰이키는 분명 실제로 구현된 최초의 자율 이동 로봇이다. 또한 놀라운 인공지능 기술들을 개발하는 시작점이 됐다. 셰이키는 슈드루와 마찬가지로 인공지능 역사에서 영광스러운 한자리를 차지할 만하다. 그러나 당시의 인공지능 기술이 제대로 작동하는 자율 이동 로봇을 구현하기에 얼마나 부족한지, 향후 관련 기술 개발이 얼마나 어려운지 명확히 보여주는 대표 사례이기도 했다.

문제 해결과 탐색

문제 해결 능력은 분명 다른 동물들과 사람을 구분 짓는 주요 특징 가운데 하나다. 물론 인터넷에는 먹이를 얻기 위해 복잡한 문제를 해결하는 다람쥐[9]와 까마귀[10]의 동영상들이 가득하다. 하지만 어떤 동물도 먹이와 상관없이 추상적인 문제를 해결하려는 사람의 능력에 근접하지 못한다.

문제 해결은 지능이 필요한 일처럼 보인다. 따라서 사람들이 해결하기 어려운 문제를 풀 수 있는 프로그램을 만들 수 있다면 인공지능에 한층 다가설 수 있을 것이다. 인공지능의 황금시대 동안에도 문제 해결은 집중 연구 과제였다. 당시 인공지능 연구자들은 신문의 퍼즐면에 나올 법한 문제를 연습 삼아 컴퓨터로 풀었다. 대표적인 예로 '하노이의 탑'이라는 문제가 있다.

외딴 사원에 세 개의 기둥과 64개의 황금 원판이 있다. 황금 원판은 모두 다른 크기다. 맨 왼쪽 기둥의 맨 아래 가장 큰 원판부터 맨 위 가장 작은 원판까지 크기 순서대로 꽂혀 있다. 사원의 수도

승들은 모든 원판을 맨 오른쪽 기둥으로 옮긴다는 목표로 황금 원판을 하나씩 다른 기둥으로 옮긴다. 이때 수도승들은 다음 두 가지 규칙을 지켜야 한다.

1. 한 번에 하나의 황금 원판만 다른 기둥으로 옮길 수 있다.
2. 작은 황금 원판 위에 큰 황금 원판을 올려놓을 수 없다.

이 문제를 풀려면 규칙을 어기지 않고 맨 왼쪽 기둥에서 맨 오른쪽 기둥으로 모든 황금 원판을 옮기는 황금 원판 이동 순서를 찾아야 한다. 이 이야기는 여러 버전으로 알려져 있다. 그 가운데 몇몇 이야기에서는 맨 왼쪽 기둥에서 맨 오른쪽 기둥으로 황금 원판을 모두 옮기면 세상의 종말이 온다고 한다. 그 이야기가 사실이라 하더라도 걱정하며 뜬눈으로 밤을 지새울 필요는 없다. 수도승들이 64개의 황금 원판을 모두 옮기기 전에 우주의 종말이 먼저 올 것이기 때문이다.

하노이 탑 문제는 대개 훨씬 적은 개수의 황금 원판을 가정한 형태로 바뀌어 제시된다. 그림 3은 세 개의 황금 원판이 사용된 하노이 탑 문제에 대해 초기 단계(세 개의 황금 원판이 맨 왼쪽 기둥에 꽂혀 있다), 목표 상태(세 개의 황금 원판이 맨 오른쪽 기둥에 꽂혀 있다), 잘못된 상태를 각각 보여준다.

하노이 탑과 같은 문제를 풀기 위해서는 '탐색'이라는 기법을 사용한다. 참고로 인공지능에서 탐색은 기본적인 문제 해결 기법

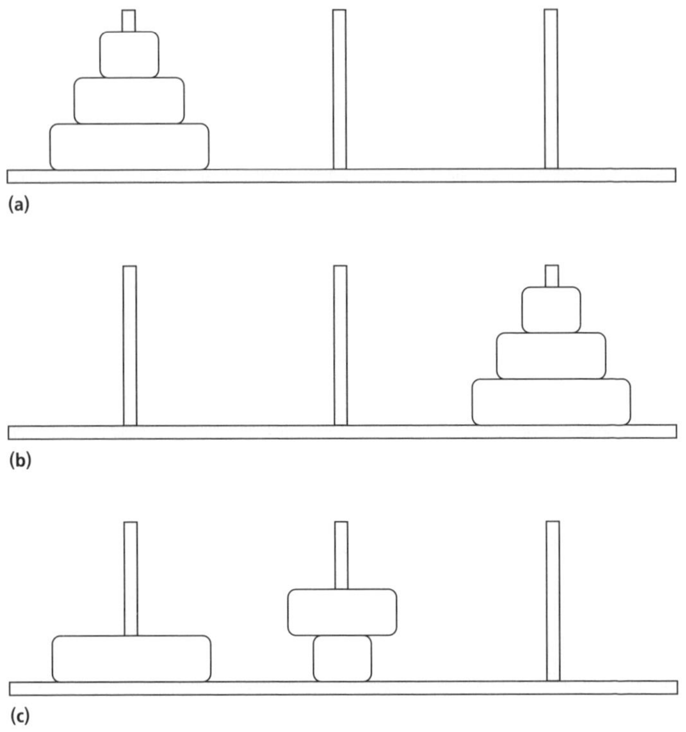

그림 3　인공지능의 황금시대에 연구된 전형적인 '하노이 탑' 문제.
(a) 문제의 초기 상태 (b) 문제의 목표 상태 (c) 잘못된 상태(작은 황금 원판 위에 그보다 큰 황금 원판이 놓여 있어 규칙에 어긋난다)

으로, 인터넷에서 이곳저곳을 탐색하는 구글링과는 다르다. 쉽게 말해 가능한 모든 경우의 수를 체계적으로 고려하는 방법이다. 체스와 같은 보드 게임 프로그램들은 모두 탐색 기법을 사용한다. 차에 달린 내비게이션 역시 마찬가지다. 이처럼 탐색 기법은 오랜 세월 지속적으로 사용되고 있으며 인공지능에서 가장 기본적인 기술 가운데 하나다.

하노이 탑과 같은 문제는 모두 같은 기본 구조를 가진다. 바꿔 말하면 블록 세계에서처럼 **초기 상태**에서 **목표 상태**로 이끄는 동작의 순서를 찾고자 한다. 여기서 **상태**라는 용어는 어느 한 순간 주어진 문제의 구성을 뜻한다. 하노이 탑과 같은 문제를 풀기 위해서는 다음과 같은 과정에 따라 탐색 기법을 사용할 수 있다.

- 초기 상태에서 시작하며, 모든 다음 동작에 대해 그 동작 효과를 고려한다. 한 동작을 취하면 문제는 새로운 상태로 바뀐다.
- 모든 다음 동작 가운데 하나가 문제의 상태를 목표 상태로 이끈다면 초기 상태에서 목표 상태까지 이끈 일련의 동작이 문제의 답이다.
- 모든 다음 동작 가운데 어느 것도 문제의 상태를 목표 상태로 이끌지 않았다면, 모든 새로운 상태에 대해 그 상태에서 가능한 동작들의 동작 효과를 고려하며 이 과정을 반복한다.

탐색 기법을 사용하면 **탐색 나무**search tree가 만들어진다. 그림 4는 하노이 탑 문제에 탐색 기법을 적용했을 때 만들어진 탐색 나무의 일부를 보여준다.

하노이 탑 문제의 초기 상태에서는 가장 작은 원판을 가운데 기둥으로 옮기거나 맨 오른쪽 기둥으로 옮기는 두 개의 다음 동작만이 가능하다. 그러므로 가능한 다음 상태는 두 개다.

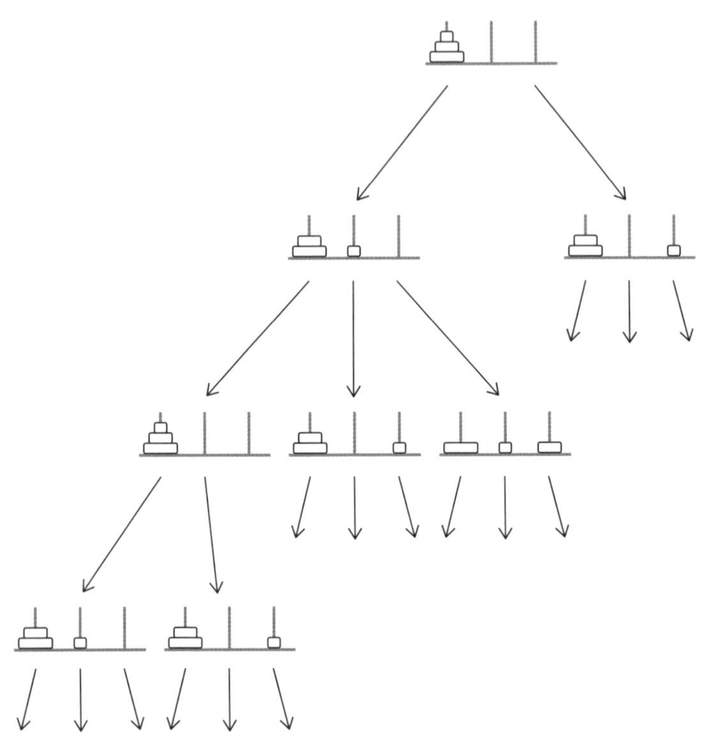

그림 4　하노이 탑 문제에 대한 탐색 나무의 일부

가장 작은 원판을 가운데 기둥으로 옮긴다면(그림 4의 맨 위 초기 상태에서 왼쪽 화살표를 따라가는 동작), 다음으로 가능한 동작은 가장 작은 원판을 맨 왼쪽 기둥이나 맨 오른쪽 기둥으로 옮기거나 중간 크기의 원판을 맨 오른쪽 기둥으로 옮기는 세 개의 동작이다(중간 크기의 원판을 가운데 기둥으로 옮길 수는 없다. 중간 크기의 원판이 작은 원판 위에 올라가면 규칙에 어긋나기 때문이다…… 이후 과정은 비슷하다).

위 설명에서 보듯 탐색 나무는 단계마다 체계적으로 만들어진다. 따라서 탐색 나무를 사용하면 모든 가능성을 빠짐없이 고려할 수 있다. 답이 있는 문제라면 탐색 기법을 사용해 언젠가는 답을 찾을 수 있다(앞 문장에서 '언젠가는'이 매우 중요한데 그 이유는 곧 알게 된다).

황금 원판이 세 개가 사용되는 하노이 탑 문제의 초기 상태에서 황금 원판을 최소 횟수로만 움직여 하노이 탑 문제를 풀려면 황금 원판을 일곱 번 움직여야 한다. 즉, 황금 원판을 일곱 번보다 적은 횟수만 움직여서는 답을 찾을 수 없다. 일곱 번보다 더 많이 움직여 문제를 푸는 방법들도 있다. 사실 무한히 많다. 그러나 일곱 번만 움직여 문제를 해결할 수 있으므로 그 이상의 횟수를 사용하는 방법들은 최적의 답이 아니다. 또한 앞에서 설명한 탐색 방법은 모든 경우를 체계적으로 빠짐없이 고려해 탐색 나무를 그렸으므로 단지 답만 찾을 수 있는 것이 아니라 최적의 답도 찾을 수 있다.

이처럼 단순한 완전 탐색 방법을 사용하면, 답이 존재하는 한 답은 물론 최적의 답도 찾을 수 있다. 게다가 방법 자체가 간단해서 프로그램 작성도 쉽다.

그러나 그림 4의 탐색 나무를 약간만 자세히 살펴봐도 단순한 완전 탐색 방법이 사실 매우 어리석은 방법임을 알 수 있다. 예를 들어 탐색 나무 맨 왼쪽 가지를 보면 두 번의 동작 후에 다시 초기 상태로 돌아가므로 두 번의 동작이 쓸모없음을 알 수 있다. 만약 여러분이 하노이 탑 문제를 직접 풀고 있다면 당신 또한 한두 번 이런 실수를 저지를 수 있다. 그러나 여러분은 재빨리 잘못을 알아차리고 쓸모없는 동작을 피할 것이다. 반면 완전 탐색 방법 프로그램을 수행하는 컴퓨터는 이미 답이 될 수 없다고 알려진 상태로 이끄는 쓸모없는 동작이라 하더라도 빠짐없이 수행한다.

완전 탐색 방법에는 더 심각한 문제도 있다. 그림 3, 4와 같이 작은 규모에서라도 하노이 탑 문제를 풀어보면 거의 모든 상태마다 세 개의 다음 동작이 가능하다는 사실을 알 수 있다. 이런 경우를 **분기 계수** branching factor가 3이라고 한다. 분기 계수는 문제마다 다르다. 예를 들어 바둑의 경우 분기 계수가 250이다. 즉, 모든 상태마다 평균 250개의 다음 수가 가능하다는 뜻이다. 분기 계수에 따라 탐색 나무의 크기가 어떻게 증가하는지, 다시 말해 탐색 나무의 특정 단계에 몇 개의 상태가 있을 수 있는지 바둑을 예로 함께 살펴보자.[11]

- 초기 단계에서 약 250개의 다음 수가 가능하기 때문에, 탐색 나무의 첫 번째 단계에는 250개의 상태가 있을 것이다.
- 첫째 단계의 250개 상태에 대해, 각 상태마다 약 250개의 다음 수가 가능하므로 두 번째 단계에는 6만 2,500개(250×250)의 상태가 있을 것이다.
- 같은 방식으로 계산하면 탐색 나무의 세 번째 단계에는 1,560만 개(250×62,500)의 상태가 있을 것이다.
- 탐색 나무의 네 번째 단계에는 39억 개(250×1,560만 개)의 상태가 있을 것이다.

이런 방식으로 생각해보면 일반 데스크톱 컴퓨터는 네 번째 단계만 넘어서도 바둑용 탐색 나무를 저장하기에 메모리가 부족할 것이다. 그런데 바둑은 일반적으로 탐색 나무의 단계가 약 200단계 정도다. 그렇다면 200번째 단계에서 상태의 수는 얼마일까? 이해하기도 힘들고 상상도 할 수 없을 만큼 너무 크다. 굳이 설명하자면 우리 우주에 있는 원자의 수보다 10^{100}배 이상 크다. 그러므로 컴퓨터 기술이 아무리 발전한다 하더라도 이런 크기의 탐색 나무를 다루지는 못할 것이다.

이처럼 탐색 나무의 크기는 상상도 할 수 없을 만큼 빠르게 증가한다. 인공지능 연구자들은 이 문제를 **조합적 폭발**combinatorial explosion이라 부른다. 여러 다양한 인공지능 문제에서 탐색은 늘 사용되는 방법이기 때문에 조합적 폭발은 인공지능 연구 분야에서 가장 중요하고 실제적인 문제다.[12] 만약 누군가가 엄청난 컴퓨팅 시간과 메모리를 사용하지 않고도 완전 탐색 방법과 동일한 결과를 얻을 수 있고 검증도 가능한 새로운 탐색 방법을 제시한다면 그는 인공지능 분야의 슈퍼스타가 될 것이며 수많은 인공지능 난제들도 갑자기 쉬운 문제가 될 것이다. 그러나 불행히도 이는 불가능할 것이다. 조합적 폭발을 피할 수 없는 만큼 이 문제를 잘 다룰 수 있어야 한다.

조합적 폭발은 인공지능 연구 초기부터 근본적인 문제로 여겨졌다. 매커시는 이를 두고 1956년 여름학교에서 다루어야 할 문제로 정의했다. 사람들은 곧 좀 더 효과적인 탐색 방법을 찾기 시작했다. 이를 위한 몇 가지 명확한 방법이 있다.

그 가운데 한 가지는 어떤 방식으로든 집중하는 것으로 다음과 같이 수행할 수 있다. 탐색 나무를 단계별로 그려나가는 대신 오직 한쪽 가지를 따라서만 탐색 나무를 그려나간다. 이런 탐색 방법을 **깊이 우선 탐색**depth-first search이라 한다. 이 방식을 활용하면 답을 찾거나 혹은 답을 찾을 수 없다는 것이 확실해질 때까지 한쪽 가지만 이용해 탐색 나무를 확장한다. 예를 들어 그림 4에서 맨 왼쪽 가지만 이용해 탐색하다가 예전에 봤던 상태가 다시 만들어지면 탐색 나무 확장을 멈추고 다른 가지를 따라 탐색하기 위해 탐색 나무를 거슬러 올라간다.

깊이 우선 탐색을 사용하면 탐색 나무 전체를 저장할 필요 없이 현재 탐색 중인 가지들만 저장하면 된다. 그러나 깊이 우선 탐색에는 이런 장점을 덮어버릴 만한 큰 단점도 있다. 자칫 탐색할 가지를 잘못 선택하면 아주 오랫동안 답을 찾지 못한 채 한쪽 경로로 계속 탐색하게 된다. 그러므로 깊이 우선 탐색을 사용하려 한다면 탐색할 가지를 잘 선택해야 한다. 이를 위해 **휴리스틱 탐색 방법**을 사용할 수 있다.

휴리스틱 탐색 방법은 경험 법칙을 사용해 어느 곳을 집중적으로 찾을지 선택하는 것이다. 일반적으로 가장 좋은 탐색 방향을 선택하도록 보장해주는 휴리스틱은 없다. 그러나 종종 특정 문제에 대해 우리는 휴리스틱을 찾을 수 있다.

휴리스틱 탐색 방법은 누가 만들었는지를 놓고 따지는 일이 무의미할 만큼 오랜 세월 동안 여러 차례 반복해 발명돼왔다. 그러나 휴리스틱 탐색 방법이 어떤 인공지능 프로그램에서 제일 먼저 사용됐는지는 자신 있게 말할 수 있다. 바로 1950년대 중반 IBM 연구원 아서 새뮤얼Arthur Samuel이 개발한 '체커 게임'이다.[13] 새뮤얼은 체커 게임을 개발하며 여러 측면에서 인공지능의 새로운 장을 열었다. 첫째, 보드 게임을 인공지능 기술에 대한 일종의 시험장으로 사용했다. 이런 방식은 오늘날에도 흔히 찾아볼 수 있다. 둘째, 이미 앞에서 말했듯이 휴리스틱 탐색 방법을 사용해 체커 게임을 구현했다. 마지막으로 지금 자세히 다루지는 않겠지만 사실상 첫 번째 머신러닝 프로그램인 체커 게임은 스스로 게임 방법을 배웠다.

그가 만든 체커 게임의 핵심 기술 요소는 특정 보드 상태가 자신에게 얼마나 좋은지 혹은 나쁜지를 평가하는 것이었다. 직관적으로 설명하면 게임 프로그램이 승리할 가능성이 높은 상태가 좋은 상태다. 반대로 패배할 가능성이 높은 상태가 나쁜 상태다. 새뮤얼은 보드 상태로부터 다양한 특징을 추출해 평가 지표로 사용했다. 예를 들어 아직 살아 있는 말의 개수도 한 가지 평가 지표다. 말의 개수가 많으면 많을수록 승리할 가능성도 높다. 체커 게임에서는 다양한 평가 지표들을 한데 모아 보드 상태에 점수를 매겼다. 그리고 전형적인 휴리스틱에 따라 다음 수 가운데 가장 높은 점수의 보드 상태로 갈 수 있는 수를 선택했다.

사실 이런 직관적인 방법이 전부는 아니었다. 체커는 두 사람이 겨루는 보드 게임이므로 누구나 체커 게임을 할 때 상대방의 수를 생각해야만 한다. 새뮤얼의 체커 게임 프로그램도 상대방이 자신에게 가능한 가장 불리한 수를 둘 것이라 가정했다. 이처럼 상대방이 자신의 점수를 가장 낮게 만들려 한다는 가정하에 프로그램 자신의 점수를 가장 높게 만들려는 방법을 **최소 최대 탐색 방법**min max search이라 부른다. 최소 최대 탐색 방법은 가장 기본적인 게임 방법이다.

새뮤얼의 체커 프로그램은 상당히 잘 작동했다. 그의 프로그램은 여러 면에서 인상 깊었지만 특히 그가 사용한 컴퓨터 IBM 701이 겨우 몇 페이지 분량의 프로그램밖에는 다루지 못한다는 사실을 생각하면 더더욱 놀라웠다. 오늘날 데스크톱 컴퓨터는 IBM 701보다 메모리 용량과 컴퓨팅 속도가 몇백만 배 크고 빠르다. 오늘날에 비해 매우 열악했던 당시의 컴퓨팅 환경을 고려할 때 체커 프로그램이 경쟁력은 둘째치고 제대로 작동했다는 사실만으로도 매우 인상 깊다.

새뮤얼의 체커 게임을 포함해 휴리스틱 탐색에 관한 초창기 연구 대부분은 일단 해보고 작동하는지 살펴보는 즉흥적인 휴리스틱 접근 방식을 사용했다. 그런데 1960년대 후반 스탠퍼드연구소 닐스 닐슨Nils Nilsson 연구팀의 연구 성과와 함께 돌파구가 마련됐다. 이들은 앞서 다뤘던 셰이키 과제에서 A*라는 알고리즘을 개발했다. A* 알고리즘을 사용하면 휴리스틱이 효과 있을 때를 알 수 있다. A* 알고리즘 이전에는 휴리스틱 탐색은 단지 추측일 뿐이었다. 그러나 A* 알고리즘의 등장 이후 휴리스틱 탐색은 수학적으로 잘

정립된 알고리즘이 됐다.[14]

오늘날 A* 알고리즘은 기본적인 컴퓨팅 알고리즘 가운데 하나로 인식되며 실제로도 널리 사용된다. 예를 들어 A* 알고리즘은 차량 위성 내비게이션 시스템 소프트웨어에 사용되므로 여러분도 직접 알고리즘을 경험할 수 있다. 멋진 이름에도 불구하고 A* 알고리즘은 여전히 사용되는 휴리스틱에 영향을 받는다. 즉, 좋은 휴리스틱을 사용하면 빠르게 답을 찾을 수 있는 반면, 나쁜 휴리스틱을 사용하면 쓸모없어진다. 또한 A* 알고리즘 자체는 특정 문제에 적합한 휴리스틱을 찾을 때에는 별 도움이 되지 않는다.

복잡성 문제와 충돌한 인공지능

앞서 튜링이 수학 난제 가운데 하나를 풀기 위해 컴퓨터를 발명했다는 사실을 이야기했다. 기본적으로 결정할 수 없는 문제가 존재한다는 사실을 보여주기 위해, 즉 컴퓨터가 할 수 없는 일이 있다는 것을 보여주기 위해 컴퓨터를 개발한 일은 과학 역사상 가장 아이러니한 일일 것이다.

이후 수십 년 동안 컴퓨터가 할 수 있는 것과 할 수 없는 것 사이의 경계를 시험하며 연구하는 일은 전 세계 대학 수학과의 한 연구 분야가 됐다. 연구자들은 결정할 수 있는 문제들을 결정할 수 없는 문제들로부터 분리하는 일, 즉 컴퓨터로 풀 수 있는 문제들을 컴퓨터로 풀 수 없는 문제들로부터 분리하는 일에 집중했다. 그 가운데 흥미로운 발견 하나가 바로 결정문제들의 계층 구조였다. 가령 결정할 수 없을 뿐만 아니라 매우 결정할 수 없는 문제도 있다(이런 문제에 죽고 못 사는 수학자들도 있다).

그러나 1960년대에 이르자 문제를 풀 수 있느냐 혹은 풀 수 없느냐는 전혀 중요하지 않다는 사실이 명확해졌다. 튜링머신을 기준으로 문제를 풀 수 있다고 해서 실제로 그 문제를 풀 수 있는 것은 아니었기 때문이다. 예를 들어 튜링의 이론으로는 풀 수 있다고 여겨지는 몇몇 문제들이 실제로는 엄청난 규모의 메모리 사용량과 지나치게 긴 컴퓨팅 시간 때문에 어떤 방법으로도 풀 수 없는 경우들이 있었다. 불행히도 수많은 인공지능 문제들이 이 곤란한 그룹에 속했다.

튜링의 이론에 따라 쉽게 풀릴 것 같은 문제들을 몇 가지 살펴보자. 당신은 사무실에 유능한 직원 네 명을 데리고 있다. 그들의 이름은 존, 폴, 조지, 링고다. 당신은 이들 가운데 세 명을 뽑아 특별 프로젝트팀을 만들려 한다. 그런데 유감스럽게도 경쟁 관계 때문에 존과 폴은 함께 일할 수 없다. 당신은 특별 프로젝트팀을 만들 수 있을까?

당연히 가능하다. 존, 조지, 링고 혹은 폴, 조지, 링고로 팀을 만들 수 있다(이 두 가지가 주어진 문제의 유일한 답이라는 사실에 주목한다).

이 문제에 '존과 조지는 함께 일할 수 없다.'라는 가정을 추가해 보자. 당신은 여전히 특별 프로젝트팀을 만들 수 있을까? 물론이다. 폴, 조지, 링고로 팀을 만들 수 있다. 마지막으로 '폴과 조지가 함께 일할 수 없다.'라는 가정을 추가해보자. 마지막 가정 때문에 당신은 더 이상 특별 프로젝트팀을 만들 수 없다. 즉, 세 가지 제약을 만족시키면서 세 명으로 이루어진 팀을 만들 수는 없다.

이 예제를 좀 더 일반적인 형태로 바꿔 기술하면 다음과 같다.[15] n명에 대한 명단(앞서 설명한 예에서 명단은 존, 폴, 조지, 링고이며, n은 4다)과 '금지된 파트너'(예: 존과 폴은 함께 일할 수 없다) 목록이 있다. 숫자 m이 주어졌을 때, 명단에서 m명을 뽑아 팀을 만들 수 있을까? 이때 팀에는 금지된 파트너인 두 사람이 동시에 들어갈 수 없다(m은 당연히 n보다 작아야 한다).

이 문제는 표면적으로 쉽게 풀 수 있는 문제처럼 보인다는 사실이 중요하다. 먼저 n명에서 m명을 뽑아 만들 수 있는 모든 조합을 구한다. 다음으로 각 조합에 금지된 파트너 관계에 있는 두 사람이 함께 속해 있는지 확인한다. 이 문제 풀이 방법은 매우 간단할 뿐만 아니라 컴퓨터 프로그래밍도 쉽다. 그러므로 튜링의 분류에 따르면 이 문제는 당연하게도 결정 가능하다. 즉, 컴퓨터로 풀 수 있다.

그럼 문제를 풀기 위해서 몇 개의 조합을 확인해야 할까? 앞서 살펴봤던 예처럼 네 명 중에 세 명을 뽑아 팀을 만든다면 확인할 조합의 개수는 모두 네 개로 쉽게 확인할 수 있다. 그럼 사무실 직원의 숫자가 증가하면 어떤 일이 생길지 함께 살펴보자. 사무실 직원 수가 열 명이고, 그 가운데 다섯 명을 뽑아 팀을 만든다면, 모두 252가지의 조합을 확인해야 한다. 조금 귀찮기는 하지만 가능한 일이다. 그런데 한 가지 주목할 점이 있다. 가능한 조합의 가짓수가 직원의 숫자 혹은 팀의 크기에 비해 훨씬 빠르게 증가한다는 사실이다.

사무실 직원 수가 100명이고 그 가운데 50명을 뽑아 팀을 만든다고 가정해보자. 이 경우 당신은 100×10억×10억×10억 가지의 조합을 확인해야 한다. 매우 빠른 고성능 컴퓨터를 사용하면 초당 100억 가지의 조합을 확인할 수도 있다. '100억'이라는 숫자가 매우 큰 숫자로 보이지만 당신은 곧 우주가 끝날 때까지 쉬지 않고 확인해도 모든 조합을 확인할 수 없다는 사실을 깨닫는다. 인텔에서 더 좋은 CPU를 개발하더라도 전혀 도움 되지 않는다. 즉, 컴퓨터 기술이 아무리 발전해도 적당한 시간 내에 모든 조합을 확인할 수는 없다.

방금 살펴본 문제를 통해 조합적 폭발의 다른 한 예를 볼 수 있다. 앞서 탐색 나무에서 조합적 폭발의 예를 확인했다. 탐색 나무에서 새로운 단계가 만들어질 때마다 탐색 나무의 크기는 몇 배씩 증가한다. 이런 조합적 폭발은 무언가 연속해 선택해야 할 때 발생한다. 매 선택마다 가능한 결과물의 수는 몇 배씩 증가한다. 팀 구성 문제에서 당신은 누군가를 팀에 넣을지 말지 선택해야 하며 누군가를 선택할 때마다 가능한 팀 조합의 수는 두 배씩 증가한다.

그러므로 모든 조합의 팀을 일일이 확인하는 순진한 방법으로는 문제를 풀 수 없다. 다시 말해, 이론적으로는 풀 수 있고 시간만 충분하다면 반드시 정답을 구할 수 있지만 확인에 필요한 시간이 너무 빠르게 증가해 실제로는 풀 수 없다.

이처럼 완전 탐색은 매우 순진한 기술이다. 휴리스틱을 사용할 수도 있지만 문제를 풀 수 있다는 보장이 없다. 모든 조합을 찾지 않고도 조건에 맞는 팀을 반드시 찾을 수 있는 더 좋은 방법이 있을까? 없다! 탐색 시간을 다소 줄일 수 있는 방법은 있겠지만, 조합적 폭발 문제를 근본적으로 풀 수는 없다. 그러므로 당신이 조합적 폭발 문제를 풀 수 있다고 선택한 모든 방법은 실제 관심 있는 문제에 직접 적용해보면 대부분 쓸모없을 것이다.

이런 현상은 조합적 폭발 문제가 **NP 완전 문제**NP-complete problem이기 때문에 일어난다. 일반인들에게 NP의 원래 의미인 '미정 다항식 시간Non-deterministic Polynomial time'을 알려준다고 해서 NP 완전 문제의 뜻을 좀 더 쉽게 이해하리라 기대하지는 않는다. NP에 담긴 기술적 의미는 제법 복잡하지만 그 속에 담긴 직관은 간단하다.

NP 완전 문제는 팀 구성과 같은 일종의 조합 문제다. NP 완전 문제는 경우의 수가 너무 많아 답을 찾기가 매우 어려운 반면, 답을 찾았는지 확인하기는 쉽다(팀 구성 예제에서 살펴봤듯이 금지된 파트너가 팀에 함께 있는지 여부만 확인하면 된다).

NP 완전 문제에는 중요한 특징이 한 가지 더 있다. 그 특징을 이해하기 위해 문제 하나를 예로 설명하려 한다(여러분의 이해를 돕고자 함이니 믿고 읽기 바란다). 지금 소개할 문제는 '순회 세일즈맨 문제traveling salesman problem'로 꽤 잘 알려진 계산 문제다. 아마 들

어본 사람도 있을 것이다.[16]

한 세일즈맨이 방문 예정 목록에 있는 모든 도시를 빠짐없이 방문한 후 출발했던 곳으로 돌아와야 한다. 임의의 모든 두 도시가 길로 연결된 것은 아니지만 두 도시가 연결돼 있다면 세일즈맨은 가장 짧은 길을 알고 있다. 세일즈맨은 차에 기름을 가득 넣었을 때, 자신의 차가 몇 킬로미터나 주행할 수 있는지도 알고 있다. 세일즈맨이 모든 도시를 방문하고 출발지로 돌아올 수 있는 경로가 있을까? 이 과정에서 세일즈맨은 중간에 기름을 다시 넣을 수 없다.

이 문제에서도 팀 구성 문제와 마찬가지로 조합(조합적 폭발)의 불길한 향기가 느껴질 것이다. 평범한 사람이라면 다소 무식하게 가능한 모든 경로를 구하고 각각의 경로에 대해 기름이 떨어지기 전에 모든 도시를 순회할 수 있는지 확인할 수 있다. 그러나 당신도 예측했듯이 방문할 도시 숫자가 많아지면 가능한 경로의 수가 매우 빠르게 증가한다. 예를 들어 열 개의 도시를 방문해야 한다면 최대 360만 가지의 경로를 확인해야 한다. 11개의 도시를 방문해야 한다면 최대 4천만 가지의 경로를 확인해야 한다.

결국 순회 세일즈맨 문제에서도 팀 구성 문제에서와 마찬가지로 조합적 폭발 문제가 발생한다. 다만 조합적 폭발 특성 이외에는 두 문제 사이에 어떤 공통점도 없어 보인다. 당연한 결과다. 팀 구성과 최단 경로로 여러 도시를 순회하는 일 사이에는 어떤 관계도 없다. 그런데 놀랍게도 둘은 근본적으로 같은 문제다. 그리고 이는 NP 완전 문제의 놀라운 특징이다.

내 말에 대한 이해를 돕기 위해 내가 어떤 팀 구성 문제라도 재빠르게 풀 수 있는 방법을 찾았다고 생각해보자. 그리고 당신이 내게 순회 세일즈맨 문제를 냈다고 가정한다. 나는 당신이 낸 문제를 바로 팀 구성 문제로 바꿔 풀어낼 수 있다. 내가 얻은 답을 통해 당신은 순회 세일즈맨의 답을 구할 수 있다. 무슨 뜻인지 이해하겠는가? 다시 말해 당신이 팀 구성 문제를 빠르게 풀 수 있는 방법을 만들었다면 당신은 순회 세일즈맨 문제도 빠르게 풀 수 있는 방법을 찾았다는 뜻이다. 이는 단순히 팀 구성과 순회 세일즈맨이라는 두 문제에 한정된 이야기가 아니다. 모든 NP 완전 문제에 적용되는 이야기다.

모든 NP 완전 문제는 자신을 뺀 다른 모든 NP 완전 문제로 쉽게 변형될 수 있다. 또한 이런 엄청난 특징 때문에 모든 NP 완전 문제는 일종의 공동 운명체이기도 하다. 누군가가 NP 완전 문제 하나를 빠르게 풀 수 있는 방법을 찾아냈다면 이는 모든 NP 완전 문제를 빠르게 풀 수 있는 방법을 찾아냈다는 뜻이다. 그러나 아직까지 어느 누구도 그런 방법을 찾아내지 못했다. 더 나아가 NP 완전 문제를 효과적으로 빠르게 풀 수 있는 방법의 존재 여부 자체가 오늘날 가장 중요한 미해결 과학 문제 가운데 하나다. 사람들은 이 미해결 문제를 P대 NP 문제라 부른다.[17]

누군가 NP 문제를 P 문제로 변환할 수 있는지 여부를 과학자들이 만족할 만한 수준으로 증명한다면 그는 2000년에 이 문제를 밀레니엄 수학 문제 가운데 하나로 지정한 클레이 수학 연구소Clay

Mathematics Institute로부터 100만 달러의 상금을 받을 것이다. 전문가들에 따르면 NP 완전 문제는 효과적으로 풀 수 없을 뿐만 아니라 정말 그런지조차 확실해지려면 오랜 시간이 걸릴 듯하다.

결론적으로 여러분이 다루고 있는 문제가 만약 NP 완전 문제라면 '기존 방법으로는 풀기 어렵다.' 즉, 수학적으로 정확히 말하면 '매우 어렵다'는 뜻이다.

NP 완전 문제의 기본적인 구조는 1970년대 초 여러 논문들에서 밝혀졌다. 1971년에 미국계 캐나다인 수학자 스티븐 쿡Stephen Cook은 NP 완전 문제에 대한 핵심 이론을 논문으로 제시했다. 미국인 리처드 카프Richard Karp는 쿡이 제시한 NP 완전 문제의 범위가 처음 생각했던 것보다 훨씬 넓다는 사실을 논문에서 보여줬다.

1970년대 인공지능 연구자들은 자신들이 다루는 여러 문제들에 NP 완전 문제 이론을 적용하기 시작했다. 결과는 놀라웠다. 문제 해결, 게임, 계획 수립, 학습, 추론 등 그들이 관심을 가지고 살펴본 인공지능 모든 분야의 주요 문제들이 한결같이 NP 완전 문제(혹은 더 복잡한 문제)처럼 보였다. 이런 현상이 보편화되자 사람들은 농담처럼 'AI(인공지능) 완전 문제'라는 용어를 사용했다. 이는 문제가 인공지능만큼이나 어렵다는 뜻이다. 쉽게 말해 "누군가 인공지능 완전 문제 하나를 해결할 수 있다면, 모든 인공지능 문제를 해결할 수 있을 텐데."라는 의미다.

현재 연구하고 있는 문제가 NP 완전 문제 혹은 그보다 더 어려운 문제라는 사실을 알게 되는 순간 연구자들은 큰 충격을 받았다.

NP 완전 문제 이론을 알기 전에는 어렵지만 언젠가는 돌파구를 찾아낼 수 있을 것이라는 바람이 있었다. 아직 NP 완전 문제가 효과적으로 풀릴 수 있는지 여부가 증명되지 않은 만큼 기술적으로만 생각하면 그 바람은 여전히 유효하다. 그러나 1970년대 후반, NP 완전 문제와 조합적 폭발이라는 두 어두운 그림자가 인공지능 연구에 그늘을 드리우기 시작했다. 인공지능 연구는 계산 복잡도라는 장벽에 막혀 멈춰 섰다. 황금시대에 개발된 여러 인공지능 기술들이 블록 세계와 같은 작은 세계를 벗어나 이 세상의 실제 응용으로 확장될 수 없을 것 같았으며, 초기 인공지능 연구자들은 1950년대와 1960년대에 걸쳐 생겨났던 장밋빛 전망을 떠올리며 괴로워했다.

연금술이 된 인공지능

1970년대 초, 주요 인공지능 연구들의 성과가 눈에 띄게 떨어지고 몇몇 연구자들이 터무니없는 주장들을 연이어 내놓자 점점 더 많은 연구자가 실망하기 시작했다. 1970년대 중반에 이르자 인공지능 연구에 대한 비난은 극에 달했다.

특히 미국 철학자 휴버트 드레이퍼스Hubert Dreyfus는 공개적으로 독설을 쏟아냈다. 1960년대 중반 랜드RAND 연구소에서 드레이퍼스에게 인공지능에 관한 보고서 작성을 의뢰했다. 그는 자신의 보고서에 '연금술과 인공지능'이라는 제목을 붙였다. 제목에는 인공지능과 인공지능 분야에서 일하는 연구자들에 대한 노골적인 경멸이 담겨 있었다.

인공지능 연구자들의 진지한 연구를 공개적으로 연금술이라 대놓고 폄하한 일은 대단한 모욕이었다. 보고서를 읽어보면 그와 같은 과학 보고서는 난생처음이라는 생각조차 든다. 그가 인공지능과 연구자들을 너무 노골적으로 모욕한 탓에 50년이 지난 지금까지도 보고서 내용은 여전히 충격적이다.

인공지능에 대한 드레이퍼스의 비난이 눈에 거슬리기는 하지만, 인공지능 초기 연구자들의 과장된 주장과 예측에 대한 그의 지적은 분명 타당해 보인다. 노벨 경제학상을 수상한 허버트 사이먼은 1958년에 다음과 같은 글을 썼다.

> 여러분을 놀라게 할 생각은 없습니다. 그러나 이 순간 세상에는 생각하고 배우고 새로운 것을 만들어낼 수 있는 기계가 존재합니다. 게다가 그들의 이런 능력은 빠르게 향상돼 머지않은 미래에 사람이 지적인 능력을 사용해 수행하던 모든 일을 기계가 할 수 있게 될 것입니다.

당시 이와 비슷한 주장이 많이 있었다. 다만 사이먼의 주장이 가장 잘 알려져 있어서 인용했을 뿐이다. 사이먼은 인공지능에 대해 낙관적인 생각을 갖고 있었다. 그렇다고 인공지능을 무턱대고

옹호하는 사람도 아니었다. 그가 보기에도 그런 주장과 예측은 비현실적으로 보였다. 오늘날 일부 인공지능 연구자들은 당시 연구자들이 인공지능 연구와 결과물에 흥분한 나머지 그런 주장을 했다고 생각한다. 반면 단순히 투자를 이끌어내기 위해 과대 선전을 했다고 주장하는 연구자들도 있다.

초기 인공지능 연구자들은 순진했을 뿐 인공지능의 상태를 과장해 속일 의도는 없었다. 그들은 자신들의 연구에 흥분했으며 결정적으로 인공지능에 대한 굳은 믿음을 지녔다. 더불어 다른 사람들도 자신들처럼 생각하길 바랐다. 또한 제한적이기는 했으나 배우고 계획을 수립하며 추론할 수 있는 프로그램을 만들었다. 그들은 자신들이 만든 프로그램을 그리 어렵지 않게 실제 응용에 확대 적용할 수 있다고 믿었다.

그러므로 나는 그들의 과장을 전부는 아니더라도 일부는 이해하고 용납할 수 있다고 생각한다. 특히 자신들이 다루고 있는 문제가 어렵기는 해도 컴퓨터가 못 풀 만큼 어렵다고 생각할 이유는 없었으며 문제를 쉽게 해결할 수 있는 돌파구가 나올 가능성도 늘 있었다. 그러나 NP 완전 문제를 이해하는 인공지능 연구자들이 늘어나면서 그들은 컴퓨터를 이용해 문제를 풀기 어렵다는 뜻이 무슨 의미인지 이해하기 시작했다.

황금시대의 종말

1972년 영국의 한 연구자금 지원기관에서 저명한 수학자 제임스 라이트힐 경Sir James Lighthill에게 인공지능의 현재와 전망에 관한 평가를 의뢰했다. 전해 내려오는 이야기에 따르면 전 세계 인공지능 연구를 선도하는 에든버러대학University of Edinburgh에서 인공지능 연구자들 사이에 학문적 다툼이 일어난 후 있었던 일이라고 한다. 당시 라이트힐 경은 영국 수학자로는 가장 영광스러운 학술 직책인 케임브리지대학 루카스 석좌교수를 맡고 있었다(그의 뒤를 이어 루카스 석좌교수가 된 사람은 스티븐 호킹 박사다). 그는 응용수학에도 많은 경험을 가지고 있었다. 그러나 오늘날 **라이트힐 보고서**를 다시 읽어보면 당시 그가 인공지능 연구를 접하고 상당히 황당하게 느낀 것처럼 보인다.

> 뛰어난 과학자로 존경받는 연구자들이 인공지능을 진화의 한 단계라고 쓴다. 그들은 1980년에 사람과 비슷한 수준의 만능 지능이 나타나고 2000년경 사람의 지능을 뛰어넘는 기계지능이 나타날 수 있다고 예측한다.

그는 보고서에서 주요 인공지능 연구를 맹렬히 비난했다. 특히 인공지능 연구자들이 해결하지 못할 핵심 문제로 조합적 폭발을 지목했다. 그의 보고서가 등장하자 영국 전역에서는 인공지능 연구에 대한 자금지원을 중단했다.

미국의 경우 국방성 고등 연구 계획국DARPA, the Defense Advanced Research Projects Agency과 후속 기관인 고등 연구 계획국ARPA, the Advanced Research Projects Agency이 인공지능 연구에 큰돈을 지원해왔다. 그러나 1970년대 초, 인공지능이 그간의 수많은 장밋빛 약속을 지키는 데 실패하자 자금지원을 중단했다.

1970년대 초부터 1980년대 초까지의 10년은 **인공지능 겨울**로 불린다. 이후 몇 차례 반복된 현상이므로 첫 번째 인공지능 겨울이 더 적합하겠다. 당시 인공지능 연구자들에게는 구제불능 수준의 낙관론자이자 지키지 못할 약속만 하는 사람들이라는 고정관념이 덧씌워졌고 인공지능은 과학계에서 동종요법 의약품과 비슷한 취급을 받기 시작했다. 학문으로서의 위상도 심각하게 추락하면서 인공지능은 완전히 구제불능 상태에 접어드는 것처럼 보였다.

3장

지식의 힘

1970년대 중반, 인공지능 연구는 타격을 입었다. 많은 학자가 인공지능을 진정한 학문이 아니라고 생각하기 시작했다. 실제로 인공지능 겨울 동안 인공지능 관련 학문은 명성에 심각한 금이 갔으며 최근에서야 겨우 회복했다. 라이트힐 경의 보고서가 알려지고 분명 그 영향이 느껴졌지만 새로운 접근 방식의 인공지능 연구가 나타나 인공지능 연구의 고질적인 문제점을 극복할 수 있다는 가능성을 보여주며 다시금 주목받았다.

1970년대 후반에서 1980년대 초반 사이에 등장한 새로운 인공지능 연구자들은 기존 연구 방식이 탐색이나 문제 해결 같은 일반적인 접근법에 지나치게 매달렸으며, 그 결과 지적 행동의 핵심 요소인 지식을 고려하지 않았다고 지적했다. 17세기 철학자 프랜시스 베이컨Francis Bacon은 "아는 것이 힘이다."라는 유명한 말을 남겼다. 지식 기반 인공지능 연구를 지지하는 사람들은 베이컨의 격언을 문자 그대로 받아들였다. 그리고 사람의 지식을 명확히 모아 사용하면 인공지능을 발전시킬 수 있으리라 확신했다.

이후 **전문가 시스템**expert system이라고 불리는 새로운 유형의 지식 기반 인공지능 시스템이 등장하기 시작했다. 이 시스템은 특정 영역의 문제를 해결하기 위해 사람의 전문 지식을 사용했다. 전문가 시스템은 인공지능 시스템이 특정 작업에서는 사람보다 뛰어날 수 있다는 점을 명확히 보여줬다. 한 걸음 더 나아가 인공지능이 상용 문제에 적용될 수 있다는 사실을 처음으로 보여줬다. 그러자 갑자기 인공지능 연구의 수익성에 대한 기대가 높아졌고 실용적인 인공지능 기술을 사용하려는 사람들에게 지식기반 인공지능 기술을 가르칠 수 있는 환경이 만들어졌다.

전문가 시스템은 범용 인공지능에 집착하지 않았다. 오히려 상당한 전문 지식이 필요한 특정 문제를 풀고자 했다. 다시 말해, 오랫동안 학습하며 경험을 쌓아야 얻을 수 있는 전문지식을 갖춘 사람이 부족한 분야의 문제들을 목표로 삼았다. 이후 10년간 지식 기반 전문가 시스템은 주요 인공지능 연구 분야가 됐다. 기업들로부터 막대한 돈이 흘러들어 왔다. 1980년대 초, 인공지능 겨울은 막을 내렸고 첫 번째보다 훨씬 큰 두 번째 인공지능 붐이 시작됐다.

이번 장에서는 1970년대 후반부터 1980년대 후반까지 약 10년 동안 큰 인기를 누렸던 전문가 시스템을 살펴보고자 한다. 우선 사람의 전문 지식이 수집돼 컴퓨터에 전달되는 과정을 살펴보는 것으로 시작한다. 다음으로 당시 가장 유명한 전문가 시스템 가운데 하나였던 마이신MYCIN에 관해 살펴볼 것이다. 인공지능 연구자들이 지식을 모으기 위해 수학적 논리의 힘과 정확도를 사용해 어떤 방법을 시도했으며 어떻게 실패했는지 볼 것이다. 다음으로 야심차게 시작해 인공지능 역사상 최악으로 실패한 사이크Cyc 프로젝트를 소개할 것이다. 사이크 프로젝트는 모든 특정 문제 가운데 가장 커다란 문제인 범용 인공지능 문제를 사람의 전문 지식을 사용해 해결하려 했었고 결과적으로 크게 실패했다.

규칙 기반의 전문 지식 습득

지식을 사용해 인공지능 시스템을 만들려는 시도가 분명 처음은 아니었다. 2장에서 살펴봤듯이 답이 있을 만한 곳에 집중하게 하는 휴리스틱이 인공지능의 황금시대에 널리 사용됐다. 휴리스틱은 지식을 암묵적으로 이용하는 반면, 지식 기반 인공지능 시스템에서는 특정 문제에 대한 사람의 지식이 명시적으로 수집되고 표현돼야 한다.

가장 일반적인 **지식 표현법**은 규칙을 따른다. 인공지능에서 규칙은 각각의 지식 조각을 "~라면, ~이다."라는 형태의 표현으로 모아 저장한다. 사실 규칙은 꽤 단순해서 아래와 같은 예를 통해 가장 쉽고 명확하게 설명할 수 있다.[1] 사용자를 도와 동물을 분류할 수 있는 정보를 담은 전문가 시스템용 규칙들을 살펴보자(규칙 사용법에 관한 상세한 정보를 부록 A에서 볼 수 있다).

IF 동물에게서 우유가 나온다. THEN 그 동물은 포유류다.

IF 동물에게 날개가 있다. THEN 그 동물은 조류다.

IF 동물이 날 수 있다. AND 동물이 알을 낳는다. THEN 그 동물은 조류다.

IF 동물이 고기를 먹을 수 있다. THEN 그 동물은 육식 동물이다.

규칙은 다음과 같은 방법으로 해석할 수 있다. 각 규칙에는 **조건**(IF 다음에 나오는 부분)과 **결론**(THEN 다음에 나오는 부분)이 있다.

IF 동물이 날 수 있다. AND 동물이 알을 낳는다. THEN 그 동물은 조류다.

예를 들어 위와 같은 규칙에서 조건은 '동물이 날 수 있다. AND 동물이 알을 낳는다.'이고, 결론은 '그 동물은 조류다.'이다. 규칙은 '현재 우리가 가지고 있는 정보가 규칙의 조건과 일치하면 그 규칙이 **실행**되고, 그 결과 결론에 해당하는 정보를 얻는다.'는 방식으로 해석할 수 있다. 위에서 예로 든 규칙에서 규칙이 실행되려면 두 가지 정보 '분류하고자 하는 동물이 날 수 있다.'와 '분류하고자 하는 동물이 알을 낳는다.'가 필요하다. 이 두 가지 조건이 충족되면 규칙은 실행되고 '그 동물은 조류다.'라는 결론을 얻을 수 있다. 이렇게 얻은 결론은 다른 규칙의 조건에 적용돼 새로운 결론을 이끌어낼 수 있으며 이 과정이 계속 이어진다. 일반적으로 전문가 시스템은 사용자에게 자문 역할을 한다. 사용자는 전문가 시스템에 정보를 입력하거나 질문에 답한다.

그림 5는 전형적인 전문가 시스템의 구조다. **지식 기반부**knowledge base에는 시스템이 가지고 있는 지식이 규칙 형태로 들어 있다. **작동 메모리부**working memory에는 현재 처리 중인 문제에 대해 시스템이 가진 정보가 들어 있다(예: 동물에게 털이 있다). 마지막으로 **추론부** inference engine는 주어진 문제를 푸는 동안 시스템에 저장된 지식을 적용하는 부분이다.

추론부는 규칙이 들어 있는 지식 기반부를 고려해 다음 두 가지 방식 가운데 한 방식으로 작동할 수 있다. 첫 번째 방식에서 사용자는 특정 문제에 대해 자신이 알고 있는 모든 정보를 전문가 시스템에 입력한다. 예를 들어 분류 대상 동물이 줄무늬를 가지고 있는지, 고기를 먹는지와 같은 정보를 입력한다. 정보 입력이 끝나면 추론부는 새로운 정보를 최대한 많이 이끌어내기 위해 입력된 정보를 모든 규칙의 조건과 빠짐없이 비교하고 조건에 일치하면 규칙을 실행한다. 새 정보는 작동 메모리부에 추가되며 추론부는 새

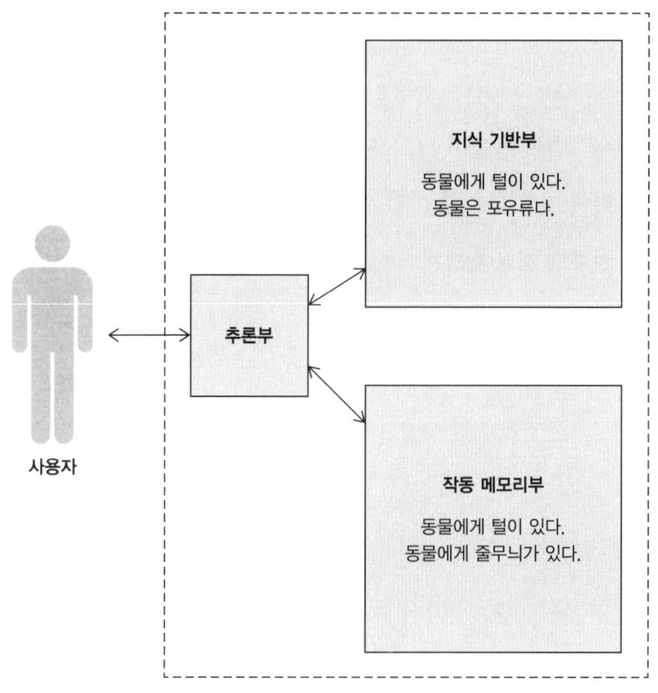

그림 5 전형적인 전문가 시스템의 구조

규칙에 의해 실행될 규칙은 없는지 확인한다. 이 과정은 더 이상 실행할 규칙이나 추가로 얻을 새 정보가 없을 때까지 반복된다. 이처럼 주어진 정보와 규칙으로부터 결론을 이끌어내는 방법을 **순방향 연쇄 추론**이라 부른다.

두 번째 방식은 **역방향 연쇄 추론**이다. 이 방식을 활용하면 결론에서 출발해 결론에 다다르는 데 사용된 조건을 이끌어낸다. 예를 들어 분류 대상 동물이 육식 동물인지 확인하는 목표로 역방향 연쇄 추론 방식을 사용해보자. 규칙에 따라 '그 동물은 육식 동물이다.'라고 결론 내려면 '동물이 고기를 먹는다.'라는 조건을 만족해야 한다. 이에 '동물이 고기를 먹는다.'라는 조건을 만족시킬 수 있는지 확인한다. 그리고 이런 조건을 결론으로 이끌어낼 수 있는 규칙이 없다면 사용자에게 직접 물을 수도 있다.

마이신: 대표적인 전문가 시스템

1970년대 등장한 1세대 전문가 시스템 가운데 아마도 마이신이 가장 대표적일 것이다(마이신이라는 이름은 수많은 항생제의 이름에 붙은 접미사 'mycin'에서 유래했다).[2] 마이신은 인공지능 시스템이 중요한 문제에서 전문가를 뛰어넘을 수 있다는 사실을 처음으로 보여줬다. 또한 이후 개발된 수많은 인공지능 시스템들에게 훌륭한 본보기가 됐다.

마이신은 사람의 혈액 질병에 관한 전문적인 진단 의견을 제공해 의사를 돕도록 제작됐다. 이 시스템은 스탠퍼드대학 브루스 뷰캐넌Bruce Buchanan 교수의 인공지능 연구실과 스탠퍼드 의대 테드 쇼트리프Ted Shortliffe 교수의 연구팀이 공동 개발했다. 마이신이 성공할 수 있었던 핵심 요소는 전문가 시스템의 전문성을 인정해주는 사람들과 그들의 입을 통해 알려진 우수한 전문성이었다. 반면 마이신 이후에 등장한 다양한 전문가 시스템들은 관련 분야 전문가의 인정을 받지 못해 실패했다.

마이신에서 혈액 질병에 관한 지식은 아래 예에서 보듯 앞서 살펴봤던 동물 지식 규칙들에 비해 좀 더 다양한 형태로 표현된다.

IF:

1) 유기체는 그램염색법Gram method으로 염색되지 않는다. AND

2) 유기체의 모양이 막대 모양이다. AND

3) 유기체가 혐기성이다.

THEN:

유기체가 혐기성 세균일 가능성이 60퍼센트다.

위 규칙을 마이신 전용 언어로 쓰면 다음과 같다.

RULE036:

PREMISE:($AND(SAME CNTXT GRAM GRAMMNEG)

(SAME CNTXTM MORPH ROD)

(SAME CNTXT AIR ANAERROBIC))

ACTION: (CONCLUDE CNTXT IDENTITY BACTEROIDES

TALLY 0.6)

마이신 개발자들은 혈액 질병에 관한 지식을 5년에 걸쳐 부호화하고 단순화했다. 이런 과정을 통해 마이신 최종 버전의 지식 기반부에는 수백 개의 규칙이 저장됐다.

마이신은 다음과 같이 전문가 시스템에 필요하다고 여겨지는 모든 요소를 담아냈으며, 사람들은 마이신을 전문가 시스템의 상징처럼 여기게 됐다.

첫째, 마이신은 마치 자문가처럼 사용자에게 여러 가지 질문을 던지고 질문에 대해 사용자가 답하는 방식으로 작동했다. 이런 작동 방식은 전문가 시스템의 대표 작동 방식이 됐다. 마이신의 주 역할인 진단 또한 전문가 시스템의 대표적인 역할이 됐다.

둘째, 마이신은 결론에 대해 설명할 수 있었다. 명확한 근거 제시 능력은 인공지능 기술을 사용해 전문가 시스템을 만들 때 매우 중요했다. 인공지능 시스템이 마이신처럼 생명에 심각한 영향을 끼칠 수 있는 중요한 문제를 다룬다면 그 시스템의 의견을 따라야 하는 사용자들이 그 시스템을 반드시 신뢰할 수 있어야 했다. 그리고 이를 위해서 결론, 즉 자문 의견에 대해 근거를 대고 설명할 수 있는 기능이 전문가 시스템에 꼭 필요하다. 이런 기능 없이 결론만 제시하는 '블랙박스형' 전문가 시스템은 사용자의 신뢰를 얻지 못하고 의심받을 수밖에 없다.

마이신은 실행된 규칙들과 그 규칙을 실행하게 된 조건들을 추론 순서에 따라 제시하며 결론에 도달한 이유를 설명할 수 있었다. 실제로 전문가 시스템 대부분이 궁극적으로 비슷한 설명 기능을 갖추고 있었다. 완벽하지는 않아도 그런 설명 기능 덕분에 사용자는 전문가 시스템의 결론을 이해할 수 있다.

셋째, 마이신은 최종 결론에 대한 **불확실성**uncertainty에 대처할 수 있었다. 불확실성을 다루는 일은 전문가 시스템 응용과 인공지능 시스템에 반드시 필요한 보편적인 기능이다. 예를 들어 마이신과 같은 전문가 시스템에서 단 한 가지 증거만으로 명확한 결론을 이끌어낼 수 있는 경우는 거의 없었다.

가령 전문가 시스템 사용자가 혈액 검사 결과를 받았을 때, 마이신은 올바른 진단을 위해 그 검사 결과를 고려한다. 동시에 검사가 잘못됐을 가능성, 즉 긍정 오류 혹은 부정 오류 가능성도 고려한다. 다른 예로 환자에게 몇 가지 증상이 나타났을 때, 이는 환자가 어떤 병에 걸렸을 가능성을 암시하는 것일 수 있다. 하지만 확실하게 결론 짓기에 충분하지 않을 수도 있다(기침은 급성 열병으로 나타나는 여러 증상 가운데 하나지만 기침한다는 이유만으로 환자가 급성 열병에 걸렸다고 결론 짓기에는 증거 조건이 불충분하다). 그러므로 전문가 시스템은 올바른 판단을 내리기 위해 여러 조건들을 원칙에 따라 따져볼 수 있어야 한다.

마이신은 불확실성을 다루기 위해 정보의 신뢰성 수준을 나타내는 신뢰성 지수를 사용했다. 신뢰성 지수는 불확실성을 다루기 위한 임시방편이었고 결과적으로 상당한 비난에 시달렸다. 불확실성 문제는 인공지능 연구의 주요 연구 주제가 됐고 오늘날까지도 문제로 남아 있다. 이 문제는 4장에서 좀 더 자세히 다루도록 한다.

1979년 평가회에서 마이신은 10회에 걸친 실제 진단 시험을 통해 전문의 수준의 혈액 질병 진단 능력을 보여줬다. 레지던트들과 비교했을 때는 오히려 나았다. 마이신은 인공지능 시스템이 중요한 일에서 전문가와 비슷하거나 오히려 나은 능력을 보여준 첫 번째 사례들 가운데 하나였다.

다시 찾아온 인공지능 여름

1970년대에 마이신 외에도 다양한 전문가 시스템이 등장했다. 지식 기반 시스템 분야의 대표적인 연구자로 종종 전문가 시스템의 아버지로도 불리는 스탠퍼드대학 에드워드 파이겐바움Edward Feigenbaum 교수는 **덴드랄**DENDRAL 프로젝트를 만들어 이끌었다. 덴드랄은 화학자가 질량분석기로부터 얻은 정보를 사용해 화합물의 화학 구조를 결정하는 일을 도와주고자 제작됐다. 1980년대 중반, 하루에도 수백 명의 사람들이 덴드랄을 사용했다.

DEC Digital Equipment Corporation사는 **R1/XCON** 시스템을 개발했다. 사용자는 R1/XCON을 활용해 자신이 원하는 VAX 컴퓨터를 구성할 수 있었다. 1980년대 중반, DEC사는 R1/XCON을 사용해 8만 개 이상의 주문을 처리했다고 주장했다. 당시 이 시스템에는 5천 개의 서로 다른 시스템 부품들에 관한 3천 개 이상의 규칙이 내장돼 있었다. 1980년대 말에는 규칙의 개수가 1만 7,500개로 증가했다. 시스템 개발자는 R1/XCON 덕분에 회사가 약 4천만 달러를 절약했다고 주장했다.

덴드랄은 전문가 시스템이 유용한 장치가 될 수 있다는 것을 보여줬다. 마이신은 혈액 질병 진단이라는 특정 분야에서 전문가보다 뛰어날 수 있다는 것을 보여줬다. R1/XCON은 전문가 시스템을 사용해 돈을 벌 수 있다는 것을 보여줬다. 전문가 시스템의 성공 사례들을 보며 많은 사람이 관심을 갖기 시작했다.

성공 스토리가 매력적이었던 덕분인지 인공지능에도 사업화의 바람이 불기 시작했다. 대규모 투자금이 인공지능 분야로 밀려들어 왔다. 인공지능 붐을 타고 돈을 벌기 위해 수많은 스타트업이 갑자기 생겨났고 이들은 전문가 시스템 구축 및 적용에 필요한 소프트웨어 플랫폼을 만들었다. 전문가 시스템 제작용 프로그래밍 언어인 LISP을 빠르게 실행할 수 있는 컴퓨터도 있었다. 가격이 약 7만 달러 정도였던 LISP 전용 컴퓨터는 1990년대 초에 값싸고 성능 좋은 일반 개인용 컴퓨터가 등장해 가격 경쟁력이 없어지기 전까지 사용됐다.

소프트웨어 회사뿐만 아니라 전 세계 수많은 회사들이 전문가 시스템의 인기에 올라타고자 했다. 1980년대 산업계는 회사가 보유한 지식과 경험을 키우고 개발할 중요한 자산으로 생각하기 시작했다. 전문가 시스템을 사용하면 무형의 자산을 유형의 자산으로 탈바꿈시킬 수 있으리라 생각했다. 당시 서구에는 단순 제조 중심의 전통적인 산업 시대가 곧 막을 내리고 새로운 경제 발전 기회가 지식 기반 산업과 서비스로부터 찾아올 것이라는 견해가 유행했다. 지식 기반 시스템은 이런 견해와도 잘 맞아떨어졌다.

전문가 시스템의 개발 과정과 사용 모습을 되돌아보면 전문가 시스템이 유행하게 된 데에는 마이신과 덴드랄의 성공 스토리 이상의 무언가가 있음을 알 수 있다. 전문가 시스템 덕분에 인공지능은 접근 가능한 연구 분야가 됐다. 전문가 시스템을 만드는 일에 박사 학위 따위는 필요하지 않았다. 프로그래밍을 할 수 있는 사람이라면 누구라도 전문가 시스템을 배울 수 있었다. 그리고 **지식 엔지니어**라는 새롭고 거창한 이름의 직업이 출현했다.

불과 10년 전 라이트힐 경의 보고서로 인해 영국 인공지능 연구가 완전 중단됐었다는 사실을 생각하면 아이러니하게 보일 수 있다. 하지만 1983년 영국 정부는 인공지능 중심의 컴퓨터 기술에 대한 야심찬 연구 후원 계획인 알베이Alvey 프로그램을 시행했다. 단, 인공지능에 대한 사람들의 부정적인 인식을 감안해 알베이 프로그램 관련자들은 하나같이 인공지능이라는 용어를 직접적으로 언급하려 하지 않았다. 대신 그들은 **지능형 지식 기반 시스템**이라는 용어를 사용했다. 인공지능이라는 용어만 빼면 인공지능의 미래는 정말로 밝아 보였다.

논리 기반 인공지능

규칙이 사람의 지식을 저장해 나타내는 방법으로 주로 사용되기는 했지만 그 외에도 다양한 기법들이 제안됐다. 예를 들어 그림 6은 **스크립트**scripts라 불리는 지식 표현 기법을 (단순화해) 보여준다. 이 기법은 심리학자 로저 생크Roger Schank와 로버트 아벨슨Robert P. Abelson이 제안했다. 두 사람은 사람의 행동이 부분적으로 틀에 박힌 패턴, 즉 스크립트의 지배를 받는다는 심리학 이론을 기반으로 연구했다. 그들은 이 세상을 이해하기 위해 이 패턴을 사용할 수 있으며 인공지능에도 같은 아이디어를 적용할 수 있다고 주장했다. 대표적인 예로 그림 6의 스크립트를 살펴보자. 이 스크립트는 식당에서 흔히 볼 수 있는 모습을 표현한다.

스크립트에는 '손님, 웨이터, 요리사, 매니저' 같은 참여자의 역할과 '손님이 배고프다.'와 같은 스크립트 실행 조건이 들어 있다. 또한 '음식, 테이블, 돈, 메뉴, 팁'처럼 사용될 소품들이 기술돼 있다. 결정적으로 식당에서 일어나는 전형적인 일들이 순서에 따라 1부터 10까지 번호가 매겨져 기술돼 있다.

생크와 아벨슨은 이야기를 이해할 수 있는 인공지능 프로그램을 만들 때 이런 스크립트를 사용할 수 있다고 추측했다. 두 사람은 스크립트와 다른 상황이 발생할 때, 이야기가 '우스움, 무서움, 놀라움'과 같은 느낌을 준다고 주장했다. 예를 들어 우스운 이야기에는 손님이 음식을 주문했지만(단계 4) 음식이 나오지 않는 상황이 들어 있을 수 있다. 또한 범죄 이야기라면 손님이 음식은 먹었지만 돈을 내지 않고 식당을 떠나는 상황(단계 9)이 들어 있을 수도 있다. 이처럼 스크립트를 기반으로 이야기를 이해할 수 있는 시스

이름: 식당

역할: 손님, 웨이터, 요리사, 매니저

입장 조건: 손님이 배고프다.

소품: 음식, 테이블, 돈, 메뉴, 팁

일의 순서:
1/ 손님이 식당에 들어온다.
2/ 손님이 테이블로 간다.
3/ 웨이터가 메뉴를 가져온다.
4/ 손님이 음식을 주문한다.
5/ 웨이터가 음식을 가져온다.
6/ 손님이 음식을 먹는다.
7/ 손님이 웨이터에게 계산서를 요청한다.
8/ 웨이터가 계산서를 손님에게 가져온다.
9/ 손님이 매니저에게 돈을 지불한다.
10/ 손님이 식당을 떠난다.

주개념: 6

결과: 손님은 배고프지 않다, 손님의 돈이 줄었다, 식당은 돈을 벌었다.

그림 6 식당에서 손님이 식사하는 일반적인 모습을 표현한 스크립트

템을 만들려는 시도들도 있었다. 다만 결과는 그다지 성공적이지 못했다.[3]

지식을 나타내는 방법으로 **의미망**semantic nets도 많은 주목을 받았다.[4] 의미망은 직관적이고 자연스러운 기법이어서 오늘날에도

여러 형태로 수정돼 제안되곤 한다. 만약 한 인공지능 연구자에게 지식 표현법을 발명하도록 요구한다면 그가 의미망 비슷한 것을 내놓을 가능성도 꽤 높다고 생각한다. 그림 7은 세상에 대한 일반적인 지식('여성은 사람이다.' '성당은 건물이자 예배 장소다.' 등)뿐만 아니라 나에 대한 지식('내 생일', '거주지', '성별', '자녀' 등등)까지 담은 간단한 의미망이다.

지식 기반 시스템의 출현 속에 모든 사람이 자신만의 지식 표현 기법을 가진 듯 보였다. 그러나 이런 다양한 지식 표현 기법들은 서로 호환되지 못했다.

규칙이 전문가 시스템용 지식 표현 기법의 표준으로 자리 잡기는 했지만, 지식 표현 문제는 인공지능 연구자들에게 여전히 골칫거리였다. 규칙은 복잡한 상황이나 환경을 표현하기에 너무 단순했다. 예를 들어 마이신에서 정의되고 사용된 규칙은 시간에 따라 변하는 상황 정보나 관련자(사람 혹은 인공지능) 정보를 적절히 표현하지 못한다. 또한 불확실성도 제대로 담아내지 못했다.

또 전문가 시스템의 다양한 지식 표현 기법이 다소 임의적으로 여겨진다는 문제도 있다. 인공지능 연구자들은 전문가 시스템에 담긴 지식이 실제로 무엇을 의미하는지 이해하고 싶었으며 시스템을 사용해 얻은 결론의 근거가 탄탄하기를 원했다. 달리 말해 그들은 지식 기반 시스템에 대한 수학적 근거를 만들고 싶었다. 인공지능 연구자인 드루 맥더못Drew McDermott은 1978년 논문 〈대상이 없다면 표현도 없다No Representation Without Denotation〉에서 이런 문

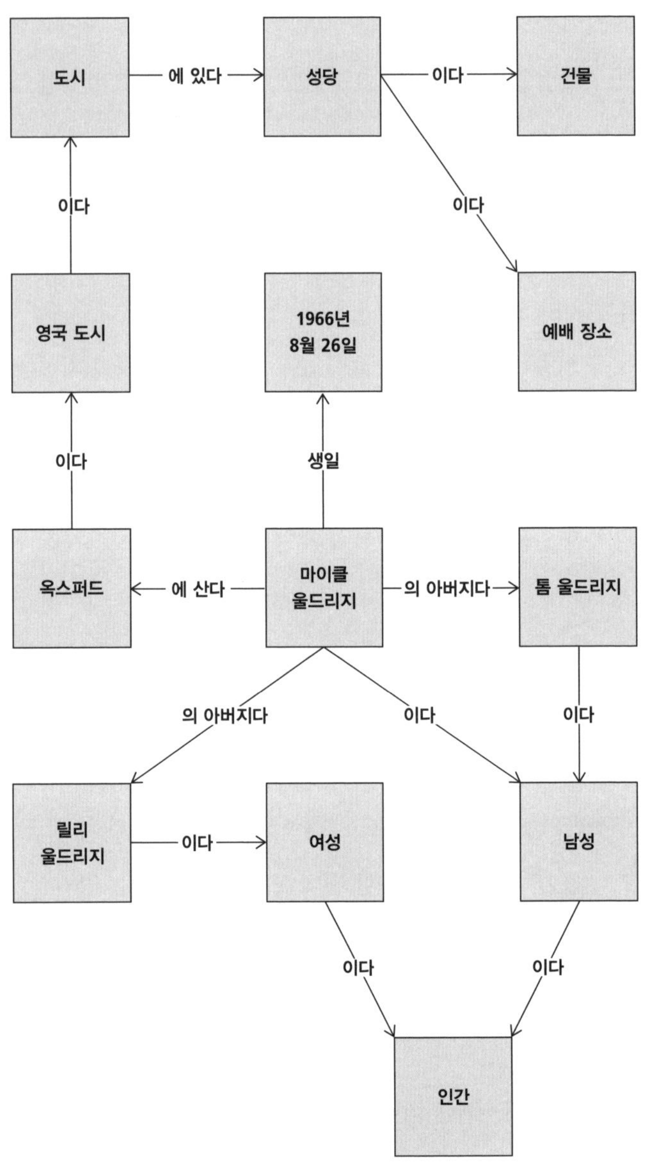

그림 7 나와 자녀, 내 거주지에 대한 정보를 나타내는 간단한 의미망

제들을 정리해 발표했다.[5] 그는 논문에서 "시스템이 맞느냐 틀리느냐가 중요한 것이 아니라 시스템이 이해되느냐가 중요하다."라고 주장했다.

1970년대 후반, 논리를 사용해 다양한 지식 표현 기법을 단일화하려는 시도가 나타났다. 지식 기반 시스템에서 논리의 역할을 이해하기 위해 논리란 무엇이고, 논리가 연구된 이유를 약간이나마 알 필요가 있다. 논리는 추론을 이해하기 위해 특히, **좋은(타당한)** 추론과 **나쁜(타당하지 않은)** 추론을 구분하기 위해 연구됐다. 좋은 추론과 나쁜 추론의 예를 함께 살펴보자.

모든 사람은 죽는다.
엠마는 사람이다.
그러므로 엠마는 죽는다.

이 예는 **삼단논법**이라는 논리적 추론 유형을 보여준다. '모든 사람은 죽는다, 엠마는 사람이다, 그러므로 엠마는 정말로 죽는다.'라는 추론에 어떤 문제도 없다는 사실에 모두 동의하리라 생각한다. 이제 다른 예를 살펴보자.

모든 교수는 잘생겼다.
마이클은 교수다.
그러므로 마이클은 잘생겼다.

아마도 앞서 본 예와는 달리 이 예에는 동의하기 어려울 듯하다. '모든 사람은 죽는다.'라는 말은 누구나 인정할 수 있는 반면에 '모든 교수는 잘생겼다.'라는 말은 명확히 사실이 아니기 때문이다. 그러나 논리적 관점에서만 보면 이 예에도 아무런 문제는 없다. 즉, 완전 타당하다. 만약 모든 교수가 잘생겼고 마이클이 교수라면 마이클이 잘생겼다는 결론에는 아무런 문제도 없을 것이다. 논리에서 **전제**(삼단논법의 처음 주장)가 사실인지 아닌지는 중요하지 않다. 오히려 전제가 사실이라면 이끌어낸 결론 또한 타당할 수 있는 추론 방식인지 여부가 중요하다.

다음 예는 타당하지 않은 추론이다.

모든 학생은 열심히 노력한다.

소피는 학생이다.

그러므로 소피는 부자다.

이런 형태의 추론은 타당하지 않다. 처음 두 전제가 사실이라 하더라도 '소피는 부자다.'라는 결론을 타당하게 이끌어낼 수 없기 때문이다. 소피가 부자일수도 있겠지만 그것은 중요하지 않다. 처음 두 전제로부터 마지막 결론을 타당하게 이끌어낼 수 없다는 사실이 중요하다.

논리에서는 추론 유형이 가장 중요하다. 세 가지 예 가운데 처음 두 예에서 본 삼단논법 추론 유형은 가장 단순하면서도 유용한 예다. 논리를 통해 전제로부터 타당하게 결론을 도출할 수 있는 시점을 알 수 있으며, 이런 과정을 **연역법**이라 부른다.

삼단논법은 고대 그리스 철학자 아리스토텔레스Aristotle가 제시했으며 1,000년 이상 논리적 분석의 기본 방식으로 사용됐다. 그러나 삼단논법은 논리적 추론이라는 매우 제한된 형태로서 다양한 형태의 주장에는 완전히 부적절하다. 추론에 있어 궁극적으로 수학이 가장 중요한 만큼 초창기부터 수학자들은 타당한 추론의 일반적 원칙을 이해하기 위해 노력했다.

수학자의 일이란 기존의 지식들로부터 새로운 수학 지식을 이끌어내는 연역 과정이다. 19세기 무렵, 수학자들은 자신들이 수행하고 있는 일의 원리에 대해 고민했다. 예를 들어 "어떤 것이 사실이다."라는 것이 무슨 뜻인지 궁금해했다. 수학 증명이 타당한 추론이라는 사실을 어떻게 확신할 수 있을까? 심지어 1+1=2라는 사실조차 어떻게 확신할 수 있을까?

19세기 중반, 수학자들은 본격적으로 이 문제에 뛰어들었다. 독일 수학자 고틀로프 프레게Gottlob Frege는 현대 수학 논리의 프레임워크와 유사한 일반적인 논리 연산법을 개발했다. 영국 수학자 오거스터스 드 모르간Augustus de Morgan과 조지 불George Boole은 대수학 문제에 사용되는 기법들과 동일한 기법들이 논리적 추론에 어떻게 사용될 수 있는지 보여주기 시작했다(1854년 조지 불은 〈사고의 법칙Laws of Thought〉이라는 도전적인 제목의 논문에서 그의 연구 결과 일부를 공개했다).

20세기 초, 현대 논리의 기본 구조가 대부분 확립됐고 오늘날까지도 거의 모든 수학 연구의 밑받침이 되는 **1차 논리**first-order logic라는 논리 시스템이 등장했다. 1차 논리는 수학과 추론의 공통어다. 즉, 1차 논리를 사용해 아리스토텔레스, 프레게, 드 모르간, 불을 포함한 여러 사람이 연구한 모든 종류의 추론을 나타낼 수 있다. 이와 비슷하게 1차 논리는 인공지능에서도 당시 난립하던 대부분의 지식 표현법에 대해 단일한 구조를 제공할 듯 보였다.

논리 기반 인공지능이라는 패러다임의 등장과 함께 이를 강력히 지지했던 초창기 유명 인사는 1956년 다트머스대학에서 여름학교를 열었으며 인공지능이라는 용어를 처음 사용한 매커시였다. 그는 논리 기반 인공지능에 대한 자신의 비전을 다음과 같이 표현했다.[6]

> 에이전트는 자신의 지식과 목적, 자신을 둘러싼 상황 등을 논리 문장으로 나타낼 수 있고, 연역적 방식을 통해 어떻게 해야 목적을 달성할 수 있는지 결정할 수 있다.

매커시가 말한 에이전트는 인공지능 시스템을 뜻한다. 논리 문장은 '모든 사람은 죽는다.' '모든 교수는 잘생겼다.'와 같은 문장을 뜻한다. 1차 논리는 이런 논리 문장을 표현할 수 있는 수학적으로 정확한 언어를 풍부하게 제공한다.

그림 8은 논리 기반 인공지능에 대한 매커시의 생각을 도식적

으로 보여준다. 여기에는 블록 세계 형태의 환경에서 작동하는 로봇이 있다. 이 로봇은 로봇 팔과 주변 정보를 수집할 수 있는 인지 시스템을 갖추고 있다. 로봇 내부에서 On(A, 테이블), On(C, A) 등과 같은 표현을 볼 수 있다. 사실상 1차 논리 표현으로 로봇의 동작을 상당히 명확하게 나타낸다.

- On(x, y)는 물체 x가 물체 y의 위에 있다는 뜻이다.
- Clear(x)는 물체 x의 위에 아무것도 없다는 뜻이다.
- Empty(x)는 물체 x가 비어 있다는 뜻이다.

논리 기반 인공지능에서는 원하는 시나리오를 바로 표현할 수 있도록 On(x, y), Clear(x)와 같은 어휘를 미리 만들어둬야 한다.

로봇은 주변 환경에 관한 모든 정보를 논리 표현 형태로 자기 내부에 저장한다. 사람들은 이런 표현을 흔히 로봇 인공지능 시스템의 **믿음**이라고 부른다. 예를 들어 로봇의 믿음 속에 'On(A, 테이블)'과 같은 표현이 있다면 '물체 A가 테이블 위에 있다는 사실을 로봇이 믿는다.'라는 뜻이다.

우리는 이런 용어 사용에 주의해야 한다. 로봇 인공지능 시스템의 믿음에 넣을 표현으로 이미 잘 알고 있는 어휘를 사용하면 분명 도움이 되겠지만(On(x, y)는 사람들에게 설명이 필요 없을 만큼 그 의미가 명확하다), 표현의 의미는 궁극적으로 로봇의 동작에서 나온다. 로봇의 지식 속에 이런 표현이 들어 있고 마치 로봇이 물체 x가 물체 y의 위에 있다고 믿는 듯이 동작한다면 그것은 정말로 믿음으로 간주된다.

게다가 'On'과 같은 용어의 선택에 있어 특별한 이유는 없다. 로봇 설계자는 물체 x가 물체 y의 위에 있다는 것을 'Qwerty(x, y)'로 나타낼 수 있고, 결과 또한 'On(x, y)'를 사용한 경우와 정확히 같다. 인공지능 연구에서는 개발자가 선택한 암시적인 단어에 개발자가 생각했던 것보다 더 많은 의미를 부여해 잘못된 결과가 발생하는misled 문제가 흔히 일어난다.

그림 8에서 인지부는 센서를 통해 감지된 정보를 로봇이 이해할 수 있는 논리 문장으로 바꿔준다. 앞서 언급했듯이 이 일은 결코 쉬운 일이 아니다. 이 문제는 나중에 다시 다루도록 한다.

마지막으로 논리 추론부가 로봇의 실제 동작을 결정한다. 이처럼 로봇이 자신의 다음 할 일을 논리적으로 추론해 결정하는 것이 논리 기반 인공지능의 가장 큰 특징이다. 로봇의 동작을 전체적으로 정리하면 센서를 통해 주변 환경을 감지하고 감지 결과를 바탕으로 환경 정보, 즉 믿음을 업데이트한다. 또 다음 동작을 추론해 결정하고 그 동작을 실행한 후 다시 처음으로 돌아가 전체 과정을 반복한다.

논리 기반 인공지능이 인공지능 연구자들에게 큰 영향을 끼친 이유를 이해해야 한다. 아마도 가장 큰 이유는 투명성일 것이다. 지능 시스템 구축은 사실상 로봇의 동작을 논리적으로 기술하는 일이다. 따라서 '믿음'과 '믿음을 이용한 추론' 과정을 보면 왜 그런

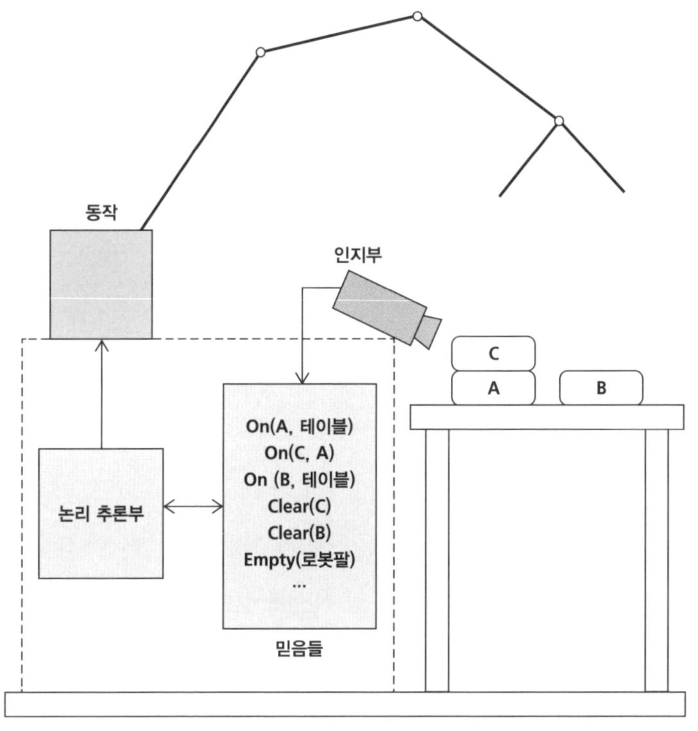

그림 8 논리 기반 인공지능에 대한 매커시의 생각. 논리 기반 인공지능 시스템은 환경에 대한 정보인 '믿음'을 논리 문장을 사용해 나타내며, 지능적인 의사결정은 논리적 추론 과정들로 나뉜다.

동작을 했는지 분명하게 이해할 수 있어야 한다.

장담할 수는 없지만 다른 이유들도 있다. 한 가지만 이야기하면, 추론을 통한 결정이 매력적이기 때문이다. 사람은 논리 문장들 속에서 추론하는 것처럼 보인다. 다시 말해, 우리는 다양한 행동 과정의 이점들을 생각할 때, 마음속으로 각 행동 과정의 장단점을 따져본다. 논리 기반 인공지능은 바로 사람의 이런 모습을 그대로 모방하는 것처럼 보인다.

논리 프로그램

1970년대 후반에서 1980년대 중반까지 논리 기반 인공지능의 영향력은 점점 증가했다. 1980년대 초, 논리 기반 인공지능은 인공지능 분야에서 가장 핵심적인 연구 주제로 자리잡았다. 이처럼 영향력이 커지다 보니 연구자들은 논리 기반 접근 방식이 단순히 인공지능에서뿐만 아니라 컴퓨팅 전반에서 유용할 수 있겠다고 생각했다. 이후 컴퓨터 프로그램 작성법을 완전히 바꾸는 프로그래밍 방법인 **논리 프로그래밍**logic programming이 등장했다.

논리 프로그래밍의 등장 배경은 다음과 같다. 프로그래머는 하나에서 열까지 모든 것을 일일이 생각해 꼼꼼히 프로그래밍해야 하는데, 이는 사람에게 결코 쉽지 않은 일이다. 결국 프로그래밍은 성가시며 시간도 많이 걸리고 오류가 생기기 쉽다. 이때 논리 프로그래밍을 하면 그런 문제에서 자유로워질 수 있다. 즉, 논리 프로그래밍에서는 논리 추론 기능을 통해 세세한 프로그래밍을 없앨 수 있다. 문제에 대해 알고 있는 것을 논리적으로 표현만 하면 나머지는 논리 프로그래밍의 논리 연역 기능이 알아서 처리해준다. 결과적으로 상세한 처리 방법을 일일이 프로그래밍할 필요가 없다.

논리 프로그래밍은 **프롤로그**PROLOG라는 프로그래밍 언어로 실현됐다.[7] 프롤로그는 영국에서 일하던 미국계 연구원 로버트 코왈스키Robert Kowalski와 프랑스 마르세유Marseille 지역의 두 연구자 알랭 콜메르Alain Colmerauer와 필리프 루셀Philippe Roussel의 연구 덕분에 만들어졌다. 논리 기반 인공지능 시대를 대표하는 프로그래밍 언어로서 오늘날까지도 많은 프로그래머가 배우고 사용한다.

1970년대 초, 코왈스키는 1차 논리로 기술된 규칙들이 프로그래밍 언어의 기본 구조를 형성할 수 있다는 사실을 깨달았지만 그는 새로운 아이디어를 제시하는 데 그쳤다. 1972년 코왈스키가 콜메르와 루셀을 만난 이후 두 연구자가 중심이 되어 새로운 프로그래밍 언어를 실제로 구체화하고 만들었다.

프롤로그는 매우 직관적인 언어다. 앞서 나왔던 '모든 인간은 죽는다.'라는 논리 문장을 프롤로그에서 어떻게 표현하는지 다음 예에서 살펴보자.

```
인간(엠마).
필멸(X) :- 인간(X).
```

첫째 줄은 프롤로그로 기술된 사실로 '엠마가 사람이다.'라는 뜻이다. 둘째 줄은 프롤로그 규칙으로, 'X가 사람이면 죽는다.'라는 뜻이다. 이제 목표를 기술해야 한다. 위 예제와 관련 있는 목표로 엠마가 죽을지 아닐지 결정하는 일이 있을 수 있으며 다음과 같이 표현될 것이다.

필멸(엠마).

이는 "'엠마는 죽는다.'가 사실입니까?" 혹은 좀 더 구체적으로 "제공된 사실과 규칙에 기반해 엠마는 죽는다고 추론할 수 있습니까?"라고 묻는 것이다. 프롤로그에서는 논리 추론을 통해 이 질문에 답한다(부록 B에서 프롤로그에 대해 좀 더 상세한 설명을 볼 수 있다).[8]

방금 본 예제만으로는 프롤로그의 능력을 제대로 알기 어렵다. 몇몇 프로그래밍 문제의 경우, 믿기 어려울 만큼 간결하고 우아한 프롤로그 프로그램 작성이 가능하다. 1974년 데이비드 워런David Warren은 100여 줄에 불과한 프롤로그 프로그램으로 워플랜WARPLAN이라는 계획 시스템을 제작했다.[9] 동일한 프로그램을 파이선 언어로 작성한다면 수천 줄의 프로그램을 몇 달에 걸쳐 작성해야 할지 모른다. 프롤로그 프로그램은 단순한 프로그램이 아니다. 오히려 일종의 논리식이라는 면에서 논리 기반 인공지능의 이상향과 비슷해 보인다.

1970년대 후반부터 1980년대 초까지 프롤로그의 명성은 높아져 매커시가 만든 훌륭한 인공지능 프로그래밍 언어인 LISP에 필적할 만큼 유명해졌다. 1980년대 초, 일본 정부는 5세대 컴퓨터 시스템 과제를 수립하고 프롤로그에 대규모 투자를 단행했다. 당시 일본 경제는 미국과 유럽에 비해 호황이었다. 그러나 일본 정부는 일본이 정교한 기술을 개발해 상업화하는 일에는 뛰어난 반면, 컴퓨팅 분야와 같이 근본적인 혁신에 관한 연구는 상대적으로 뒤처져 있다고 걱정했다. 5세대 컴퓨터 시스템 과제는 이 문제를 해결하고 일본을 세계 컴퓨팅 혁신 연구의 중심으로 탈바꿈시키려는 것이었다. 그 덕분에 핵심 기술로 분류된 논리 프로그래밍에도 대규모 예산이 배정됐다.

5세대 컴퓨터 시스템 과제에는 10년에 걸쳐 약 4억 달러가 투자됐다. 이 과제는 일본 컴퓨터 과학의 토대 구축에 중요한 역할을 했다. 하지만 일본 컴퓨팅 산업이 미국을 뛰어넘는 수준에 미치지는 못했다. 그리고 프롤로그는 논리 프로그래밍 분야 연구자들의 믿음과는 달리 보편적인 컴퓨터 프로그래밍 언어가 되지도 못했다.

프롤로그가 기대와 달리 프로그래밍 세계를 장악하지 못했다고 해서 실패작이라 말하면 틀린 이야기다. 오늘날에도 세계 곳곳에서 수많은 프로그래머들이 생산성 높은 프롤로그 프로그램을 작성한다. 그 과정에서 프로그래머들은 프롤로그의 우아함과 힘을 느끼며 좋아한다. 그러나 내 생각에 프롤로그의 가장 큰 공헌은 정신적인 것에서 찾을 수 있다. 논리 프로그래밍 방식의 프롤로그는 기존과는 완전히 다른 시각의 컴퓨팅 문제 해결 방식을 제시했다. 이후 여러 세대의 프로그래머들이 새로운 방식의 혜택을 누리고 있다.

사이크: 궁극의 전문가 시스템

사이크 프로젝트는 분명 가장 대표적인 지식 기반 인공지능 시스템 제작 시도였다. 사이크는 더글러스 레너트Douglas Lenat의 아이디어로 시작됐다. 그는 타고난 재능의 인공지능 연구자로 뛰어난 과학 능력뿐만 아니라 굳은 지적 신념을 바탕으로 다른 사람을 자신의 비전으로 끌어들이는 능력도 함께 가지고 있었다. 레너트는 1970년대 인상적인 인공지능 시스템들을 잇달아 발표하며 유명해졌다. 그 덕분에 1977년에는 젊은 인공지능 연구자가 받을 수 있는 가장 영광스러운 상인 '컴퓨터와 사고' 어워드Computers and Thought Award를 수상했다.

1980년대 초, 레너트는 "지식이 곧 힘이다."라는 믿음이 단순히 특정 영역에 집중하는 전문가 시스템 제작에 한정될 것이 아니라 범용 인공지능 구현의 핵심이 돼야 한다는 큰 꿈을 가지게 됐다. 1990년 그가 라마나단 구하Ramanathan Guha와 함께 쓴 글을 살펴보자.[10]

> 지적인 시스템을 구현하는 일에 많은 지식을 쌓는 것 이외에 특별한 지름길이 있다고 생각하지 않습니다. 제가 말한 지식은 무미건조하거나 특정 영역에 한정된 지식만을 뜻하지 않습니다. 오히려 이 세상에서 실제로 살아가기 위해 알아야 하는 일 대부분 혹은 책으로 정리하기에 너무 상식적인 일 등을 뜻합니다. 예를 들

어, "모든 동물은 일정 기간 살다가 죽는다." "어떤 것도 동시에 서로 다른 두 장소에 있을 수 없다." "동물은 고통을 싫어한다."와 같은 것들입니다. 아마도 지난 34년 동안 인공지능 연구가 어떻게든 빠져나오려 했던 괴로운 진실은 앞서 말한 어마어마한 양의 지식을 쌓을 수 있는 우아하고 쉬운 방법이 없다는 사실입니다. 오히려 수동으로 엄청나게 노력해야 하는 일들이 처음 한동안 불가피합니다.

1980년대 중반, 레너트와 그의 동료들은 사이크 프로젝트의 시초였던 엄청난 지식 축적 프로젝트를 시작했다. 사이크 프로젝트의 목표는 상상하기도 어려울 만큼 매우 놀라웠다. 레너트의 생각을 실현하려면 사람들이 이 세상에 대해 생각하고 이해하는 것을 사이크 지식 기반 시스템에 완벽히 기술해줘야 한다. 잠깐 이 문제를 생각해보자. 예를 들어, 누군가 사이크 지식 기반 시스템에 다음과 같은 것들을 명확히 말해야만 한다.

지구에서는 물체가 땅으로 떨어진다. 땅과 부딪히면 움직임을 멈춘다. 우주에서는 물체가 떨어지지 않는다.
연료가 부족한 비행기는 추락한다.
비행기가 추락하면 비행기에 탄 사람들은 죽을 가능성이 크다.
모르는 버섯을 먹는 일은 위험하다.
일반적으로 수도꼭지의 빨간색은 뜨거운 물을, 파란색은 차가운물을 뜻한다.

기타 등등

즉, 일반적인 교육을 받은 사람이라면 무의식적으로 알고 따르며 시행하는 모든 일상적인 지식들이 사이크 지식 기반 시스템에 사이크 특화 언어로 입력돼야 했다. 레너트는 이 일에 연간 200명 정도 인원이 필요하다고 생각했다. 또한 세상에 대한 지식 대부분도 손으로 직접 넣어야 한다고 예상했다. 그는 사이크가 얼마 지나지 않아 스스로 학습할 수 있다고 생각했기 때문에 이런 문제에 대해 별로 걱정하지는 않았다. 그리고 만약 자신의 생각대로 시스템이 스스로 학습할 수 있다면 범용 인공지능이 효과적으로 구현될 수 있을 것이라 생각했다. 이처럼 사이크 프로젝트의 밑바탕에는 "범용 인공지능 문제는 결국 지식 부족에 의한 것으로, 적당한 지식 기반 시스템이 있으면 해결될 수 있다."라는 **사이크 가설**이 깔려 있었다.

사이크 프로젝트의 가설은 한마디로 근거 없는 무모한 도박이었다. 물론 가설이 맞았다면 세상이 바뀔 만한 결과를 얻을 수 있었을 것이다.

연구 지원금의 모순 가운데 하나는 때때로 매우 터무니없는 과제에 지원금이 지급된다는 사실이다. 실제로 몇몇 연구 지원금 운영 단체는 안전하고 꾸준한 노력을 쏟는 과제가 아닌 다소 허황된 목표의 과제에 돈을 지원하려 안간힘을 쓴다. 사이크 프로젝트가 그랬다. 1984년 텍사스 오스틴의 마이크로일렉트로닉스-앤드-컴퓨터-컨소시움MCC, Microelectronics and Computer Consortium에서 사이크 프로젝트에 돈을 댔으며, 프로젝트는 시작됐다.

결과는? 물론 실패했다.

첫 번째 문제는 어느 누구도 모든 사람이 합의한 모든 지식을 정리한 적이 없다는 사실이었다. 도대체 이 세상 누가 그런 일을 하겠는가? 이런 일을 하려면 우선 사람들이 사용할 모든 어휘와 그 어휘 사이의 관계를 정의하고 정리해야 한다. 이처럼 기본 단어와 개념을 정의하고, 이를 사용해 지식을 정리하고 축적하는 일을 **온톨로지 공학**Ontological Engineering이라 한다. 사이크 프로젝트에 필요한 온톨로지 공학 작업은 기존 어떤 과제에서보다 규모가 컸다. 얼마 지나지 않아 레너트와 그의 동료들은 지식을 정리하고 저장하는 방법이 너무 단순하고 부정확해 다시 만들어야 한다는 사실을 깨달았다.

이런 문제에도 불구하고 과제는 10년간 진행됐다. 레너트는 여전히 성공을 확신했다. 1994년 4월, 스탠퍼드대학 컴퓨터과학과 교수 본 프랫Vaughan Pratt이 레너트의 연구에 관심을 보였다.[11] 컴퓨팅 이론 분야 선구자 가운데 한 명인 프랫은 매우 정확하고 규칙적인 언어를 사용하는 컴퓨팅의 근본적인 속성에 관해 생각하곤 했다. 사이크 소개 자료를 보고 흥미를 느낀 그는 데모를 요청했고 레너트는 동의했다.

방문에 앞서 프랫 교수는 사이크에 관한 논문을 토대로 데모에서 확인하길 바라는 여러 기능들을 목록으로 정리해 자신의 기대와 함께 레너트에게 편지로 보냈다. "사이크의 여러 기능들이 내 기대에 부합하면 좋겠습니다. 데모를 보고 내 기대가 지나쳤다고 느낀다면, 저는 실망할 것 같아요. 반대로 내 기대치가 사이크의 능력에 비해 너무 낮았다면, 사이크의 능력을 제대로 보여주지 못하는 하찮은 일들에 긴 시간을 보낼 수도 있을 것 같군요." 그는 이 편지에 대해 답장을 받지 못했다.

1994년 4월 15일, 프랫이 레너트를 방문했다. 데모는 사이크의 뛰어난 기술적 성과 몇 가지를 직접적으로 소개하며 시작됐다. 예를 들어, 데이터베이스의 모순을 찾아 지적해냈다. 여기까지는 나쁘지 않았다. 레너트는 사이크의 다른 능력을 좀 더 보여주기 시작했다. 영어로 쓴 요구 조건을 보고 적합한 사진을 찾아 보여주는 데모를 실행했다. '편하게 쉬고 있는 사람'이라는 질문이 주어졌고 서핑 보드를 들고 해변가에 서 있는 세 남자의 사진이 나타났다. 서핑 보드, 서핑, 휴식을 올바르게 연관 지은 사진이었다. 프랫은 이런 결과에 다다르기까지 사용된 일련의 추론 규칙들을 확인하며 적어 내려갔다. 약 20여 개 정도의 규칙들 가운데는 약간 이상해 보이는 규칙들도 있었다. 예를 들어, '모든 포유류는 척추동물이다.'라는 규칙도 있었다(그날 데모에 사용된 사이크에는 약 50만 개의 규칙이 들어 있었다).

프랫은 사이크의 핵심 기능인 '세상에 대한 지식' 사용 능력을 확인하고 싶었다. 예를 들어, 프랫은 사이크가 빵이 음식이라는 사실을 알고 있는지 질문해봤다. 사이크 담당자가 질문을 사이크 언어로 바꿔 입력하자 사이크는 "예."라고 답했다. 다음으로 프랫은 "빵이 마실 것입니까?"라고 질문하자 사이크는 대답하지 못했다. 사이크 연구원들은 질문에 답하기 위해 노력했지만 결국 답하지 못했다.

다음 데모가 이어졌다. 사이크는 다양한 일들이 죽음으로 이어질 수 있다는 사실을 알고 있는 것 같았다. 그러나 굶주림이 죽음의 원인이라는 사실은 알지 못했다. 사실, 사이크는 굶주림에 관해 아무것도 모르는 듯했다. 프랫은 지구, 하늘, 차에 관한 질문을 이어갔다. 얼마 지나지 않아 사이크의 지식은 불완전하고 예측할 수 없다는 사실이 명확해졌다. 예를 들어, 사이크는 "하늘이 파랗다." "차에는 네 개의 바퀴가 달려 있다."라는 것조차 알지 못했다.

사이크에 큰 기대를 가졌던 프랫은 백여 개가 넘는 질문을 준비해온 터였다. 그는 여러 질문을 통해 사이크가 상식의 측면에서 이 세계를 얼마나 잘 이해하고 있는지 알고 싶었다.

톰이 딕보다 7센티미터 크고, 딕이 해리보다 5센티미터 크다면, 톰은 해리보다 얼마나 큰가?

두 명의 형제가 각각 서로보다 클 수 있을까?

육지와 바다 가운데 어느 쪽이 물에 젖어 있을까?

자동차가 후진할 수 있을까?

비행기가 뒤로 날 수 있을까?

사람은 산소 없이 얼마나 살 수 있을까?

하나같이 이 세상에 관한 매우 기본적인 질문들이었다. 그러나 사이크는 제대로 이해하지도 답하지도 못했다. 프랫은 데모를 떠올리며 조심스럽게 부정적인 평가를 내렸다. 사이크는 범용 인공지능이라는 목표를 향해 다소 발전된 결과를 보여줬다. 그러나 축적된 정보가 너무 얼기설기 모여 있는 데다 주제별로 균등하지도 않아 아직 갈 길이 멀어 보였다. 더 큰 문제는 완성까지 얼마나 많은 시간이 필요할지 상상도 안 된다는 점이었다.

범용 인공지능 구현과 관련해 사이크 사례에서 무엇을 알 수 있을까? 지나친 기대만 하지 않는다면 사이크는 대규모 지식 기반 시스템을 기술적으로 정교하게 구현하는 시도이자 연구 결과물이었다. 비록 범용 인공지능을 구현하는 데는 실패했지만 대규모 지식 기반 시스템 개발에 대한 많은 경험과 지식을 제공했다. 엄격히 말해 "범용 인공지능 문제는 결국 지식 부족에 의한 것으로, 적당한 지식 기반 시스템이 있으면 해결될 수 있다."라는 사이크 가설은 맞고 틀림이 아직 증명되지 않았다. 바꿔 말해 사이크 프로젝트가 범용 인공지능 구현에 실패했지만 가설도 틀렸다고 말할 수 없다는 뜻이다. 지식 기반 방법론을 사용하되 다른 구현 방법을 택하면 좋은 결과를 얻을 수도 있다.

여러 면에서 사이크는 시대를 앞서간 연구였다. 사이크 프로젝트가 시작되고 30여 년 후, 구글은 거대한 지식 기반 시스템인 **지**

식 그래프knowledge graph를 발표했다. 구글은 검색 서비스 성능 향상을 목적으로 지식 그래프를 사용한다. 지식 그래프에는 사람, 영화, 책, 사건 등 세상을 구성하는 독립체에 관한 정보가 어마어마하게 저장돼 있다. 구글은 이 정보들을 구글 검색기의 검색 결과 향상에 사용한다.

사람들이 구글 검색기에 입력하는 검색어는 주로 이 세상에 실재하는 것들이다. 예를 들어, '마돈나Madonna'라는 검색어를 입력했다고 가정하자. 단순한 웹 검색기라면 '마돈나'라는 단어를 포함한 웹 페이지들을 찾아 보여줄 것이다. 그러나 '마돈나'라는 단어가 유명한 가수를 나타낸다는 사실을 검색기가 이해하고 있다면 훨씬 정교한 검색 결과를 보여줄 것이다. 결과적으로 구글 검색기에서 '마돈나'를 검색하면 생일, 출생지, 자녀, 가장 유명한 곡 등 마돈나에 관해 사람들이 가장 궁금해하는 일상적인 정보들을 얻을 수 있다.

사이크와 구글 지식 그래프의 가장 중요한 차이는 지식 입력 방식이다. 구글 지식 그래프에는 모든 정보가 위키피디아 같은 웹페이지들에서 자동으로 추출돼 입력된다. 2017년 기준, 지식 그래프에는 약 5억 개의 독립체에 대해 700억 개의 정보가 들어 있다고 한다. 물론 구글 지식 그래프의 목표는 범용 인공지능 구현이 아니다. 또 지식 기반 시스템의 핵심인 추론 기능이 어느 정도 구현돼 있는지도 명확하지 않다. 그러나 나는 지식 그래프에 사이크 프로젝트의 DNA가 어느 정도는 들어 있다고 생각한다.

이처럼 사이크 프로젝트에서 긍정적인 면을 찾고자 할 수도 있다. 그러나 슬프게도 인공지능 역사에서 사이크 프로젝트는 목표와 결과가 너무 달랐던 과장 광고의 한 예로 취급받는다. 농담 수준이기는 해도 거짓의 정도를 나타내는 '마이크로 레너트micro-Lenat'라는 과학 단위가 있다. 왜 마이크로 레너트일까? 어떤 것도 레너트의 일만큼 허황될 수 없다는 뜻으로 사용되는 것 같다.

균열

이론만 보면 훌륭해 보이는 여러 인공지능 기법들과 마찬가지로, 지식 기반 인공지능 기법 역시 실제 사용하기에는 한계가 있다는 사실이 증명됐다. 가령 지식 기반 인공지능 시스템은 사람에게는 너무나 쉬운 일에도 쩔쩔매곤 했다. 아래의 대표적인 예를 보며 **상식 수준의 추론** 작업을 생각해보자.[12]

> 누군가 트위티가 새라는 말을 듣고, 트위티가 날 수 있다고 결론 내렸다. 그러나 나중에 트위티가 펭귄이라는 말을 듣자 결론을 취소했다.

얼핏 보면 위 예는 논리로 쉽게 다룰 수 있어야 할 것처럼 보인다. 사실상 앞서 살펴봤던 삼단논법과 매우 비슷하다. 인공지능 시스템에 'x가 새라면, x는 날 수 있다.'라는 정보만 있다면 'x가 새다.'라는 정보로부터 'x가 날 수 있다.'라는 결론을 이끌어낼 수 있어야 한다. 여기까지는 문제가 없다. 하지만 '트위티가 펭귄이다.'라는 말을 듣는 순간 문제가 생긴다. 이전 결론을 취소해야 한다. 그런데 논리에서 이는 허락되지 않는다. 즉, 새로운 정보가 주어졌다고 해서 예전에 얻은 결론이 없어지지는 않는다. 그러나 위 예제에서는 추가 정보(트위티가 펭귄이다)가 주어지면 이전 결론(트위티가 날 수 있다)이 수정돼야 한다.

모순이 있을 때도 상식 수준의 추론에 문제가 발생한다. 다음 대표적인 예를 함께 살펴보자.[13]

> 퀘이커 교도들은 평화주의자다.
> 공화주의자들은 평화주의자가 아니다.
> 닉슨은 공화주의자며 평화주의자다.

위 예를 논리로 다루면 닉슨(리처드 닉슨 대통령은 퀘이커 교도였음-옮긴이)이 평화주의자인 동시에 평화주의자가 아니라는 모순이 발생한다. 논리로는 이런 모순을 절대 다룰 수도 없고 유용한 어떤 정보도 뽑아내지 못한다. 그러나 이런 모순된 상황은 일상생활에서 흔히 발생한다. 예를 들어, "세금은 좋은 것이다."라는 말을 듣는 동시에 누군가는 "세금은 나쁜 것이다."라고 말하며, "와인은 건강에 좋다."라는 말을 듣는 동시에 누군가는 "와인이 건강에 나쁘다."라고 말한다. 이런 모순된 상황은 도처에 널려 있다. 결론적으로 논리에 부적합한 문제에 논리를 사용하면 문제가 생긴다.

이런 문제는 코웃음 칠 만큼 사소해 보이지만, 1980년대 후반 지식 기반 인공지능 연구의 주요 문제였다. 인공지능 분야에서 잔뼈가 굵은 연구자들이 달려들었지만 해결되지 않았다.

예상과 달리 제대로 된 전문가 시스템을 만들어 사용하는 일은 훨씬 어려웠다. 특히 정보 추출이 가장 어려웠다. 간단히 말해 전문가들로부터 지식을 추출해 규칙으로 정의하는 일이 가장 어려웠다. 사실 전문가라 하더라도 대부분 자신의 전문 지식과 경험을 명확히 설명하지 못했다. 어떤 일을 능숙하게 잘한다고 해서 그 일을 어떻게 잘할 수 있는지 설명할 수 있는 것은 아니기 때문이다. 게다가 자신의 전문 지식을 공유하려 하지 않는 전문가들도 많았다. 회사가 자신을 대체할 수 있는 프로그램을 갖춘다면 더 이상 자신들을 고용할 필요가 없을 것이라 생각했기 때문이다.

1980년대 말, 결국 전문가 시스템의 인기는 막을 내렸다. 그러나 전문가 시스템이 실패했다고 말할 수는 없다. 전문가 시스템이 인기를 누리던 그 기간 동안 많은 전문가 시스템이 만들어져 성공적으로 사용됐다. 또 그보다 훨씬 많은 전문가 시스템이 그 이후에도 만들어져 사용됐다. 그러나 다시 한번 말하지만, 전문가 시스템의 실제 구현 수준은 처음 시작할 당시의 기대에는 미치지 못했다.

4장

로봇과 합리성

생각하지 않는 사람은 행동하다 죽는다.

행동하지 않는 사람은 그 까닭에 죽는다.

_위스턴 휴 오든W. H. Auden

철학자 토머스 쿤Thomas Kuhn은 1962년 자신의 책 『과학혁명의 구조The Structure of Scientific Revolutions』에서 "과학에 대한 이해가 깊어지며 명백한 문제점들을 보게 되면 기존의 학설과 믿음을 더 이상 유지할 수 없는 상태에 다다른다."라고 썼다. 또한 그런 위기의 순간에 새로운 학설이 등장해 기존 질서를 대체한다고 주장했다.

1980년대 후반, 전문가 시스템의 인기는 막을 내렸고 다시금 인공지능 위기의 징후가 나타나기 시작했다. 인공지능 연구자들은 미래를 과장해 이야기할 뿐 제대로 된 연구 성과는 거의 내놓지 못한다고 다시 한번 비난을 받았다. 사람들은 전문가 시스템의 유행을 이끌었던 "지식이 힘이다."라는 학설에 의문을 제기한 것이 아니었다. 오히려 1950년대 이후 인공지능을 떠받쳐온 기본 가정, 특히 기호 인공지능에 대해 의심하기 시작했다. 이런 분위기 속에 1980년대 후반 다른 분야 연구자도 아닌 인공지능 연구자들 사이에서 인공지능에 대한 가장 신랄한 비판이 나왔다.

호주 태생의 로봇 과학자 로드니 브룩스Rodney Brooks는 인공지능에 대해 적극적으로 비판을 쏟아내며 사람들에게 영향을 끼쳤다. 1954년생인 브룩스는 인공지능을 앞장서 반대할 사람처럼 보이지는 않았다. 그는 인공지능 연구의 3대 연구 기관인 스탠퍼드 대학, MIT 공대, 카네기멜론대학을 두루 거쳤다.

브룩스는 실제 세상에서 유용한 일을 할 수 있는 로봇을 만들고 싶었다. 1980년대 초반, 로봇을 제작할 때 로봇이 세상에 대한 지식을 추론과 의사결정에 사용할 수 있는 형태로 코드화하는 것이 중요하다는 통설이 지배적이었다. 그는 그러한 통설에 실망하기 시작했다. 1980년대 중반 그는 MIT 공대 교수가 됐고 가장 근본적인 수준에서부터 인공지능을 다시 생각해야 한다고 목소리 높여 주장하기 시작했다.

브룩스 혁명

브룩스의 주장을 이해하기 위해 블록 세계를 떠올려보자. 블록 세계는 탁자와 그 위에 쌓여 있는 다수의 서로 다른 물체들로 이뤄진 일종의 시뮬레이션 세상이다. 블록 세계에서는 특정 방식으로 물체들을 재배열한다. 이를 처음 마주하면 마치 창고처럼 보인다. 또한 인공지능 기술을 시험하기에 매우 적당해 보인다. 감히 주장컨대 이런 특징은 수년간 많은 연구비 지원 신청에서 강조됐다.

그러나 브룩스와 그의 생각에 찬성했던 사람들에게 블록 세계는 허점투성이의 믿을 수 없는 세계였다. 블록 세계가 실제 세상에서 블록을 재배치할 때 있을 수 있는 어려운 일 대부분을 대충 얼버무리고 넘어가는 시뮬레이션 환경이었기 때문이다. 실제 세상에서는 블록 세계에서 전혀 고려되지 않은 인지 기능 등에서 정말 어려운 문제가 발생한다. 따라서 블록 세계에서 주어진 문제를 해결할 수 있는 시스템은 지능 시스템처럼 보이기는 해도 창고 같은 실제 환경에서는 전혀 쓸모없곤 했다. 참고로 블록 세계는 1970년대와 1980년대에 등장한 잘못된 모든 인공지능 학설의 상징으로 여겨진다. 이런 인식에도 불구하고 블록 세계에 대한 연구는 오늘날까지도 계속되고 있다. 여전히 블록 세계를 사용하는 논문도 찾을 수 있다. 한 가지 고백한다면 나 또한 몇 편의 관련 논문을 쓴 적이 있다.

브룩스는 세 가지 사실을 주장했다. 첫째, 의미 있는 인공지능 기술이라면 실제 세상에서 그 세상을 인지하고 그 세상에 반응하는 시스템으로 구현돼야 한다. 둘째, 지식 기반 인공지능, 특히 논리 기반 인공지능의 핵심 요소인 지식과 추론 능력이 없어도 지적인 작동이 가능하다. 셋째, 지능이란 환경을 구성하는 독립체 사이의 상호작용으로부터 나오는 **발현성**emergent property이다. 1991년 브룩스는 풍자적인 이야기로 자신의 주장을 뒷받침했다.[1]

> 1890년대라고 가정하자. 인공비행은 과학자, 공학자 및 벤처 투자자들의 커다란 관심을 받고 있다. 그런데 다수의 인공비행 연구자들이 타임머신을 타고 몇 시간 동안 1980년대를 방문한다. 이들은 보잉 747기의 객실에 탑승해 시간을 보낸다. 다시 1890년대로 돌아온 그들은 엄청난 규모의 인공비행이 가능하다는 사실에 흥분을 감추지 못한다. 그들은 자신들이 본 것과 똑같은 물건을 즉시 만들기 시작해 경사진 의자, 이중창 등을 만드는 일에서 큰 성과를 거둔다. 이들은 그런 기이한 플라스틱 물건들을 이해할 수 있다면 커다란 비행기도 만들 수 있다고 생각한다.

위 이야기에서 요점은 인공지능 연구자들이 사람의 지능에 대해 추론 능력, 문제 해결 능력, 게임 능력 등 명확하고 매력적인 것들에만 집중한다는 것이다. 그리고 그런 탓에 인공지능 연구 주제가 편향됐다는 것이다. 브룩스와 그의 동조자들은 추론과 문제 해결 능력이 분명 지능적인 동작이기는 하나, 인공지능 연구의 적당

한 출발점은 아니라고 주장한다.[2]

브룩스는 초기부터 인공지능 연구에서 중요한 역할을 했던 분할 정복에 대해서도 비판했다. 즉, 지능적인 행동을 추론, 학습, 인지로 분할하고 이들 사이의 관계에 대해 생각하지 않고 따로 살펴봐도 인공지능 연구가 가능하다는 생각에 문제를 제기했다.

인공비행 연구자들은 인공비행의 과제 규모가 단일 연구로 다루기에 너무 큰 만큼 각 연구자가 세부 연구 분야의 전문가가 돼야 한다고 생각했다. 그들은 그들과 함께 비행기를 탔던 다른 승객들에게 몇 가지 질문을 했고, 보잉사가 비행기 한 대를 만들기 위해 6천 명 이상의 사람을 투입한다는 사실을 알았다. (중략) 인공지능 연구자들은 각자 맡은 일에서 모두 바쁘게 일하지만, 조직 간에 논의는 많지 않다.

끝으로 브룩스는 이들이 요소기능 사이의 관계를 고려하지 않은 채 무게라는 조건을 어떻게 무시하는지 지적했다.

승객 좌석 제작을 맡은 인공비행 연구자들은 속이 꽉 찬 단단한 금속을 좌석 골격으로 사용한다. 무게를 줄이기 위해 속이 빈 금속관을 사용해야 한다는 이야기도 있었지만, 대부분 엄청나게 크고 무거운 비행기가 날 수 있다면, 의자 무게 정도는 비행에 문제되지 않는다고 생각했다.

브룩스가 비유로 언급한 무게는 계산량이다. 특히, 모든 의사결정 과정들이 터무니없이 많은 계산 시간과 메모리가 필요한 논리적 추론 같은 일들로 단순화돼야 한다는 생각에 이의를 제기했다.

이후 브룩스는 자신의 글에 '표현 없는 지능Intelligence Without Representation'이라는 제목을 붙였다. 전문가 시스템의 인기가 하늘을 찌르던 1980년대 중반 대학에서 인공지능을 공부했던 나는 지식 표현과 추론이야말로 인공지능의 핵심이라고 배웠다. 브룩스의 주장은 내가 배워 알고 있는 모든 것을 부정하는, 마치 이단 종교처럼 느껴졌다.

1991년, 호주에서 개최된 대규모 인공지능 학회에 참석하고 돌아온 젊은 동료 연구자가 눈을 휘둥그렇게 뜨고는 매커시 교수 계열의 스탠퍼드대학 박사 과정 학생들과 브룩스 교수 계열의 MIT 박사 과정 학생들 사이에 벌어진 치열한 논쟁에 대해 이야기했다. 한쪽은 기존 연구 방식에 따라 논리, 지식 표현 및 추론을 중요시했다. 반면, 후자는 기존 학설과 연구 방식에서 돌아섰을 뿐만 아니라 대놓고 비웃었다.

브룩스는 인공지능의 새로운 연구 방향을 가장 강력하게 주장했다. 브룩스 외에도 수많은 인공지능 연구자들이 비슷한 결론을 내리고 있었다. 물론 모든 연구자들이 세부적인 수준에서까지 생각을 같이하지는 않았지만, 큰 틀에서 보면 서로 간에 다수의 공통점이 있었다.

가장 중요한 공통점은 지식과 추론이 인공지능의 핵심이 아니라는 생각이었다. 이들은 그림 8과 같이 인공지능 시스템이 주변 정보를 기호와 논리 모델로 저장하고 있으며, 모든 지능적인 일들이 그 시스템을 중심으로 일어난다는 매커시의 생각에 단호히 반대했다. 온건주의적인 연구자들은 "표현과 추론이 핵심은 아니지만 여전히 중요하다."라고 주장하기도 했지만, 그보다 많은 극단주의적인 연구자들이 표현과 추론 중심의 연구 방향을 강하게 부정했다.

좀 더 깊숙이 들어가 생각해보자. 매커시는 논리 인공지능에 대해 '환경 인식, 할 일 추론, 행동'과 같은 작동 체계를 가정한다. 그러나 이런 작동 체계에서는 인공지능 시스템이 환경과 분리돼 있다.

책을 잠깐 내려놓고 주변을 둘러보자. 당신은 지금 공항 라운지나 카페 혹은 기차를 타고 있거나 집 안에 있을 수도 있다. 또는 강가에서 햇볕을 만끽하며 누워 있을지도 모른다. 당신은 주변 환경과 그 환경의 변화와 단절돼 있지 않다. 당신의 인지와 행동은 환경 속에서 환경에 맞춰 일어난다. 물론 추론을 멈추고 환경과 단절되는 경우들도 있지만, 그런 경우는 예외일 뿐 일반적인 상황은 아니다.

지식 기반 시스템에서는 이런 상황을 고려하지 않는 것처럼 보인다. 내가 당신에게 매커시의 논리 인공지능에 따라 설계된 로봇을 줬다고 가정하자. 그 로봇은 인지-추론-행동이라는 순환 방식에 따라 연속적으로 동작한다. 즉, 센서를 통해 입력받은 데이터를 처리하고 해석하며 내부 정보를 수정하고는 할 일을 추론해 실행

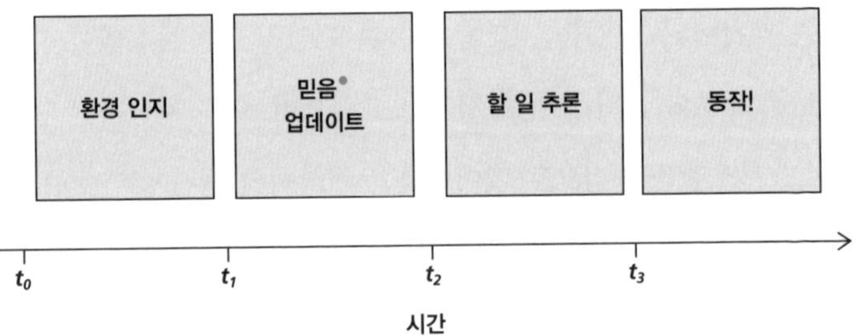

그림 9 로봇은 최적의 동작 시점을 선택한다. 그렇다면 최적의 동작 시점은 언제인가? 주변 환경을 인지해 정보를 수집한 순간인가 아니면 수집한 정보에 따라 동작을 시작하는 순간인가?

• 환경에 관한 정보 – 옮긴이

한다. 이런 순환 과정은 끊임없이 반복된다. 나는 당신에게 "이 로봇은 설계 목적에 맞는 일이라면 그 일에 대해 최적 동작을 선택해 실행하도록 설계됐습니다."라고 자랑스럽게 말한다. 그런데 과연 그럴까? 그림 9에서 시간의 흐름 속에 로봇의 동작을 살펴보자.

로봇은 시간 t_0에서 t_1까지 주변 환경을 인지한다. 그리고 t_1에서 t_2까지 수집한 데이터를 처리하고 저장된 정보를 수정한다. 로봇은 t_2에서 t_3까지 할 일을 추론하고, 추론 결과에 따라 t_3에 작동을 시작한다.

이런 작동 방식에는 로봇이 언제나 최적의 결정을 내리고 그 결정에 따라 작동한다는 가정이 깔려 있다. 그런데 최적의 작동 시간은 언제일까? t_1일까 아니면 t_3일까? 로봇이 주변에 대한 정보를 수집한 시점은 t_1인 데 반해, 수집한 정보에 따라 동작을 시작하는 시간은 t_3다. 그러므로 이런 인지-추론-행동 방식은 실제 상황에서는 현실적이지 않다. 그러나 놀랍게도 1980년대 후반까지 이런 작동 방식은 거의 모든 인공지능 연구에서 의심 없이 사용됐다. 인공지능 연구자들은 추론 시간 동안 세상이 변하지 않는다고 가정하고는 그런 가정하에서만 최상의 판단을 내릴 수 있는 인공지능 시스템을 만드는 데 집중해온 것이다.[3]

이런 문제를 다루기 위해 인공지능 시스템의 환경과 동작 사이에 밀접한 관계가 있어야 한다는 아이디어가 주요한 연구 주제로 등장했다.

동작 인공지능

브룩스가 인공지능을 단순히 비판만 하는 사람이었다면 사람들은 그의 주장에 별다른 관심을 보이지 않았을 것이다. 1980년대 중반까지 인공지능 학계는 비판을 무시하고 기존 연구 방식을 고집했다. 이에 대해 브룩스는 단순히 비판에 그치지 않고 기존과 다른 자신의 이론을 설득력 있게 주장했다. 그리고 수십 년에 걸쳐 인상적인 시스템을 만들어 자신의 주장을 뒷받침했다.

그는 새 이론에서 지능 시스템의 전체 동작을 구성하는 특정 개별 동작의 역할을 강조했으며 사람들은 그의 이론을 **동작 인공지능** behavioural AI이라 불렀다. 그는 **포섭 구조** subsumption architecture라 불리는 특별한 인공지능 연구법을 제시했다. 이 연구법은 당시 나왔던 어떤 연구법들보다 지속적인 영향을 끼쳤다. 포섭 구조가 소소하지만 매우 유용한 로봇인 진공 로봇 청소기에 어떻게 사용될 수 있는지 함께 살펴보자(브룩스는 진공 로봇 청소기 룸바Roomba를 제작한 아이로봇iRobot사의 창립자다[4]). 진공 로봇 청소기는 장애물을 피해 이곳저곳 옮겨 다니며 먼지를 빨아들이고 배터리 충전량이 낮아지거나 먼지통이 먼지로 가득 차면 도킹 스테이션으로 돌아가 동작을 멈출 수 있어야 한다.

포섭 구조 연구법에서는 로봇에게 필요한 개별 요소 동작들을 명확히 정의하고 하나씩 점진적으로 구현해 나간다. 이 과정에서 개별 요소 동작들 사이에 서로 어떤 연관성이 있는지 생각해 로봇이 적절한 순간에 적절한 동작을 할 수 있도록 개별 요소 동작들을 결합하는 일이 가장 어려우며 중요하다. 이를 위해 로봇을 집중적으로 시험해야 한다.

로봇 청소기의 경우, 다음과 같이 여섯 가지 개별 요소 동작을 한다.

- 장애물 회피: 장애물을 발견하면 임의의 방향으로 이동 방향을 바꿔 이동한다.
- 작동 중지: 도킹 스테이션에 있으며 배터리 충전량이 낮다면 작동을 중지한다.
- 먼지통 비움: 도킹 스테이션에 있으며 먼지통에 먼지가 있다면 먼지통을 비운다.

- 도킹 스테이션으로 이동: 배터리 충전량이 낮거나 먼지통이 먼지로 가득 차면 도킹 스테이션으로 이동한다.
- 진공 청소: 현재 있는 곳에서 먼지를 발견하면 진공 청소를 한다.
- 임의 방향으로 이동: 임의의 방향으로 이동한다.

이제 이 여섯 가지 동작을 결합해야 한다. 이를 위해 브룩스는 그림 10과 같은 **포섭 계층 구조**를 제안했다. 포섭 계층 구조는 여러 동작 사이의 선후 관계를 나타내며 아래쪽에 있을수록 우선순위가 높다. 예를 들어 그림 10에서는 장애물 회피의 우선순위가 가장 높다. 그러므로 로봇 청소기는 장애물과 마주치면 무조건 장애물을 피해 움직인다. 포섭 계층 구조를 참고하면 다음 예와 같은 상황에서 로봇의 동작들을 어렵지 않게 이해할 수 있다.

- 로봇 청소기는 먼지를 찾아다닌다.
- 배터리 충전량이 낮거나 먼지통이 가득 차 있지 않다면, 먼지를 발견했을 때 진공 청소를 한다.
- 배터리 충전량이 낮거나 먼지통이 가득 차 있다면 도킹 스테이션으로 이동한다.

진공 로봇 청소기의 동작이 규칙처럼 보일 수도 있다. 하지만 사실 훨씬 간단하며 논리 추론 같은 일은 필요 없다. 따라서 간단한 전기 회로로도 구현할 수 있다. 결과적으로 센서 데이터에 매우 빠르게 반응한다. 즉, 로봇 청소기는 주변 환경에 맞춰 동작한다.

이후 수십 년 동안 브룩스는 포섭 구조를 기반으로 여러 가지 중요한 로봇을 개발했다. 예를 들어 현재 스미스소니언 항공 우주 박물관Smithsonian Air and Space Museum이 소장하고 있는 그의 칭기스Genghis 로봇은 포섭 구조에 따라 정렬된 57가지 동작을 사용해 여섯 개의 다리를 조정하며 이동한다.[5] 만약 지식 기반 인공지능

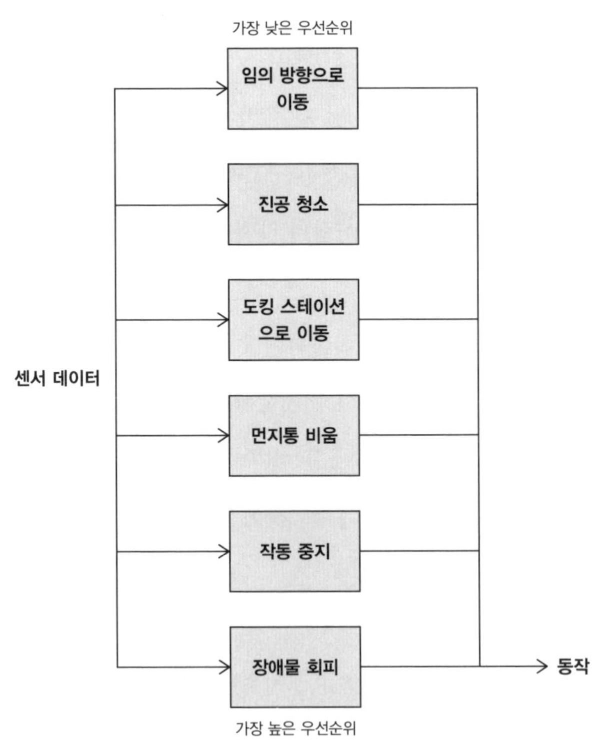

그림 10 진공 로봇 청소기 동작에 대한 간단한 포섭 계층 구조

기술을 사용했다면 칭기스 로봇을 구현했을지는 몰라도 개발 과정은 터무니없이 복잡하고 어려웠을 것이다.

이런 성과 덕분에 지난 수십 년간 인공지능 연구에서 소외됐던 로봇 공학은 인공지능의 주류로 돌아왔다.

에이전트 기반 인공지능

1990년대 초, 나는 동작 인공지능 혁명을 앞장서 이끌고 있는 교수를 만났다. 그는 내게 우상 같은 사람이었다. 나는 그가 공개적으로 반대하는 인공지능 기술들, 즉 지식 표현과 추론, 문제 해결과 계획 등에 대한 그의 생각이 궁금했다. 그는 정말로 이런 기술들이 미래 인공지능에서는 더 이상 쓸모없다 믿고 있었을까? 그는 "물론 그렇게까지 생각하지는 않지만 그런 연구 방식에 찬성하는 모습을 보이고 싶지는 않네."라고 답했다.

어리고 순진한 대학원생을 실망시키지 않으려 한 대답이었음을 나중에 깨닫기는 했지만, 당시 교수님의 대답은 실망스러웠다. 이 교수님이 자신의 연구에 진정한 신념을 갖고 있었는지와 별개로 많은 연구자가 새로운 인공지능 연구법이 맞는다고 생각했고 동작 인공지능은 독선에 빠져 들었다. 얼마 후 동작 인공지능이 기존 인공지능의 중요한 문제점을 집어낸 반면, 동작 인공지능에도 역시 심각한 제약이 있다는 사실이 명확해지기 시작했다.

동작 인공지능에는 확장성이 없었다. 집 청소용 진공 로봇 청소기를 만든다면 동작 인공지능이 딱 맞는다. 로봇 청소기는 추론하거나 복잡한 문제를 풀 필요도 없고 사람과 대화를 나눌 필요도 없기 때문이다. 오직 청소만 하면 된다. 따라서 포섭 구조 혹은 그와 비슷한 수많은 방법 가운데 하나를 사용해 효율적으로 동작하는 진공 로봇 청소기를 만들면 된다. 그러나 동작 인공지능이 몇몇 분야, 특히 로봇공학에서 매우 큰 성공을 거뒀지만 인공지능에 대한 해법을 제시한 것은 아니었다. 만들고자 하는 시스템의 동작 수가 많아지면 많아질수록 동작 사이의 관련성을 이해하는 일이 어려워져 시스템 설계가 복잡해졌다.

동작 인공지능 기법을 사용해 인공지능 시스템을 만드는 일은 일종의 마술이었다. 시스템이 생각대로 동작할지 알려면 직접 제작해 사용해보는 수밖에 없었다. 하지만 시간 소모적이고 비용도 많이 들며 예측성도 부족한 일이었다. 동작 인공지능 시스템은 매우 효율적이었지만 특정 문제에 짜 맞춰져 만들어지는 경향이 있었다. 그러므로 특정 문제를 해결하는 동작 인공지능 기술을 개발했다고 해서 그 기술을 사용해 다른 문제도 해결할 수 있는 것은 아니었다.

브룩스는 지식 표현과 추론이 지능적인 동작의 핵심 조건이 아니라고 주장했다. 이는 맞는 이야기였다. 그의 로봇은 동작 인공지능만 사용해 어떤 기능까지 구현할 수 있는지 보여줬다. 그러나 지식 표현과 추론이 인공지능 연구에 전혀 쓸모없다는 독선적인 주장은 틀렸다. 논리적이든 비논리적이든 추론이 필요한 때가 있다. 이런 사실을 부정하는 일은 논리 추론 기술을 사용해 진공 로봇 청소기를 만드는 일만큼이나 타당하지 않다.

새로운 인공지능 기술을 주장하는 연구자들은 논리 표현이나 추론 같은 연구가 중단돼야 한다고 강하게 주장했다. 하지만 많은 연구자가 중도적인 견해를 가졌으며 이는 오늘날에도 마찬가지다. 중도주의 연구자들은 동작 인공지능의 주요한 주장을 받아들이면서도 논리 추론을 함께 사용해야 한다고 주장했다. 결국 브룩스의 주장에서 장점을 받아들이는 동시에 기존 표현과 추론 기반 인공지능 연구에서 성공적인 것들은 계속 사용하는 새로운 인공지능 연구 방법이 등장했다.

인공지능 연구의 중심이 다시 한번 바뀌기 시작했다. 전문가 시스템이나 논리 추론기 같은 현실성 부족한 인공지능 시스템을 벗어나 **에이전트**를 만들기 시작했다. 에이전트는 주요 기능을 자체적으로 갖고 있으며 특정 환경에서 특정한 일을 사용자 대신 수행한다는 측면에서 완전한 인공지능 시스템을 지향했다. 에이전트는 논리 추론 같은 현실성 부족한 기능보다는 완전하고 통합된 기능을 제공하려 했다. 또한 지능 요소가 아닌 완전한 지능 에이전트를 만듦으로써 지능 요소 동작을 구분하고 이들을 독립적으로 구현해 인공지능 시스템을 만들 수 있다고 주장한 브룩스의 오류도 피하려 했다.

에이전트의 개념은 동작 인공지능의 직접적인 영향을 받았다.

하지만 그 안에 담긴 의미는 덜 공격적이었다. 1990년대 초 등장한 에이전트 기반 인공지능 연구는 한동안 그 개념이 모호했다. 1990년대 중반 비로소 다음과 같은 세 가지 특성을 갖춰야 한다는 공감대가 만들어졌다.

첫째, 반응성이다. 에이전트는 환경이 변화하면 자신의 동작을 환경 변화에 맞출 수 있어야 한다. 둘째, 능동성이다. 사용자를 대신해 주어진 일을 체계적으로 처리할 수 있어야 한다. 셋째, 사회성이다. 필요하다면 다른 에이전트와 연동할 수 있어야 한다. 인공지능이 한창 인기를 얻던 당시, 계획 수립과 문제 해결 같은 능동적인 특성이 강조됐다. 또한 동작 인공지능에서는 환경 변화에 신속히 대응하는 반응성이 강조됐다. 에이전트 기반 인공지능에서는 이 두 가지 특성에 더해 에이전트들이 다른 에이전트들과 연동해야 한다는 사회성을 새로이 요구한다. 이를 위해 에이전트는 다른 에이전트와 단순히 정보를 교환하는 것을 넘어 협력하고 서로 맞추어 조정하며 협상할 수 있는 사회적 기술을 갖춰야 한다.

에이전트 기반 인공지능 연구가 기존 인공지능 연구와 다른 점이 바로 이 사회성이다. 다른 인공지능 시스템과의 연동 방법과 연동 시 발생하는 문제에 대해 이처럼 뒤늦게 고려하기 시작했다는 점은 다소 이상해 보인다. 물론 튜링 테스트에서도 사회적 능력을 강조하기는 했다. 하지만 영어 같은 자연어를 사용해 일반 대화를 나눌 수 있는 능력을 확인하는 정도에 불과했다. 에이전트 기반 인공지능에서 사람들과의 대화는 핵심이 아니었다. 에이전트끼리의

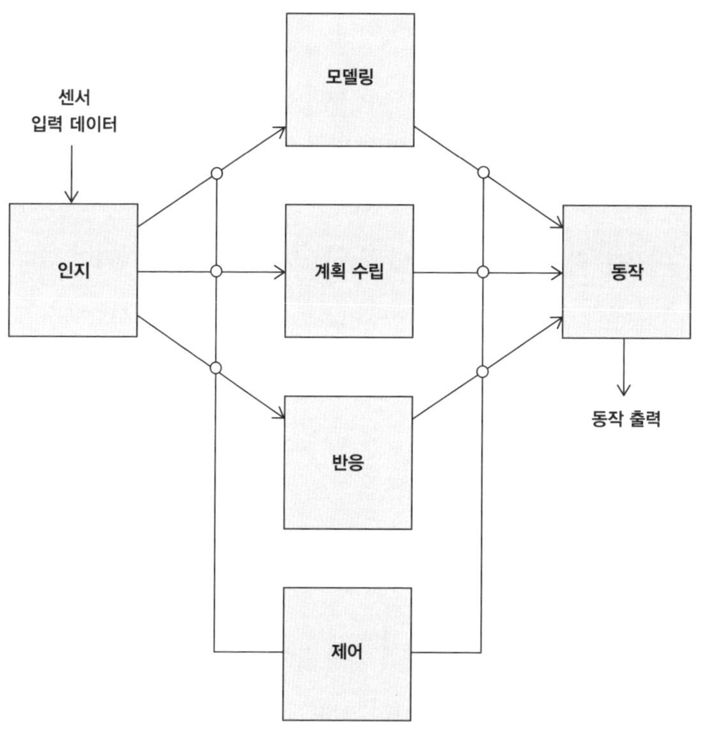

그림 11　전형적인 에이전트 기반 인공지능 시스템의 구조(투어링머신)

연동이 중요했다.

그림 11은 전형적인 에이전트 기반 인공지능 시스템의 모습을 보여준다. **투어링머신**TouringMachines[6]이라 불리는 이 시스템은 전체 시스템 제어를 세 개의 부 시스템 제어로 나눠 수행한다. 브룩스의 포섭 구조처럼 동작하는 반응 부 시스템은 장애물 회피와 같이 추론 없이 빠른 반응이 필요한 상황을 담당한다. 계획 수립 부 시스템은 목표 달성 방법 수립을 책임지며, 모델링 부 시스템은 다

른 에이전트와의 연동을 담당한다. 제어 부 시스템은 이 세 가지 부 시스템 사이에서 중재를 책임진다. 이를 위해 세 개의 부 시스템으로부터 의견을 듣고는 어떤 의견을 따를지 결정한다. 이 과정은 많은 경우 생각보다 매우 단순하다. 예를 들어 반응 부 시스템이 "멈춰!"라고 결정하면 제어 부 시스템은 이 결정에 따라야 한다. 1990년대 초반, 이와 비슷한 에이전트 기반 인공지능 시스템 구조가 많이 제안됐다.

완전한 에이전트

에이전트를 설명할 때 내가 가장 즐겨 사용하는 예로 2차원 '바다 세계'의 모의 로봇 잠수함인 **호머**HOMER가 있다.[7] 호머는 바다 세계에서 주로 짐을 모아 옮기는 등 주어진 일을 수행한다. 호머는 명확히 슈드루와 비슷했고 시뮬레이션이라는 슈드루의 문제점도 동일하게 가지고 있었다. 그러나 호머는 슈드루와 비교해 훨씬 정교했다.

호머는 약 800단어의 어휘력을 가지고 있었고 사용자로부터 제한적인 단어들로 이뤄진 영어 명령을 입력받았다. 호머는 명령 수행 계획을 수립하고 환경 변화에 따라 명령을 조정하며 수립된 계획을 실행할 수 있었다. 호머의 기능과 능력을 엿볼 수 있도록 다음 호머와의 대화를 살펴보자. 첫 번째 예는 호머가 볼 수 있는

떠다니는 통나무에 관한 것이다. 호머의 반응은 이탤릭체로 표시했으며 괄호 속 글은 내 설명이다.

■ 앞에 무엇이 있나?

□ *통나무*

■ 통나무를 가지고 있나?

□ *가지고 있지 않다.*

■ 그 통나무는 네 것이다.

□ *오 그렇군. (호머는 미처 알지 못했던 새로운 사실을 들었다는 표시로 "오 그렇군"이라는 표현을 썼다.)*

(중략)

■ 그 통나무가 보이지 않도록 뒤로 돌아라.

□ *알았다. 뒤로 돌고 있다.*

(사용자가 통나무를 옮긴다.)

■ 다시 뒤로 돌아라.

□ *알았다. 뒤로 돌고 있다.*

통나무가 없어졌다!

이 대화에서 단순하지만 매우 중요한 사실 하나를 엿볼 수 있다. 호머는 통나무를 기억하고 있고 다시 돌아섰을 때 통나무가 있으리라 생각했다. 그러나 생각과 달리 통나무가 없자 놀란다.

두 번째 예는 부두에서 대기하고 있는 호머와의 대화다. 부두에는 짐이 있으며 호머의 일은 그 짐을 바지선에 옮겨 싣는 것이다.

■ 그 짐을 금주 토요일 오후 9시에 바지선에 실어라.

□ *알았다.*

(호머는 계획을 수립한다.)

■ 금주 토요일 부두에 가나?

□ *그렇다.*

■ 너는 왜 부두에 가나?

□ *나는 짐을 가지러 부두에 갈 것이다.*

■ 언제 부두에서 짐을 가지고 출발하나?

□ *오후 8시 56분.*

■ 금주 토요일 그 짐은 어디에 있을까?

□ *바지선.*

■ 그 짐은 지금부터 일주일 동안 부두에 있을까?

□ *아니다.*

이 예에서 호머의 세 가지 이해 능력을 알 수 있다. 첫째, 호머는 시간의 개념을 이해하고 있다. 둘째, 자신의 행동으로 환경이 어떻게 변했는지 이해하고 있다. 다시 말해, 바지선에 짐을 옮겨 실은 후, 그 짐이 더 이상 부두에 없다는 사실을 이해하고 있다. 셋째, 계획 실행에 시간이 걸린다는 사실을 이해하고 있다. 호머는 오후 9시에 짐을 바지선에 싣기 위해 오후 8시 56분에 부두에서 출발해야 한다는 사실을 알고 있다.

인공지능 비서

에이전트 기반 인공지능이 로봇공학에서 시작되기는 했지만, 얼마 지나지 않아 많은 연구자가 소프트웨어 분야에서도 효과적으로 사용할 수 있다는 사실을 깨달았다. 즉, 범용 인공지능은 아니더라도 전문가 시스템과 비슷하게 사람을 대신해 유용한 일을 할 수 있는 **소프트웨어 에이전트**를 만들 수 있다고 생각했다. 소프트웨어 에이전트는 데스크톱 컴퓨터나 인터넷 같은 소프트웨어 환경에서 작동했다. 연구자들은 에이전트에 인공지능 기술을 적용해 사람을 도와 이메일 처리나 웹서핑 같은 판에 박힌 일상 업무를 처리하게 만들겠다는 기발한 생각을 했다.

소프트웨어 에이전트 아이디어가 출현하게 된 과정을 이해하려면 우리가 컴퓨터를 사용하고 있는 방식이나 이런 아이디어가 발전한 과정을 좀 더 알아야 한다.

초창기 컴퓨터 사용자들은 대개 컴퓨터를 설계하고 만드는 일에 참여했던 과학자나 엔지니어였다. 그들이 제작한 컴퓨터의 인터페이스는 매우 투박했다. 예를 들어 1940년대 후반 튜링은 맨체스터대학에서 맨체스터 베이비라는 컴퓨터를 사용했다. 그 컴퓨터로 메모리 각 비트에 값을 쓰려면 스위치를 올리거나 내려 '1'이나

'0'을 표시해야 했다. 컴퓨터 사용자는 컴퓨터를 프로그래밍하기 위해 컴퓨터 내부와 컴퓨터의 동작 방식을 속속들이 알아야 했다. 결국 극소수의 사람만이 컴퓨터를 프로그래밍할 수 있었다. 게다가 컴퓨터마다 구조와 작동 방식이 서로 완전히 달랐기 때문에 맨체스터 베이비를 사용하며 배운 프로그래밍 기술은 다른 컴퓨터를 프로그래밍할 때 전혀 쓸모가 없었다.

1950년대 후반, **상위 수준 프로그래밍 언어**high-level programming language가 등장하며 상황이 바뀌기 시작했다. 이 언어들은 프로그래머들이 컴퓨터를 더 이상 속속들이 알 필요 없게 만들어 줬다는 점에서 상위 수준 언어였다. 이제 프로그래머는 더 이상 특정 컴퓨터를 프로그래밍하기 위해 그 컴퓨터의 작동 방식을 이해할 필요가 없었다. 또한 상위 수준 프로그래밍 언어들은 한 컴퓨터에서 작성한 프로그램이 다른 컴퓨터에서도 실행될 수 있다는 점에서 컴퓨터 독립적이었다. 프로그래밍 기술은 특정 컴퓨터에 묶이지 않았다. 그런 덕분에 컴퓨터의 유용성이 급속히 증가했다. 무엇보다 사람들의 컴퓨터 사용 방식이 '컴퓨터 중심'에서 '사람 중심'으로 변하기 시작했다.

이후 60년 동안 컴퓨터의 변화는 꾸준히 진행됐다. 1984년 애플 컴퓨터에서 매킨토시를 출시하며 사람 중심의 컴퓨터 사용 방식은 또 한 번 크게 발전한다. 매킨토시는 전문적인 컴퓨터 교육을 받지 않고도 사용할 수 있게 제작된 첫 번째 대량 생산 컴퓨터였다. 애플의 마케팅 포인트 중 핵심은 사용자 인터페이스였기 때문에 매킨토시는 데스크톱의 특정한 기능들을 상징적으로 나타내는 그래픽 사용자 인터페이스GUI, Graphical User Interface를 갖추고 있었다. 이는 맥 사용자 인터페이스에 서류와 서류철을 나타내는 아이콘이 있었고(지금도 여전히 있다), 사용자는 마우스를 사용해 그 아이콘들을 다룰 수 있었다는 뜻이다.

아마도 '데스크톱'이라는 용어는 들어본 적 있겠지만 스크린을 진짜 책상과 비슷하게 만들려 했다는 사실까지는 미처 몰랐을 것이다. 즉, 스크린의 문서 아이콘은 실제 책상 위에 놓인 문서와 비슷하게 만들어졌고, 폴더 아이콘은 실제 문서를 보관하기 위해 사용하는 서류철과 비슷하게 만들어졌다. 이런 식의 표현 방식은 지우고 싶은 문서를 끌어다 버릴 수 있는 휴지통 아이콘으로 이어졌다(요즘 들어 이런 은유적 표현이 늘었는데 젊은 사람들은 무엇을 은유하는지 모르지 않을까).

1984년 맥에서 첫 선을 보인 데스크톱 기반의 그래픽 사용자 인터페이스는 오늘날에도 여전히 사용되고 있다.[8] 1984년 이후 지금까지 컴퓨터 하드웨어는 엄청나게 발전했지만 놀랍게도 그래픽 사용자 인터페이스는 거의 변하지 않았다. 어쩌면 1984년에 맥을 사용한 사람이라면 오늘날의 맥 혹은 윈도우 인터페이스를 아무런 문제없이 사용할 듯하다. 이런 사용자 인터페이스는 사용자가 책상 윗면, 서류, 서류철, 휴지통 같은 익숙한 사물의 개념을 받아들여 컴퓨터를 사용할 수 있다는 점에서 중요하다.

맥 컴퓨터의 성공 후 1980년대 후반 애플의 CEO인 존 스컬리John Sculley는 사용자 인터페이스에서 다음 단계의 혁신이 무엇일지 고민했다. 그는 **지식 내비게이터**Knowledge Navigator라는 아이디어를 내놓았다. 애플은 자신들의 아이디어를 설명하는 동영상을 제작했고, 1987년 9월 애플 지식 내비게이터Apple Knowledge Navigator라는 제목의 동영상을 내놓았다.[9] 동영상에는 애플의 비전이 담겨 있었다. 다만 미래에 대한 상상일 뿐 개발 계획을 담고 있지는 않았다.

애플의 지식 내비게이터 동영상에는 한 명의 대학교수가 등장해 오늘날의 태블릿 컴퓨터와 매우 비슷한 컴퓨터를 사용한다. 이 컴퓨터의 사용자 인터페이스는 전형적인 데스크톱 인터페이스처럼 생겼지만, 한 가지 중요한 차이점이 있다. 바로 소프트웨어 에이전트다. 에이전트는 호머와 비슷하게 자연어, 즉 영어로 사용자인 교수와 대화한다. 그러나 호머와 달리, 컴퓨터 화면에 사람의 모양으로 나타난다. 에이전트는 공손하게 하루 일정을 교수에게 알려주고 교수의 강의 자료 관련 질문을 처리하며 전화를 연결해준다.

사실 동영상의 내용은 공상 과학에 가깝다. 하지만 몇 가지 면에서 중요한 역사적 의미를 담고 있다. 첫째, 인터넷이 근무 환경의 일상적인 한 부분으로 자리잡은 모습을 보여준다. 동영상이 제작됐을 당시, 인터넷은 개인은 고사하고 회사에서도 거의 사용되고 있지 않았다. 주로 일부 대학과 군 관련 정부 기관에서 사용되고 있을 뿐이었다. 둘째, 태블릿 컴퓨터가 등장한다. 그러나 인공지능 연구자들에게 가장 중요한 역사적 의미는 에이전트를 통한 컴퓨터 사용 아이디어를 보여줬다는 것이다.

에이전트 기반 인터페이스는 이전에 사용됐던 컴퓨터 인터페이스와는 완전히 달랐다. 예를 들어 마이크로소프트 워드나 인터넷 익스플로러를 사용할 때, 이런 응용 프로그램들은 수동적인 역할을 할 뿐, 스스로 제어하며 작동하지 않는다. 즉, 마이크로소프트 워드가 무슨 일을 한다면, 그것은 사용자가 메뉴 항목을 골라 마우스로 클릭했기 때문이다. 이때 사용자와 마이크로소프트 워드 사이에 에이전트는 단 하나뿐이다. 바로 사용자다.

에이전트 기반 인터페이스는 사용 방식을 완전히 바꿔버렸다. 수동적으로 마냥 명령을 기다렸던 기존 컴퓨터와는 달리, 에이전트는 사용자가 원하는 일은 무엇이든 능동적으로 수행하며 마치 비서처럼 일한다.

지식 내비게이터 비디오에 등장하는 에이전트는 실제 사람이 아닌 동영상이다. 에이전트는 화상전화의 상대방 같은 모습을 띠며 영어를 유창하게 말한다. 당시 인공지능 기술을 훌쩍 뛰어넘는 수준일 뿐만 아니라 오늘날에도 여전히 구현할 수 없는 수준을 보여준다. 그러나 당시에 소개된 에이전트의 모습보다 인공지능을 사용해 좀 더 능동적인 소프트웨어를 구현할 수 있다는 아이디어가 중요하다. 이 아이디어는 1990년대 중반 월드 와이드 웹의 빠른 확산 덕분에 힘을 얻었고 소프트웨어 에이전트에 대한 관심도 급속히 증가했다.

MIT 미디어랩 소속인 벨기에 태생의 페티 메이즈Pattie Maes 교수가 쓴 〈일과 정보 과부하를 줄여주는 에이전트Agents that Reduce Work and Information Overload〉[10]는 당시의 연구 경향을 잘 보여준다. 많은 연구자가 읽은 그 논문에는 이메일 관리 에이전트, 미팅 일정 관리 에이전트, 뉴스 정리 에이전트, 음악 추천 에이전트 등 메이즈 교수 연구실에서 개발한 여러 종류의 에이전트들이 등장한다. 예를 들어 이메일 관리 에이전트는 이메일을 받았을 때의 사용자 행동을 관찰한다(예: 이메일을 받으면 바로 읽는다./지우지 않고 쌓아둔다./바로 지운다. 등). 그리고 머신러닝 알고리즘을 사용해 새 이메일을 받은 사용자 행동을 예측한다. 이메일 관리 에이전트는 일정 수준 이상의 예측 정확도에 도달하면, 사용자 명령 없이도 예측에 따라 이메일을 처리한다.

이후 10년 동안 수백 개의 비슷한 에이전트가 개발됐으며 상당수는 인터넷용이었다. 월드 와이드 웹이 사용되기 시작했을 당시, 검색 소프트웨어는 초보 수준이었고 인터넷 접속 속도 또한 오늘날에 비해 매우 느렸다. 따라서 일상적으로 웹에서 할 수 있는 여러 작업 가운데 시간이 오래 걸리는 일들이 많았다. 바로 이런 지루하고 단조로운 일들을 에이전트를 통해 자동화하고자 했다.[11] 1990년대 후반, 월드 와이드 웹에 대한 관심이 폭발적으로 증가했고 닷컴 열풍과 함께 수많은 에이전트 스타트업들이 생겨났다.

사실 나도 그 열풍에 동참했다. 1996년 여름, 내 친구 가운데 몇몇이 큰 꿈에 부풀어 런던에 스타트업을 창업하고는 나에게 합류할 것을 제안했다. 그들은 내게 당시 내 연봉의 세 배를 제시했다. 나는 깊이 생각할 겨를도 없이 바로 수락했다. 우리는 에이전트를 사용해 웹 검색 기능을 향상시키고자 했다. 또한 월드 와이드 웹을 도서관처럼 만들 생각이었다. 그러나 우리는 사업에 문외한들이었다. 게다가 솔직히 말해 상업용 소프트웨어 제작에 대해 잘 알지 못했다. 얼마 후 우리가 투자자의 돈을 게 눈 감추듯 써버리면서도 어떻게 해야 돈을 벌 수 있는지 모른다는 사실이 명확해졌다. 나는 9개월 만에 회사를 떠났고, 내가 떠난 지 8개월 후에 회사도 문을 닫았다.

공교롭게도 나의 쓰디쓴 스타트업 경험은 몇 년 후 전 세계를 휩쓸었던 닷컴 버블의 끝을 가늠하게 해줬다. 잘 알다시피 닷컴 버블은 1995년부터 2000년대 초까지 지속됐다. 환상을 팔아 시가총액만 키운 신생 인터넷 기업들이 수익을 내지 못한 채 자금난에 시달리기 시작했다. 2000년대 초 닷컴 버블은 꺼졌다.

소프트웨어 에이전트는 닷컴 버블의 한 부분에 불과했다. 하지만 닷컴 버블 시대에 등장한 인공지능 기술 가운데 가장 눈에 띄었다. 그리고 인공지능 연구자들의 생각은 틀리지 않았다. 단지 당시 기술이 완전하지 않았을 뿐이다. 20년 후, 셰이키를 개발한 스탠퍼드 연구소SRI International에서 시리Siri라는 앱을 개발했고, 애플의 기본 앱으로 출시됐다.

시리는 1990년대 소프트 에이전트 연구의 직접적인 결과물이었다. 당시의 하드웨어 기술로는 충분한 성능의 컴퓨터를 만들 수 없었던 탓에 20년이 지난 시점에야 등장하게 됐다. 시리와 같은 소프트웨어 에이전트를 만들기 위해서는 2010년 이후에 등장한 모바일 기기에서나 사용할 수 있는 고성능 컴퓨팅이 필요했다.

수많은 인공지능 연구자들은 시리를 보며 애플의 지식 내비게이터 동영상을 떠올렸다. 시리는 사용자가 자연어로 조종할 수 있으며 사용자를 대신해 간단한 일을 할 수 있는 소프트웨어 에이전트로 여겨졌다. 얼마 후 시리와 비슷한 소프트웨어 에이전트들이 뒤따라 출시됐다. 아마존의 알렉사Alexa, 구글 어시스턴트Assistant, 마이크로소프트 코타나Cortana 등이 시리와 비슷한 목적으로 구현됐다. 거슬러 올라가면 모두 에이전트 기반 인공지능에서 유래했다.

합리적으로 행동하기

사람들은 자신들을 대신해 효과적으로 일할 수 있는 에이전트 제작을 인공지능 분야의 새로운 연구 주제로 생각하기 시작했다. 이런 변화 속에 흥미로운 질문이 제기됐다. 튜링 테스트는 구분할 수 없을 만큼 사람처럼 작동하는 인공지능 제작이 인공지능 연구의 목적이라는 생각을 심어줬다. 그러나 우리를 대신해 작동하는 에이전트 제작이 목적이라면 에이전트가 사람과 똑같이 결정하는지 여부는 중요하지 않다. 분명 우리는 에이전트가 좋은 결정, 아니 최적의 결정을 내리길 바란다. 결과적으로 인공지능의 목적이

'사람처럼 결정하는 에이전트 만들기'에서 '최적의 결정을 내리는 에이전트 만들기'로 변하기 시작했다.

최적 의사결정 이론은 인공지능 연구 전반에서 매우 중요하다. 이 이론의 유래를 찾아 시간을 거슬러 올라가면 1940년대 존 폰 노이만의 연구에까지 다다른다. 1장에서 다루었던 폰 노이만은 초창기 컴퓨터 설계에서 매우 중요한 공헌을 했다. 그는 동료인 오스카 모르겐슈테른Oskar Morgenstern과 합리적인 의사결정에 관한 수학 이론을 개발했다. 또한 이 이론을 통해 합리적인 의사결정 문제가 수학 계산 문제로 기술될 수 있다는 사실을 보여줬다.[12] 에이전트 기반 인공지능 연구자들은 두 사람의 이론을 사용하면 최적의 의사결정을 내릴 수 있는 에이전트를 만들 수 있다고 생각했다.

이론의 출발점은 다름 아닌 사용자 **선호도**preference다. 에이전트가 사용자를 대신하려 한다면 에이전트는 우선 사용자가 원하는 것을 알아야 한다. 사용자는 에이전트가 최대한 자신이 원하는 대로 결정하기를 원한다. 그렇다면 에이전트에게 사용자 선호도 정보를 어떻게 알려줄 수 있을까? 에이전트가 사과, 오렌지, 배 가운데 하나를 골라야 한다고 가정해보자. 에이전트가 자신의 사용자를 위해 최선을 다하려면 사용자가 무엇을 좋아하는지 알아야 한다. 사용자 선호도가 다음과 같다고 가정해보자.

배보다 오렌지를 좋아한다.

사과보다 배를 좋아한다.

이 예는 **선호도 관계**를 간단히 보여준다. 만약 에이전트가 사과와 오렌지 사이에 하나를 골라야 하는 상황에서 오렌지를 고른다면 사용자는 만족할 것이다. 반대로 사과를 골라준다면 사용자는 실망할 것이다. 폰 노이만과 모르겐슈테른은 선호도 관계가 일관성이라는 기본 조건을 만족시켜야 한다고 주장했다. 예를 들어, 다음과 같은 사용자 선호도를 생각해보자.

배보다 오렌지를 좋아한다.

사과보다 배를 좋아한다.

오렌지보다 사과를 좋아한다.

그런데 선호도 관계가 이상하다. 에이전트 사용자가 배보다 오렌지를 좋아하고 사과보다 배를 좋아하다면 당연히 사과보다 오렌지를 좋아한다고 결론지을 수 있다. 그러나 이 결론은 마지막 문장과 모순된다. 결론적으로 사용자의 선호도 관계에 일관성이 없다. 만약 에이전트가 사용자로부터 이런 선호도 정보를 받는다면 에이전트는 사용자를 위해 좋은 결정을 내릴 수 없다.

다음 단계로 결과에 값을 매기기 위해 일관성을 갖춘 선호도를 **효용도**utility라는 개념을 사용해 숫자로 나타낼 수 있는지 확인해야 한다. 그 값이 크면 클수록 결과에 대한 선호도가 더 높다. 가령 첫 번째 예에서 오렌지의 효용도에 3, 배의 효용도에 2, 사과의 효용도에 1을 준다. 3은 2보다 크고 2는 1보다 크기 때문에 이 효용도들은 첫 번째 선호도 관계를 올바르게 나타낸다. 오렌지, 배, 사과의 효용도들에 각각 10, 9, 0을 지정할 수도 있다. 이 경우 값의 크기 자체는 중요하지 않다. 그보다는 효용도에 따라 결정할 수 있는 결과물의 순위가 중요하다. 이때 일관성 조건을 만족해야지만 산술 효용도를 사용해 선호도를 나타낼 수 있다. 이 설명이 잘 이해되지 않는다면 선호도 관계에 일관성이 없는 두 번째 예에서 오렌지, 배, 사과에 효용도로 숫자를 지정할 수 있는지 확인해보라!

효용도값으로 선호도를 나타내는 이유는 하나다. 바로 최적 선택 문제를 계산 문제로 바꾸어 풀 수 있기 때문이다. 에이전트는 사용자를 대신해 효용도값을 극대화하는 선택을 한다. 이는 곧 사용자가 가장 원하는 선택을 했다는 뜻이 된다. 이런 종류의 문제를 최적화 문제라 부르며 많은 수학자가 집중적으로 연구해온 대상이다.

그러나 불행히도 실제 선택 문제는 불확실성 때문에 지금까지 설명한 것처럼 간단하지 않다. **불확실성하의 선택**choice under uncertainty 문제에서는 다수의 결과가 나올 수 있는 시나리오를 다뤄야 한다. 이때 각각의 결과에 대해서는 확률값이 함께 주어진다.

이러한 설명을 이해하기 위해 에이전트가 두 가지 가운데 하나를 선택해야 하는 다음과 같은 시나리오[13]를 살펴보자.

선택 1: 정상 동전을 던진다. 에이전트는 앞면이 나오면 400원을 받고, 뒷면이 나오면 300원을 받는다.

선택 2: 정상 동전을 던진다. 에이전트는 앞면이 나오면 600원을 받고, 뒷면이 나오면 돈을 받지 못한다.

에이전트는 어떤 선택을 해야 할까? 내 생각에 선택 1이 더 좋다. 그런데 선택 1이 왜 더 좋을까? 선택의 이유를 이해하려면 **기대 효용도**라는 개념을 알아야 한다. 기대 효용도는 무언가 선택했을 때 얻을 수 있는 평균적인 결괏값이다.

먼저 선택 1을 생각해보자. 동전은 앞면과 뒷면 어느 면으로도 치우치지 않고 공평하다. 이 경우 앞면과 뒷면이 나오는 횟수는 각각 동전을 던진 전체 횟수의 절반씩일 것이라 기대할 수 있다. 결과적으로 에이전트는 절반은 400원을, 나머지 절반은 300원을 받을 것이다. 그러므로 선택 1을 골랐을 때 받을 것으로 기대되는 돈은 평균 (0.5×400원)+(0.5×300원)=350원이며, 이 값이 선택 1의 기대 효용도다.

물론 에이전트가 선택 1을 골랐더라도 실제 받는 돈은 다를 것이다. 그러나 동전을 충분히 많이 던지고 그때마다 선택 1을 고른다면 동전을 던질 때마다 평균 350원을 받을 것이다. 같은 논리로 선택 2의 기대 효용도는 (0.5×600원)+(0.5×0원)=300원으로, 선택 2를 골랐을 때 평균 300원을 받을 것이다.

합리적인 선택에 관한 폰 노이만과 모르겐슈테른의 기본 이론에 따르면 합리적인 에이전트는 기대 효용도를 극대화하는 선택을 한다. 그리고 앞서 본 예에서 선택 1과 2의 기대 효용도는 각각 350원과 300원이므로 기대 효용도를 극대화하려면 선택 1을 골라야 한다.

선택 2는 선택 1에서 불가능한 600원을 받을 수 있다는 가능성으로 사용자를 유혹한다. 그러나 선택 2에서 600원을 받는 가능성은 한 푼도 받지 못하는 가능성을 고려해 계산돼야 한다. 이것이 선택 1의 기대 효용도가 선택 2의 기대 효용도보다 높은 이유다.

사람들은 **기대 효용도 극대화**를 종종 크게 오해한다. 사람의 선호도와 선택을 수학 계산문제로 바꾼다는 생각을 불편해하는 사람도 있다. 이는 효용도가 곧 돈이라는 혹은 효용도 이론이 어떤 의미에서 이기적이라는(짐작건대 기대 효용을 극대화하는 에이전트는 오직 자신의 목적만 고려해 결정하기 때문에) 잘못된 믿음에 기인한다.

그러나 효용도는 단지 선호도를 나타내는 숫자일 뿐이다. 폰 노이만과 모르겐슈테른의 이론은 개개인의 선호도와는 완전히 독립적이다. 이 이론을 사용하면 천사와 악마 양쪽 모두의 선호도를 잘 다룰 수 있다. 예를 들어 누군가 다른 사람만 신경 쓴다고 해도 문제없다. 그 사람의 이타심이 그 사람의 선호도에 포함될 것이다. 결과적으로 효용도 이론은 세상의 수많은 이기적인 사람들뿐만 아니라 이타적인 사람들에게도 적용될 것이다.

1990년대 사용자를 대신해 합리적으로 동작하는 에이전트를 만들자는 아이디어는 폰 노이만과 모르겐슈테른이 정의한 합리성과 합쳐져 인공지능의 새로운 정설이 됐고 오늘날까지 이어지고 있다.[14] 오늘날 다양한 인공지능 연구를 하나로 통합하는 공통된 특징이 있다. 거의 모든 인공지능 시스템 안에는 사용자의 선호도를 나타내는 숫자형 효용도 모델이 있고, 인공지능 시스템은 그 모델에 따라 기대 효용도를 극대화해 사용자 대신 합리적으로 동작한다는 점이다.

불확실성 다루기

불확실성은 인공지능 분야의 오래된 문제로 1990년대 들어 좀 더 활발히 다뤄지기 시작했다. 실제 사용되는 인공지능 시스템이라면 불확실성을 다룰 수 있어야 했다. 게다가 때로는 아주 많은 불확실성을 다뤄야 했다. 예를 들어 자율주행차는 센서를 통해 많은 데이터를 얻는데 센서가 언제나 완벽하지는 않다. 즉, 거리 센서가 "장애물 없음"이라고 이야기했으나 틀렸을 가능성은 언제나 있다. 물론 거리 센서 데이터는 여전히 필요하다. 다만 그 데이터 값이 맞는다고 가정할 수 없을 뿐이다. 그렇다면 데이터 오류 가능성을 고려할 때 어떻게 센서 데이터를 사용해야 할까?

인공지능 분야에서 불확실성을 다루기 위한 임시방편적인 방법들이 많이 개발됐다. 그러다 1990년대 이르러 **베이지안 추론**Bayesian Inference이라는 방법이 등장해 널리 퍼졌다. 이 방법은 18세기 영국 수학자 토머스 베이즈Thomas Bayes가 만들었다. 베이즈는 오늘날 사람들이 그의 업적을 기려 **베이즈의 정리**Bayes' Theorem라 부르는 기법을 공식으로 만들었다. 이 기법은 새로운 정보가 주어졌을 때, 기존 믿음을 어떻게 합리적으로 수정해야 하는지에 관한 것이다. 자율주행차를 예로 들면 믿음은 차 앞에 장애물이 있는지 여부와 관련 있으며 새로운 정보는 센서 데이터다.

다른 것은 차치하고라도 베이즈의 이론은 불확실성을 포함한 인지 결정을 다루는 데 사람들이 얼마나 미숙한지 잘 보여주기 때문에 재미있다. 설명을 좀 더 잘 이해할 수 있도록 다음 시나리오를 고려해보자.

> 천 명당 한 명꼴로 강력한 신종 독감 바이러스에 감염된다. 독감 검사법이 개발됐고 정확도는 99퍼센트다. 당신이 즉흥적으로 검사를 받았는데, 양성 반응이 나왔다. 당신은 검사 결과에 얼마나 신경 써야 할까?

나는 양성 반응 결과를 받은 사람들 대부분이 결과에 매우 민감해할 것이라 생각한다. 게다가 테스트 정확도가 무려 99퍼센트가 아니던가? 그러므로 사람들에게 누군가 양성 판정을 받았을 때 실제로 독감에 걸렸을 확률을 묻는다면, 대부분의 사람이 테스트 정확도값과 같은 99퍼센트라고 답할 것이다.

그런데 사람들의 생각은 완전히 틀렸다. 독감에 걸렸을 확률은 약 10퍼센트에 불과하다. 예상과는 전혀 딴판인 이런 결과가 도대체 어떻게 나온 것일까?

1,000명의 사람을 무작위로 뽑아 독감 검사를 했다고 가정해

보자. 1,000명 가운데 실제로 한 명 정도만이 독감에 걸린다는 사실은 이미 알고 있다. 그러므로 독감 검사 당시 한 명만 독감에 걸려 있었고, 나머지 999명은 독감에 걸리지 않았다고 가정한다.

먼저 독감에 걸린 불쌍한 사람을 생각해보자. 검사 정확도가 99퍼센트이므로, 실제로 독감에 걸린 사람을 99퍼센트 정확도로 판정할 것이다. 그러므로 이 사람의 검사 결과는 확률 99퍼센트로 양성 판정이 나올 것이다.

이제 독감에 걸리지 않은 행운아 999명의 사람을 생각해보자. 검사 정확도가 99퍼센트이므로 독감에 걸리지 않은 사람도 100번에 한 번꼴로 독감에 걸렸다고 오진할 것이다. 그런데 지금 독감에 걸리지 않은 999명의 사람을 검사하고 있다. 그러므로 9명 내지 10명의 사람이 양성 판정을 받을 것이다. 바꿔 말해 999명 가운데 9명 내지 10명은 독감에 걸리지 않았음에도 독감 양성 판정을 받을 것이다.

그러므로 1,000명을 대상으로 독감 테스트를 했을 때 약 10명 내지 11명이 양성 판정을 받을 것으로 예상된다. 그러나 양성 판정을 받은 사람들 가운데 단지 한 명만이 실제로 독감에 걸렸다고 생각할 수 있다.

간단하게 다시 설명하면 소수의 사람만이 실제로 독감에 걸렸으므로, '양성 판정을 받았고 실제로도 독감에 걸린 사람'보다 '양성 판정을 받았으나 실제로는 독감에 걸리지 않은 사람'이 훨씬 많을 것이라는 뜻이다. 이런 이유로 의사들은 한 가지 검사만으로 병을 진단하려 하지 않는다.

베이지안 추론이 로봇 공학에서 어떻게 사용될 수 있는지 한 가지 예를 통해 살펴보자. 로봇이 미지의 공간을 탐색한다고 가정한다. 미지의 공간은 머나먼 행성일수도 혹은 지진으로 폐허가 된 건물일 수도 있다. 로봇의 임무는 공간을 탐색해 지도를 그리는 일이다. 로봇은 센서를 통해 주변 환경을 인지할 수 있다. 그런데 센서가 종종 오작동한다는 문제가 있다. 이에 로봇이 탐색하던 도중 장애물을 발견해도 그 발견은 맞을 수도 틀릴 수도 있어 확실한 사실을 알 수 없다. 이런 문제를 무시하고 로봇의 센서 데이터가 언제나 옳다고 가정하면 틀린 정보를 사용해 결정을 내리고 장애물로 돌진할 수도 있다.

바로 이 시점에 베이즈의 정리가 다음과 같이 사용된다. 앞서 본 독감 검사와 마찬가지로 장애물이 있다는 믿음을 업데이트하기 위해 센서 데이터가 맞을 확률을 사용할 수 있으며 여러 종류의 관찰을 통해 점진적으로 지도를 정교하게 고친다.[15] 이런 과정을 통해 장애물의 위치를 점진적으로 알 수 있다.

베이즈의 정리는 불완전한 데이터를 다루는 올바른 방법을 제공하기 때문에 중요하다. 베이즈 덕분에 우리는 데이터를 무턱대고 버리거나 받아들이지 않을 수 있다. 그 대신 베이즈 정리를 활용해 세상이 어떠한지에 대한 확률적 믿음을 업데이트한다.

베이즈의 이론이 강력하기는 하지만, 이 방법을 인공지능에서 사용하려면 많은 일을 수행해야 한다. 많은 경우 인공지능에서는 서로 복잡하게 얽히고설킨 수많은 데이터를 다뤄야 하기 때문이다. 인공지능 연구자들은 데이터 사이의 복잡한 연관성을 다루기 위해 **베이지안 네트워크**Bayesian network(혹은 간단히 **베이즈 넷**)를 만들었다. 베이즈 넷은 데이터 사이의 연관성을 시각적으로 나타낸다. 베이즈 넷이 오늘날과 같은 형태로 발전한 데는 주디아 펄Judea Pearl의 공이 크다. 펄은 인공지능에서 확률의 역할을 이해하고 명확히 설명하기 위해 어느 누구보다도 많은 연구를 해온 매우 영향력 있는 연구자다.[16]

그림 12의 간단한 베이즈 넷을 살펴보자. 이 베이즈 넷은 '감기에 걸렸다.' '콧물이 흐른다.' '두통이 있다.'는 세 개 가설 사이의 관련성을 보여준다. 가설 사이의 화살표는 가설 사이의 관련성을 의

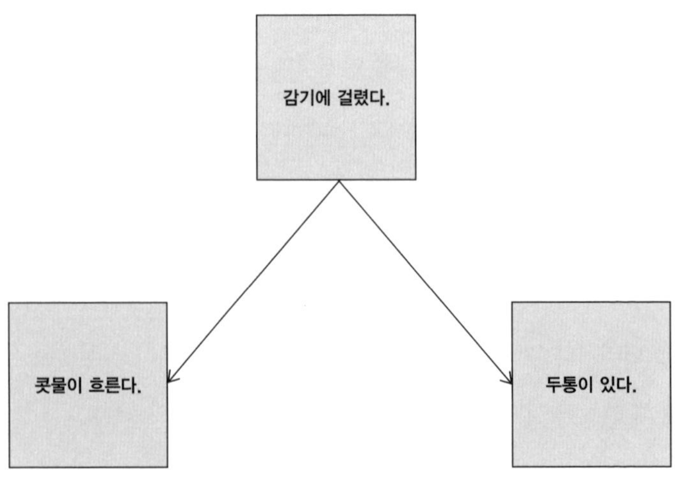

그림 12 간단한 베이즈 넷

미한다. 간단히 설명하면 가설 X에서 가설 Y로의 화살표는 X라는 사실이 Y라는 사실에 영향을 끼친다는 뜻이다. 예를 들어 당신이 감기에 걸렸는지 여부는 당신이 콧물을 흘리는지 여부에 영향을 끼친다. 그리고 당신이 콧물을 흘린다면 이는 당신이 감기에 걸렸을 가능성이 있음을 의미한다. 이처럼 다양한 가능성 사이의 관련성을 베이지안 추론을 사용해 알 수 있다. 이 이론에 대해 좀 더 상세한 내용을 알고 싶다면 부록 D에서 볼 수 있다.

시리가 시리를 만났을 때

닷컴 열풍은 2000년대 들어서 끝이 났지만 에이전트에 대한 관심은 방향을 약간 틀어 계속 이어졌다. 인공지능 연구자들이 새롭게 관심을 보인 문제는 "소프트웨어 에이전트끼리 서로 정보를 주고받을 수 있다면 어떤 일이 가능할까?"였다. 사실 이런 생각은 완전히 새로운 것은 아니었다. 지식 기반 인공지능에 관한 연구가 한창이던 때, 연구자들은 서로의 전문 지식을 공유하는 지식 기반 에이전트를 생각했으며 이들끼리 서로 질문하고 답할 때 사용할 인공 언어까지 개발했다.

2000년대의 **다중 에이전트 시스템**에는 한 가지 큰 차이점이 있었다. 나는 내 에이전트가 다른 에이전트와 정보를 주고받되 나를 위해 최선을 다해 일하기를 바란다. 상대방은 자신의 에이전트가 다른 에이전트와 정보를 주고받되 자신을 위해 최선을 다해 일하기를 바란다. 그런데 나의 관심사와 선호도가 상대방의 관심사 및 선호도와 다르다면 나와 상대방의 에이전트들 또한 관심사와 선호도가 다를 것이다. 그리고 이런 상황에 처한 에이전트들은 사람들이 일상생활 속에서 서로에게 영향을 끼치며 함께 생활할 때 사용하는 사회적 기술들을 모방할 필요가 있다. 이런 능력을 갖춘 에이전트 제작이 인공지능 연구자들에게 새로운 문제로 떠올랐다.[17]

이전의 인공지능 연구에서 이런 사회성이 고려되지 않았다는 사실은 다소 이상해 보인다. 그러나 다중 에이전트 시스템이 등장하기 전, 연구자들은 오직 개별 에이전트를 개발하는 데 집중했을 뿐 에이전트끼리의 상호 작용에 대해서는 고려하지 않았다. 덕분에 다중 에이전트의 개념은 인공지능 연구를 꽤 근본적으로 변화시켰다. 단일 에이전트의 경우, 사용자를 대신해 무슨 일을 해야 하는지에 대한 판단이 중요했다. 예를 들어 내 에이전트가 나를 대신해 좋은 선택을 하고 실행하다면 나는 분명 만족할 것이다. 그러나 다중 에이전트의 경우, 에이전트의 선택이 사용자에게 좋을지 나쁠지는 적어도 부분적으로 다른 에이전트의 선택에 영향 받을 것이다. 그러므로 내 에이전트는 선택을 할 때 이전과는 달리 다른 에이전트의 선택을 고려해야 한다. 반대로 다른 에이전트 또한 선택을 할 때 내 에이전트의 선택을 고려해야 할 것이다.

사실 이런 상황은 경제학의 한 분야로 전략적인 의사결정을 연구하는 **게임이론**game theory 분야에서 연구된 바 있었다.[18] 이름에서 알 수 있듯이 게임이론은 체스나 포커 같은 게임을 연구했던 데서 그 기원을 찾을 수 있다. 그러나 사실 여러 경쟁자가 존재하는 가운데 의사결정을 해야 하는 모든 곳에 적용될 수 있다.

가장 유명한 게임이론 가운데 하나인 **내시 균형**Nash Equilibrium은 다중 에이전트 시스템의 의사결정에 대한 토대를 형성했다. 내시 균형은 매커시의 여름학교에도 초청받아 참석한 적 있었던 존 포브스 내시 주니어가 정리한 개념이다. 그는 내시 균형에 관한 연구를 인정받아 존 허샤니John Harsanyi, 라인하르트 젤텐Reinhard Selten 등과 함께 1994년 노벨 경제학상을 공동 수상했다.

내시 균형의 기본 아이디어는 이해하기 쉽다. 두 개의 에이전트가 있고, 각각 무언가 선택해야 한다고 가정하자. 첫 번째 에이전트와 두 번째 에이전트는 각각 X와 Y를 선택했다. 과연 어느 경우에 두 에이전트가 좋은 선택을 했다고 말할 수 있을까? 내시 균형 이론에 따르면, 두 에이전트 모두 자신의 선택을 후회하지 않을 경우 그들의 선택은 좋은 결정이다. 또한 기술적으로 둘은 내시 균형을 이룬 것이다.

> 두 번째 에이전트가 Y를 선택했다는 가정하에, 첫 번째 에이전트는 X를 선택한 일이 자신에게 가장 좋았다며 만족한다.
>
> 첫 번째 에이전트가 X를 선택했다는 가정하에, 두 번째 에이전트는 Y를 선택한 일이 자신에게 가장 좋았다며 만족한다.

내시 균형에서 두 에이전트가 균형을 이뤘다고 말하는 이유는 어느 에이전트도 다른 선택을 해서 더 나은 것을 얻을 수 없기 때문이다.

다중 에이전트 시스템 연구자들은 의사결정의 기본 정책으로 내시 균형과 같은 게임이론을 앞다퉈 사용했다. 그러나 알려진 대로 이런 접근에도 문제가 있었다. 내시는 1950년대 자신의 이론을 만들며 내시 균형을 계산하는 일 따위는 전혀 고민하지 않았다. 사실 고민할 필요도 없었다. 그러나 내시 균형 이론을 사용하는 다중 에이전트 시스템을 만들려면 내시 균형 계산은 핵심적인 문제다. 우려했던 대로 내시 균형은 계산하기 어려웠고, 내시 균형의 효율적인 계산은 오늘날까지도 인공지능의 주요한 연구 주제로 남아 있다.

인공지능의 성숙

1990년대 후반, 에이전트 시스템은 인공지능 분야에 확실히 자리 잡았다. 사람들은 에이전트를 만들고 자신이 원하는 일을 시켰으며, 에이전트들은 사용자를 대신해 기대 효용 이론에 따라 합리적으로 결정하며 맡겨진 일을 처리했다. 에이전트들은 베이즈 넷 혹은 그와 비슷한 방식으로 표현된 세상을 이해하며 베이지안 추론 방식을 사용해 세상에 대한 믿음을 관리했다.

연구자들은 에이전트의 의사결정 체계를 만들기 위해 게임이론으로 눈을 돌렸다. 에이전트 시스템은 범용적인 인공지능이 아닐 뿐만 아니라 범용적인 인공지능을 만들 수 있는 어떤 방법이나 과정도 제시하지 않았다. 그러나 1990년대 후반 점점 더 많은 인공지능 연구자들이 에이전트 시스템의 효용성과 가치를 인정했다. 이로 인해 인공지능 연구자들의 생각도 변하기 시작했다. 그간 인공지능 연구자들은 아무거나 하나 걸렸으면 하는 심정으로 어둠 속을 더듬듯 연구해왔으나 처음으로 그런 느낌이 들지 않았다. 에이전트 시스템에는 확률 이론과 합리적 의사결정 이론의 검증된 기법에 기반을 둔 과학적인 근거가 잘 갖춰져 있었다.

1990년대 후반, 인공지능 분야에서 두 가지 놀라운 성과가 나타났다. 첫 번째 성과는 전 세계에 널리 보도됐다. 두 번째 성과는 첫 번째 성과 못지않았으나 인공지능 연구자 이외의 사람들에게는 알려지지 않았다.

첫 번째 성과의 주인공은 IBM이었다. IBM은 1997년 딥블루DeepBlue라는 인공지능 시스템을 만들었다. 그리고 인공지능 시스템이 세계 체스 챔피언인 러시아의 가리 카스파로프Garry Kasparov를 체스로 이길 수 있다는 사실을 보여줬다. 딥블루와 카스파로프와의 첫 번째 대결은 1996년에 이뤄졌으며 카스파로프가 4:2로 승리했다. 이듬해 딥블루는 한 단계 업그레이드됐고 카스파로프와의 체스 시합에서 승리했다. 카스파로프는 IBM이 속임수를 쓴다고 의심하며 패배를 불쾌하게 여기는 듯했다. 그러나 이후 딥블루와의 시합을 이야기하며 자신의 화려한 체스 이력에 기록된 패배의 경험까지도 즐거워했다. 그 시합 이후 인공지능 시스템의 입장에서 사람과의 체스 사항은 어렵지 않은 게임으로 여겨졌다. 즉, 최고의 체스 챔피언을 안정적으로 이길 수 있는 인공지능 시스템이 항상 존재했다.

딥블루의 성공 원인은 크게 다음 두 가지에서 찾을 수 있다. 첫째, 휴리스틱 탐색이다. 이는 1950년대 아서 새뮤얼이 체커 게임을 만들며 사용했던 기술로 40년간 꾸준히 발전했지만 핵심은 큰 차이가 없었다. 둘째, 다소 논쟁의 여지가 있겠지만, 딥블루가 슈퍼컴퓨터라는 사실이었다. 딥블루는 엄청난 수준의 컴퓨팅 능력에 의존했다. 이로 인해 무식하게 많은 계산을 빠르게 할 수 있을 뿐, 시스템 자체가 인공지능처럼 지능을 갖춘 것은 아니라는 비아냥거림을 들어야 했다. 그러나 이는 자신에게 부여된 컴퓨팅 능력을 십분 활용한 인공지능 기술의 중요성을 너무 낮게 평가하는 것이다. 아무리 컴퓨팅 능력이 높다 해도 완전 탐색 방법을 순진한 방식으로 사용했다면 2장의 하노이 탑 경우에서 살펴봤듯이 체스 프로그램은 제대로 동작하지 않았을 것이다.

딥블루가 카스파로프와의 체스 게임에서 승리했다는 이야기는 많이 알려져 있다. 그러나 두 번째 성과물에 관해서는 체스 게임 승리보다 중요한 의미가 담겨 있음에도 불구하고 들어본 사람이 거의 없을 것이다. 2장에서 NP 완전 문제는 매우 풀기 어렵고 인공지능 분야의 많은 문제들이 NP 완전 문제라고 이야기한 바 있다.

그런데 1990년대 초, NP 완전 문제에 대한 알고리즘 연구가 성과를 거두기 시작했다. 덕분에 20여 년 전과는 달리 NP 완전 문제가 근본적인 한계가 되지 않는다는 사실이 명확해지기 시작했다.[19]

맨 처음 NP 완전 문제로 분류된 SAT(Satisfiability의 줄임말)라는 문제가 있었다. 이는 논리식이 주어졌을 때, 그 논리식을 참으로 만들 수 있는 방법이 있는지 확인하는 문제로 모든 NP 완전 문제 가운데 가장 근본적인 문제라 할 수 있다. 2장에서 NP 완전 문제 하나를 효과적으로 풀 수 있다면 나머지 NP 완전 문제 모두를 자동으로 해결할 수 있다고 이야기했다. 1990년대 말, SAT 해결 프로그램들은 실제 산업에서 사용되기 시작할 만큼 충분히 강력해졌다. 오늘날에는 더욱 좋아져 흔히 사용되는 NP 완전 문제 해결 프로그램이 됐다. 물론 NP 완전 문제를 언제나 효과적으로 풀 수 있다는 뜻은 아니다. 최고의 SAT 풀이 프로그램을 사용해서도 풀 수 없는 문제들이 언제나 있을 것이다. 그러나 이제 NP 완전 문제를 겁낼 필요가 없게 됐다. 이는 지난 40년 동안의 인공지능 성과물 가운데 주요하면서도 잘 알려지지 않은 성과물이다.

1990년대 후반 인공지능의 주류가 된 기술들에 대해 불편해하는 사람들도 있었다. 2000년 7월, 나는 보스턴에서 열린 학회에 참석해 젊고 똑똑한 한 연구자가 새로운 인공지능 기술에 관해 발표하는 것을 들었다. 나는 당시 경험 많은 고령의 인공지능 연구자 옆에 앉아 있었다. 그는 매커시 교수, 민스키 교수 등과 동년배로 인공지능의 황금시대부터 줄곧 인공지능 분야에 몸담아온 연구자였다. 그는 비아냥거리는 말투로 내게 "요즈음 인공지능 연구는 죄다 이 모양인가요?"라고 묻더니 "인공지능의 경이로움은 눈곱만큼도 없군요."라고 말했다. 나는 그가 무슨 연구를 했었는지 알 수 있었다. 그러나 2000년 당시 인공지능 연구에 필요한 경력은 철학, 인지 과학 혹은 논리학이 아닌 확률, 통계, 경제학이었다. 오늘날 인공지능 연구는 매우 창조적인 활동으로 느껴지지 않는다. 그러나 분명한 사실 한 가지는 작동한다는 것이다.

인공지능 연구에 다시 한번 큰 변화가 일어났다. 그러나 이 변화로 인공지능의 미래는 한층 안정적일 듯 보였다. 만약 이 책을 2000년에 썼더라면 나는 자신 있게 에이전트 시스템이 인공지능의 미래이고 내가 인공지능을 연구하는 동안 그 기조에 큰 변화는 없다고 예상했을 것이다. 바꿔 말해 인공지능 분야에 더 큰 변화 없이 누구나 에이전트 시스템을 사용하고 연구할 것 같았다. 그러나 사실 내가 눈치채지 못했을 뿐, 인공지능 연구를 근본부터 뿌리째 흔들 만한 새로운 변화가 수면 아래에서 꿈틀거리고 있었다.

5장

'딥' 돌파구

2014년 1월, 영국 기술 산업 분야에서 일찍이 유래를 찾아볼 수 없는 일이 일어났다. 구글이 딥마인드DeepMind라는 자그마한 회사를 인수한 것이다. 실리콘밸리 기준으로는 평범한 수준의 일이었는지 몰라도, 영국 컴퓨터 기술 분야 기준으로는 매우 이례적인 인수였다. 인수 당시 딥마인드의 직원 수는 25명이 채 안 됐다. 하지만 공식 인수 금액은 무려 4억 유로였다.[1]

표면적으로 딥마인드에는 제품, 기술, 사업 계획 그 어느 것도 없었다. 딥마인드는 완전히 베일에 싸여 있던 데다 그들의 전문 분야인 인공지능 분야에서조차 알려지지 않았다. 세상 사람들은 4억 유로라는 엄청난 인수 금액으로 신문의 헤드라인을 장식한 딥마인드의 정체와 구글이 이 회사에 그만큼의 가치가 있다고 판단한 이유를 궁금해했다.

구글의 딥마인드 인수 후 인공지능이 갑작스럽게 뉴스에서 주요하게 다뤄지자 촉망받는 사업이 됐다. 사람들의 관심도 폭발적으로 높아져 언론은 인공지능에 관한 소식이라면 자그마한 것 하나도 놓치지 않고 보도하려 한다. 그 덕분에 인공지능에 관한 뉴스들이 하루가 멀다 하고 언론에 등장한다. 세계 곳곳의 수많은 국가들이 인공지능의 중요성을 주목하며 효과적인 활용 방법에 대한 답을 찾기 시작했다.

그 결과 국가 주도의 인공지능 계획들이 속속 수립됐다. 기술 기업들이 뒤처지지 않도록 인공지능 연구 개발에 앞다퉈 뛰어들었고 엄청난 규모의 투자가 뒤따랐다. 구글의 딥마인드 인수 이외에도 인공지능 기업 인수 사례는 많이 등장했다. 대표적으로 2015년 우버Uber는 카네기멜론대학의 기계 학습 연구실과 계약을 맺고 한 번에 40여 명의 연구 인력을 확보했다.

수면 아래에서 조용히 연구되던 인공지능이 수면 위로 올라와 과학의 가장 역동적인 연구 분야로 자리잡기까지 10년이 채 걸리지 않았다. 인공지능 기술 가운데 하나인 머신러닝의 급속한 발전 덕분에 변화는 극적으로 이뤄졌다. 머신러닝은 인공지능의 한 분야지만, 지난 60년 동안 다른 분야에서 발전해왔다. 때로는 인공지능과 껄끄러운 관계에 놓이기도 했다.

5장에서 우리는 21세기 머신러닝 기술 혁명이 어떻게 일어났는지 살펴보고자 한다. 머신러닝에 대한 간략한 설명으로 시작해 머신러닝 방법의 하나에 불과했던 신경망이 어떻게 머신러닝의 주인공이 됐는지 살펴볼 것이다. 인공지능의 역사와 마찬가지로 신경망의 역사 또한 굴곡이 많았다. 그간 두 번의 신경망 겨울이 있었고 21세기 초 수많은 인공지능 연구자들은 신경망 기술을 끝난 기술 혹은 끝날 기술로 여겼다. 그러나 **딥러닝**Deep Learning이라는 기술 덕분에 결국 신경망 기술은 성공했다.

5장에서 맨 처음 이야기했던 딥마인드의 핵심 기술 또한 딥러닝이다. 나는 이제부터 딥마인드의 시스템이 어떻게 세상의 주목과 찬사를 받을 수 있었는지 이야기할 것이다. 딥러닝은 분명 강력하고 중요한 기술이지만 인공지능 기술의 최종 단계도 아니다. 그러므로 앞서 다뤘던 다른 인공지능 기술들과 마찬가지로 딥러닝 기술의 한계 또한 상세히 다루려 한다.

머신러닝

머신러닝의 목표는 주어진 입력값에 대해 명확한 방법 없이도 출력값을 계산할 수 있는 프로그램을 만드는 일이다. 대표적인 예로 손글씨를 입력하면 컴퓨터 글자로 변환해 저장하는 문자 인식이 있다. 이때 입력은 손으로 직접 쓴 문장의 그림 파일이며 출력은 문장의 글자를 컴퓨터 글자로 변환해 만든 컴퓨터 문장이다.

우체국 직원들은 문자를 인식하기가 어렵다고 한다. 사람마다 필체도 제각각인 데다 흘려 쓴 글자도 많기 때문이다. 게다가 글자를 적은 우편물 종이는 더러워지고 변형된다. 문자 인식은 명확한 처리 방법을 알지 못하는 문제다. 다시 말해 처리 방식을 알고 있는 보드 게임과는 다르다. 우리는 문자 혹은 문자가 모인 문장을 어떤 규칙과 절차로 인식할 수 있는지 알지 못한다. 완전히 새로운 접근이 필요한 분야라는 말이다. 그리고 새로운 접근으로 제시된 기술이 머신러닝이다.

문자 인식 머신러닝 프로그램이 제대로 작동하려면 학습 과정이 필요하다. 그림 13에서 보듯 일반적으로 '손글씨'와 '손글씨가 실제로 나타내려 한 글자'의 쌍으로 이뤄진 데이터가 사용된다. 방금 설명한 머신러닝 방식을 **지도학습**supervised learning이라 부른다. 이처럼 머신러닝에서는 데이터가 필요하다. 그것도 아주 많이 필요하다. 앞으로도 다루겠지만 머신러닝이 성공을 거두려면 주의 깊게 정리된 학습 데이터가 매우 중요하다.

머신러닝 프로그램을 학습시킬 때, 학습 데이터를 신경 써서 준비해야 하는 이유는 두 가지 정도로 정리된다. 첫째, 실제 가능한 입력값에 비해 학습 데이터가 매우 작다. 그림 13의 예를 생각해 보면 입력할 수 있는 손글씨 모두를 머신러닝 프로그램에게 보여줄 수 없다. 이는 분명 불가능하다. 입력할 수 있는 모든 데이터를 사용해 프로그램을 학습시킬 수 있다면 특별한 기술이 필요 없을

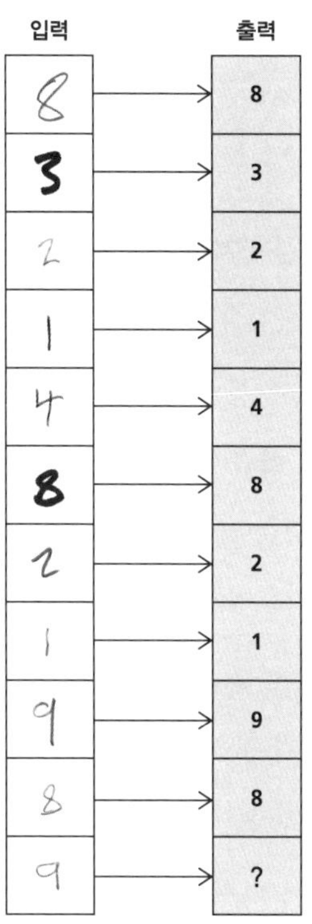

그림 13 손글씨 인식 머신러닝 프로그램용 학습 데이터(이 예에서는 숫자). 이 프로그램의 목적은 손으로 쓴 숫자를 인식하는 것이다.

것이다. 다시 말해 프로그램은 가능한 한 모든 손글씨와 글자 사이의 매핑을 기억했다가 손글씨가 입력되면 대응하는 글자를 찾아 출력하면 된다. 하지만 이런 동작은 머신러닝이 아니다. 프로그램은 전체 입력 가능 데이터의 일부만으로 학습돼야 한다. 그러나 일부라 할지라도 학습 데이터의 양이 너무 적다면 입력 손글씨와 출력 글자를 올바르게 매핑하기에 정보가 부족할 수 있다.

다른 근본적인 문제 하나는 **특징 추출**feature extraction이다. 당신이 은행에서 근무하고 있고 신용 위험도를 판단하도록 프로그램을 학습시키려 한다고 가정하자. 당신에게 필요한 학습 데이터는 신용 우량자 혹은 신용 불량자라고 표시된 수많은 고객들의 기록이다. 일반적으로 고객 기록은 입출금 내역, 대출금 상환 내역 등과 함께 이름, 생일, 주소, 연봉 등의 정보로 이뤄진다. 이런 정보들을 **특징**feature이라 부르며 학습에 사용할 수 있다.

이 모든 특징들을 학습 데이터로 사용하는 일이 타당할까? 사실 몇몇 특징은 고객의 신용 위험도와는 전혀 관련 없을 듯하다. 그런데 문제와 연관된 특징들을 사전에 알지 못한다면 모든 특징을 학습에 사용해야 할 것 같은 강박에 빠질 수 있다. 이럴 경우 **차원의 저주**curse of dimensionality라는 큰 문제가 발생할 우려가 있다. 차원의 저주는 학습 데이터에 포함된 특징이 많으면 많을수록 학습에 필요한 데이터의 양이 많아지고 프로그램의 학습 속도가 점점 느려지는 문제를 일컫는다.

학습 데이터에 포함시킬 특징의 개수를 줄이면 된다고 말할 수도 있다. 그러나 문제가 있다. 첫째, 학습에 필요한 특징, 예를 들어 신용 불량 우려와 연관 있는 특징을 빠트릴 수 있다. 둘째, 특징들을 잘못 선택한다면 머신러닝 프로그램이 **편향**bias될 수 있다. 예를 들어 신용 위험도 평가 머신러닝 프로그램을 고객의 주소 특징만으로 학습시킨다면 지역에 따라 사람을 차별하는 문제가 생길 것이다. 인공지능 프로그램이 편향되거나 편향됐을 때 나타날 수 있는 문제는 뒤에서 좀 더 자세히 다루도록 한다.

강화학습reinforcement learning에서는 머신러닝 프로그램에 어떤 학습 데이터도 직접 주지 않는다. 머신러닝 프로그램은 좋은 선택과 나쁜 선택을 구분하는 평가만 전달받는다. 강화학습은 머신러닝 기반 게임 프로그램을 학습시킬 때 널리 사용된다. 게임에 승리하면 긍정적이라는 평가를, 패배하면 부정적이라는 평가를 전달받는다. 이때 전달받은 평가를 **보상**reward이라 부른다. 이러한 보상을 고려해 프로그램은 다음 경기를 한다. 즉, 긍정적 보상을 받았다면 이번에도 비슷한 방식으로 경기할 가능성이 크고, 부정적 보상을 받았다면 다른 방식으로 경기할 가능성이 크다.

강화학습에는 중요하면서도 풀기 힘든 문제가 하나 있다. 보상을 받기까지 시간이 오래 걸리면 머신러닝 프로그램이 좋은 선택과 나쁜 선택을 구분하기 어렵다는 것이다. 예를 들어 강화학습법을 사용하는 머신러닝 게임 프로그램이 경기에 졌다고 가정해보자. 게임에 졌기 때문에 전달받은 부정적 평가만으로 경기 중에 이뤄진 수많은 선택 가운데 어떤 것이 좋았고 어떤 것이 나빴는지 어떻게 알 수 있겠는가? 모든 선택이 나빴다고 결론짓는다면 이는 분명 지나친 일반화다. 그렇다면 좋은 선택과 나쁜 선택을 어떻게 알 수 있을까? 이런 문제를 **신뢰 할당 문제**credit assignment problem라 한다.

우리는 일상생활에서 신뢰 할당 문제와 종종 마주치곤 한다. 당신이 흡연을 선택했고 미래 어느 시점에 건강에 문제가 생겼다는 부정적인 평가를 전달받았다고 가정하자. 그런데 흡연을 선택하고 너무 오랜 시간이 지난 후에야 부정적 평가를 전달받았다면 어떤 영향이 있을까? 예를 들어, 수십 년이 지나 뒤늦게 받은 평가로는 흡연하면 안 된다고 학습하기 어렵다. 만약 흡연자들이 흡연을 시작하자마자 바로 생명이 위험하다는 부정적 평가를 받았다면 흡연자의 수는 지금보다 훨씬 적을 것이라 확신한다.

지금까지 프로그램의 상세한 학습법은 말하지 않았다. 머신러닝은 하나의 학문 분야로 인공지능만큼 오랜 역사를 가지고 있으며 연구 범위도 넓다. 또한 지난 60년 동안 수많은 머신러닝 기법들이 연구돼왔다. 그러나 최근에 성공적인 사례들이 나오고 있는 것은 다름 아닌 신경망 기술 덕분이다. 사실 신경망 기술은 가장 오래된 인공지능 기술 가운데 하나로, 일부는 1956년 인공지능 여름학교에서 매커시가 제안한 것이다. 이 오래된 기술이 21세기에 들어 엄청난 규모로 부활했다.

신경망이라는 이름에서 추측할 수 있듯이 이 기술은 두뇌 신경 시스템에서 유래한다. **신경 세포체**neuron(뉴런—옮긴이)는 **신경 접합부**synapse와 **축삭돌기**axon를 통해 다른 신경 세포체와 신호를 주고받는다. 일반적으로 신경 세포체는 자신의 신경 접합부를 통해 전기 화학적 신호를 입력받으며, 입력 신호에 따라 출력 신호를 만들어 다른 신경 세포체에게 전달한다. 신경 세포체는 입력받은 여러 신호들을 다르게 평가한다. 다시 말해 신호마다 중요도를 평가하며 때로는 평가 결과에 따라 다른 신경 세포체에게 입력 신호를 전달하지 않기로 결정하기도 한다. 동물들의 신경 시스템은 매우 크다. 사람의 경우, 약 천억 개의 신경 세포체가 망을 이루고 있다. 이때 각 신경 세포체는 수천 개의 다른 신경 세포체와 연결돼 있다.

머신러닝의 신경망 아이디어는 이런 신경 시스템을 컴퓨터 프로그램으로 구현해 사용하자는 것이다. 결국 신경망이 매우 효과적으로 학습할 수 있다는 증거는 다름 아닌 사람의 두뇌인 셈이다.

퍼셉트론(신경망 버전 1)

신경망 연구는 1940년대 미국 연구자 워런 매컬러Warren McCulloch와 월터 피츠Walter Pitts가 수행했던 연구에서 기원을 찾을 수 있다. 두 사람은 간단한 논리회로로 신경 세포체를 모델링할 수 있다는 사실을 알아냈고, 이를 기반으로 직관적이지만 매우 일반적인 신경 세포체 수학 모델을 만들었다. 1950년대에 이르러 프랭크 로젠블랫Frank Rosenblatt이 두 사람의 연구 결과를 구체화해 **퍼셉트론 모델**Perceptron Model이라는 신경망 모델을 만들었다. 퍼셉트론은 실제로 구현된 첫 번째 신경망 모델일 뿐만 아니라 오늘날의 신경망 모델과도 여전히 관련 있는 만큼 매우 중요하다.

그림 14에서 로젠블랫의 퍼셉트론 모델을 볼 수 있다. 이 모델에서 정사각형은 신경 세포체, 즉 뉴런을 나타낸다(신경망 모델에서는 신경 세포체 대신 뉴런이라는 용어로 번역함–옮긴이). 또한 정사각형

의 왼쪽에서 들어오는 화살표는 신경 세포체의 신경 접합부에 해당하는 것으로 입력을 나타낸다. 정사각형의 오른쪽에서 나가는 화살표는 신경 세포체의 축삭돌기에 해당하는 것으로 출력을 나타낸다.

퍼셉트론 모델에서 각 입력에는 **가중치**weight라는 숫자가 있다. 예를 들어 그림 14에서 입력 1, 2, 3의 가중치는 각각 w_1, w_2, w_3이다. 뉴런에서 각 입력은 활성화될 수 있으며 이때 가중치만큼 뉴런을 자극한다. 마지막으로 뉴런에는 그림 14에서 T로 표시된 **활성화 한계치**activation threshold가 있다. 뉴런에 대한 자극이 활성화 한계치 T값을 넘어서면, 뉴런의 출력이 활성화된다. 다시 말해 뉴런에서 활성화된 모든 입력의 가중치를 더해 그 값이 활성화 한계치보다 크면 뉴런은 출력을 활성화한다.

좀 더 구체적으로 설명하기 위해 그림 14에서 모든 가중치가 1이고 활성화 한계치가 2라고 가정하자. 이 경우 세 개의 입력 가운데 두 개가 활성화되면 뉴런의 출력이 활성화된다. 즉, 활성화된 입력이 다수이면 출력이 활성화된다.

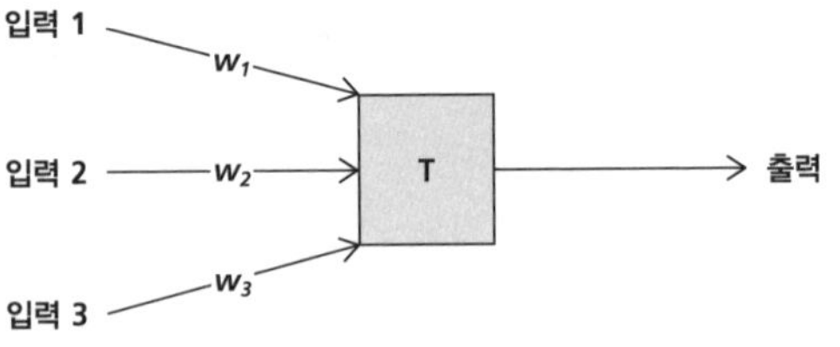

그림 14 로젠블랫의 퍼셉트론 모델에서 단일 뉴런 부분

가정을 약간 바꿔 입력 1의 가중치가 2이고, 입력 2와 3의 가중치가 1이며, 활성화 한계치는 2라고 가정하자. 이 경우 입력 1이 활성화되거나 입력 2와 3이 동시에 활성화되면 혹은 세 개의 입력 모두 활성화되면 뉴런의 출력이 활성화된다.

물론 실제 신경망에는 뉴런이 매우 많다. 그림 15는 세 개의 뉴런으로 이뤄진 퍼셉트론 모델이다. 세 개의 뉴런이 서로 완전히 독립적으로 동작한다는 사실은 중요하다. 게다가 세 개의 뉴런은 가중치가 다르기는 해도 모든 입력을 똑같이 받는다. 즉, 입력 1에 대한 가중치는 입력 1을 받는 뉴런마다 다르다. 또한 각 뉴런의 활성화 한계치는 모두 다르다(T_1, T_2, T_3로 표시) 그러므로 세 개의 뉴런은 서로 다른 것을 계산한다고 생각할 수 있다.

그러나 그림 15의 퍼셉트론 모델은 뉴런의 출력이 다른 수많은

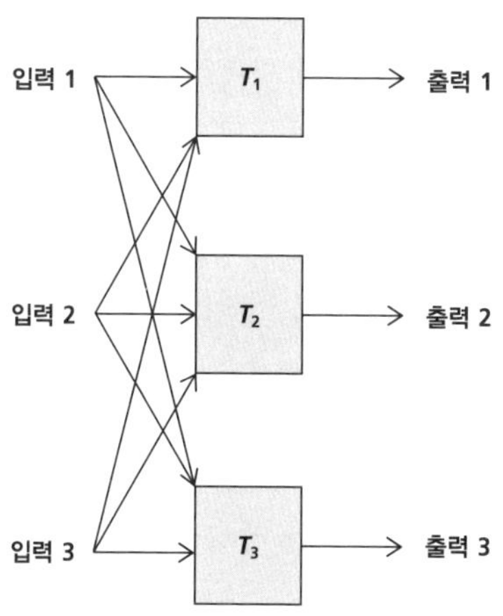

그림 15 단일 계층에 3개의 뉴런으로 이루어진 퍼셉트론 모델

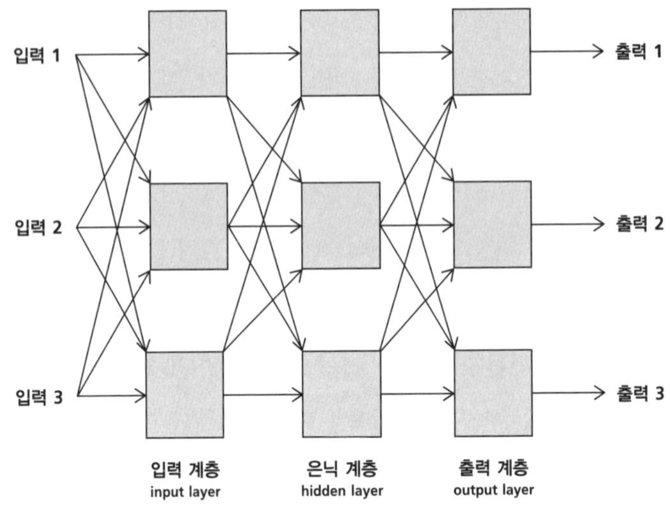

그림 16 세 개의 계층에 아홉 개의 뉴런으로 이루어진 퍼셉트론 모델

뉴런의 입력이 되는 두뇌의 복잡한 연결 구조를 나타내지는 못한다. 사람의 두뇌 구조를 좀 더 명확하게 나타내려면 그림 16과 같이 **계층 구조**layers를 사용해야 한다. 계층 구조의 퍼셉트론 모델을 다층 퍼셉트론이라 한다. 그림 16의 **다층 퍼셉트론 모델**multi-layer perceptron은 세 개의 계층으로 이뤄졌으며 각 계층에는 세 개씩의 뉴런이 있다. 두 번째, 세 번째 계층의 뉴런들은 바로 앞 계층에 있는 뉴런의 출력을 입력으로 받는다.

그림 16에 대해 가장 먼저 이야기할 사항은 신경망의 크기가 크지 않음에도 제법 복잡하다는 것이다. 입력을 포함해 9개의 뉴런 사이에 모두 27개의 연결 지점이 있다. 이때 각 연결 지점에는

고유한 가중치가 할당되며 모든 뉴런에도 고유한 활성화 한계치가 설정된다. 매컬러와 피츠가 연구하던 시절, 이미 계층 구조가 고려되기도 했다. 그러나 연구자들은 다층 신경망을 학습시킬 방법을 전혀 알지 못했고, 결국 단일 계층에 집중할 수밖에 없었다.

각 연결 지점에 설정된 가중치는 신경망의 동작에서 매우 중요하다. 신경망을 분해하면 이 가중치들은 수열 형태로 나온다. 예를 들어 적당한 크기의 신경망에 대해 가중치의 수열은 꽤 길다. 신경망 학습은 이런 가중치들의 적당한 값을 찾는다는 뜻으로, 주어진 입력값이 올바른 출력값에 연결될 수 있도록 학습할 때마다 신경망의 가중치를 조절하는 과정이다. 로젠블랫은 몇 가지 학습 기법을 시험해봤으며 간단한 퍼셉트론 모델을 학습시킬 수 있는 오류 수정법이라는 방법을 찾았다.

오늘날 우리는 로젠블랫의 오류 수정법이 올바른 학습법이며, 이를 사용해 신경망을 언제나 올바르게 학습시킬 수 있다는 사실을 알고 있다. 그러나 오류 수정법에는 매우 큰 제약이 따른다. 1969년 마빈 민스키와 시모어 페퍼트Seymour Papert는 단층 퍼셉트론에 매우 큰 제약이 있다는 연구 결과를 정리해 『퍼셉트론Perceptron』이라는 제목의 책을 썼다.[2]

사실 그림 15의 단층 퍼셉트론은 매우 제한적이어서 입력과 출력 사이의 다양한 관계를 학습할 수 없다. 그러나 당시 책의 독자 대부분이 심각하게 생각한 문제는 퍼셉트론 모델이 매우 간단한 논리 개념인 'XOR exclusive OR'을 학습할 수 없다는 사실이었다. 당신의 신경망에 두 개의 입력이 있다고 가정해보자. XOR 기능은 두 개 입력 가운데 오직 한 개만 활성화됐을 때 출력을 활성화한다(두 개 입력이 활성화됐을 때는 출력이 활성화되지 않는다). 단층 퍼셉트론이 이런 XOR 기능을 학습할 수 없다는 사실은 쉽게 확인할 수 있다(관심 있는 독자는 부록 D에서 더 자세한 내용을 살펴볼 수 있다).

거의 폭탄선언처럼 여겨지는 민스키와 페퍼트의 결론에 대해 사실 오늘날까지도 논쟁의 여지가 남아 있다. 두 사람의 주장은 특정 퍼셉트론의 근본적인 한계를 이론적으로 밝히고 이를 일반화한 것처럼 보인다. 그러나 그림 16과 같은 유형의 다층 퍼셉트론에는 두 사람이 주장했던 제약이 없다. 이는 수학적으로도 확인됐다. 그러나 당시 어느 누구도 다층 퍼셉트론을 어떻게 학습시킬지 알지 못했다. 이론적인 측면에서 가능성은 있었으나 실행할 방법은 없었다. 그리고 과학 기술이 발전해 이론을 실제로 구현하고 실행하기까지 약 20년이 걸렸다.

나는 당시 퍼셉트론 모델에 대한 부정적 반응이 나온 데는 퍼셉트론 모델에 대한 지나친 기대에도 일부 원인이 있었다고 생각한다. 예를 들어 1958년 『뉴욕타임스』에는 다음과 같은 기사가 실렸다.[3]

> 오늘 미 해군은 초기 수준의 전자식 컴퓨터를 공개했다. 미 해군에 따르면 이 컴퓨터는 걷고, 말하고, 보고, 쓸 수 있을 것이며 자기 자신을 재생산할 수도 있을 것이다. 게다가 자기 자신의 존재

성을 인지할 것이라 한다.

정확한 원인이 무엇인지에 대해 논쟁이 있을 수도 있겠지만 1960년대 말 매커시, 민스키, 뉴웰, 사이먼 등이 주도한 기호 인공지능이 관심을 받으며 신경망 연구는 급격히 위축됐다(얄궂게도 신경망 연구가 위축된 지 몇 년 지나지 않아 2장에서 보았듯 인공지능 겨울이 시작됐다). 1971년 로젠블랫이 요트 사고로 세상을 떠나며 신경망 연구는 핵심 연구자까지 잃었다. 만약 사고가 없었다면 인공지능의 역사는 달라졌을지도 모른다. 그러나 그는 세상을 떠났고, 그의 죽음 후 신경망 연구는 10년 이상 멈춰 섰다.

연결주의(신경망 버전 2)

신경망 연구 분야는 1980년대 연구가 재개되기까지 거의 휴면 상태에 있었다. 수면 아래 깊이 가라앉아 있던 신경망 연구를 수면 위로 끌어올린 것은 『병렬 분산 처리Parallel Distributed Processing, PDP』라는 제목의 책이었다.[4] 이 책의 제목은 상당히 흥미롭다. 병렬과 분산은 주요한 컴퓨팅 분야다. 따라서 병렬 분산 처리라는 제목은 이 책이 병렬 컴퓨터 시스템 제작과 관련된 것이지, 인공지능이나 신경망과 연관 있을 것이라는 느낌을 주지 않는다. 만약 제목만 보고 책을 샀다면 그중 몇 명은 신경망에 관한 책 내용을 보고 당황했을지 모른다. 아마도 저자들은 신경망에 관한 독자들의 선입견을 피하기 위해 제목을 그렇게 정한 것으로 보인다.

책은 다층 신경망에 관한 내용을 핵심적으로 다룬다. 저자들은 다층망을 사용해 민스키와 페퍼트가 제기한 단순 퍼셉트론의 한계를 극복할 수 있다는 사실을 보여줬다. 엄밀히 말해 새로운 내용은 아니었다. 그러나 기존 연구와 달리 한 가지 중요한 차이점이 있었다. 앞서 설명했듯이 퍼셉트론 모델에 관한 연구는 주로 단층 신경망에 한정됐다. 이는 당시 어느 누구도 다층 신경망을 어떻게 학습시키고 뉴런 사이의 연결에 할당된 가중치를 최적값으로 조정할 수 있는지 알지 못했기 때문이다. 그런데 『병렬 분산 처리』라는 책에서 **오차역전파** backpropagation 라는 알고리즘을 해결책으로 제시했다. 아마도 이 알고리즘은 신경망 분야에서 가장 중요한 기술일 것이다. 과학에서 흔히 그렇듯이 오차역전파 알고리즘은 수년에 걸쳐 반복된 발명의 과정을 거쳤으며 『병렬 분산 처리』에서 명확한 기법으로 확립됐다.[5]

아쉽게도 오차역전파 알고리즘을 이해하려면 이 책의 범위를 훌쩍 뛰어넘는 대학 수준의 미적분학을 이해해야 한다. 다만 기본 아이디어는 간단히 설명할 수 있다. 오차역전파 기법은 신경망의 출력 계층에서 발생한 오류를 이용해 동작한다(신경망에 고양이 사진을 입력했는데, 개라는 결과가 나왔다고 상상해보자). 오차역전파 알고리즘에서는 신경망을 거슬러 올라가며 오차를 수정해 나간다(역전파라는 이름도 알고리즘의 이런 동작에서 유래했다). 이를 위해 먼저 오차의 분포를 계산한다. 즉, 신경망 가중치들에 대해 오차 정보를 사용해 오차의 등고선을 얻는다. 그리고 등고선에서 가장 기울기가 큰 하강 경로를 찾는다. 이 경로는 현재의 오차를 없애는 가장 빠른 방법을 뜻한다. 이와 같은 과정을 **경사 하강법**gradient descent이라 부르며 출력 계층에서 입력 계층 방향으로 신경망을 거슬러 올라가며 적용된다.

『병렬 분산 처리』에서는 퍼셉트론 모델보다 훨씬 일반적인 신경망을 다룬다. 예를 들어 퍼셉트론 모델은 이진값, 즉 0과 1만을 다룬다. 하지만 『병렬 분산 처리』에서 제시하고 다루는 모델들은 훨씬 일반적이다.

오차역전파 알고리즘 및 새로운 혁신 기법들의 발전 덕분에 20여 년 전의 퍼셉트론 모델로는 꿈도 꾸지 못할 만한 수많은 일들을 신경망을 이용해 처리할 수 있게 됐다. 무엇보다 신경망에 대한 관심이 폭발적으로 증가했다. 그러나 관심은 오래가지 못했고 1990년대 중반에 이르러 신경망 연구는 다시 시들해졌다. 단순히 근본적 한계 때문이 아니었다. 그 당시의 컴퓨터가 『병렬 분산 처리』에서 제시된 새로운 알고리즘을 실행할 만큼 고성능이 아니었기 때문이다. 또한 『병렬 분산 처리』가 출간된 이후, 다른 인공지능 분야에 비해 관련 기술의 발전이 더딘 듯 보인 것도 주요한 이유였다. 이런 이유로 인공지능의 주류 연구는 다시금 신경망을 떠나기 시작했다.

딥러닝(신경망 버전 3)

나는 2000년에 인공지능 분야 교수 임용 심사위원을 맡았다. 당시 심사위원 가운데 한 명이 신경망 연구자는 절대 교수로 임용해서는 안 된다고 주장했다. "신경망은 틈새 연구 분야로 쇠퇴하고 있는데, 왜 그 분야의 교수를 뽑아야 하나요?"라는 그의 주장에 나를 포함한 다른 심사위원들은 동의하지 않았다. 솔직히 말해 그 당시 신경망 연구가 다시 부활할 것이라고 생각하는 사람도 없었으나, 2006년 무렵 부활이 시작됐으며 인공지능 역사상 가장 크고 가장 널리 알려진 인공지능의 대유행으로 이어졌다.

신경망 연구의 세 번째 유행은 **딥러닝**과 함께 시작됐다.[6] 나는 감히 여러분들에게 내가 딥러닝을 특징지을 수 있는 핵심 글자를 알고 있다고 말하고 싶다. 이 단어는 여러 개념들을 함께 담고 있다. 바로 딥deep이라는 글자다. 이 글자는 적어도 세 가지 의미를 담고 있다.

그중 가장 중요한 의미는 신경망에 계층이 많다는 것이다. 신경망의 각 계층은 한 가지 문제를 처리할 수 있다. 신경망의 입력에 가까운 계층들은 그림의 가장자리 선과 같은 기본적 수준의 데이터를 다루고 계층의 깊이가 깊어질수록 좀 더 추상적인 개념을 다룬다.

다음으로 이전에 비해 훨씬 많은 숫자의 뉴런을 이용할 수 있다는 의미를 담고 있다. 사람의 두뇌에는 약 1천억 개의 뉴런이 들어 있는 반면, 1990년대의 신경망에는 고작 100여 개의 뉴런이 들어 있었다. 당연한 일이지만 그런 작은 크기의 뉴런으로 할 수 있는 일의 종류는 매우 제한적이었다. 그러나 2016년 최고 수준의 신경망에는 약 100만 개의 뉴런이 들어 있었다. 이는 벌의 두뇌와 비슷한 수준이다.[7]

마지막으로 딥은 뉴런들 사이의 연결이 매우 많다는 의미를 담고 있다. 1980년대 신경망의 경우, 한 개의 뉴런은 아주 많아야 고작 150여 개 수준의 연결을 이루고 있었다. 그러나 내가 이 책을 쓰던 당시 최고 수준의 신경망 속 뉴런은 고양이 두뇌에 있는 뉴런의 연결만큼 많은 연결을 이루고 있다. 참고로 사람의 뉴런, 즉 신경 세포체는 평균 약 만 개의 연결을 가지고 있다.

종합하면 심층 신경망(딥 뉴럴 네트워크라고도 함 - 옮긴이)에는 계층이 많고 뉴런이 많고 뉴런 사이에 연결이 많다. 이런 심층 신경망을 학습시키려면 오차역전파 알고리즘 이상의 기술이 필요하다. 2006년 영국계 캐나다인 제프 힌턴Geoff Hinton 교수가 이런 기술들을 개발했다. 힌턴 교수는 한마디로 딥러닝의 대명사라 할 수 있다. 그는 1980년대 병렬 분산 처리 연구를 주도한 연구자로 오차역전파 알고리즘 개발자 가운데 한 명이었다.

놀랍게도 그는 병렬 분산 처리 기반 신경망 연구가 시들해졌을 때조차 초심을 잃지 않았다. 그는 꾸준히 신경망을 연구했고, 딥러닝을 통해 신경망 연구의 세 번째 유행을 가져왔다. 이런 공을 인정받아 그는 국제적 명성을 얻었다. 참고로 힌턴 교수는 3장에서 잠깐 언급했던 조지 불의 고손자였다. 힌턴 교수는 인공지능의 논리 연구와 자신 사이의 유일한 연결 고리는 근대 논리학을 만든 자신의 고조할아버지 조지 불뿐이라고 말하곤 했다.

딥러닝의 성공 원인은 큰 규모의 신경망과 이에 대한 학습법이었다. 그러나 이 두 가지 요인 외에도 두 가지 요인이 더 있었다. 바로 데이터와 컴퓨터 성능이다.

머신러닝에서 데이터의 중요성을 설명하는 가장 좋은 방법은 **이미지넷**ImageNet 과제에 대해 이야기하는 것이다.[8] 이미지넷은 중국 태생의 연구자인 페이 페이 리Fei Fei Li가 만들었다. 1976년 중국 베이징에서 태어난 리는 1980년대 미국으로 이민을 갔으며, 대학에서 물리학과 전자공학을 공부했다. 그녀는 2009년 스탠퍼드 대학 교수가 됐으며, 2013년부터 2018년까지 인공지능 연구실을 이끌었다.

리는 신경망 학습을 할 때 공통으로 사용해 그 결과를 동등하게 비교할 수 있는 큰 규모의 기준 데이터 묶음을 만들고 이를 잘 관리해 사용하도록 하면 딥러닝 연구자 모두에게 도움이 될 수 있다고 생각했다. 이를 위해 리는 이미지넷 과제 연구를 시작했다.

이미지넷은 방대한 규모의 온라인 이미지 데이터 모음이다. 이 책을 쓸 당시 이미지넷에는 약 1,400만 장의 사진 이미지가 들어 있었다. 이미지넷에 들어 있는 이미지 자체는 제이펙JPEG 같은 일반적인 포맷의 사진에 불과하다. 이미지넷의 이미지들은 워드넷WordNet[9]이라는 온라인 유의어 사전을 사용해 2만 2천 개의 그룹들로 분류된다. 참고로 워드넷에는 분류 그룹별로 주의 깊게 정리된 수많은 단어들이 들어 있다.

나는 지금 이미지넷의 사진들을 찬찬히 살펴보고 있다. '화산 분화구'라는 분류에는 1,032장의 사진이 들어 있고, '원반'이라는 분류에는 대략 122장의 사진이 들어 있다. 같은 분류에 들어 있는 사진들이어도 전혀 비슷하지 않고 오히려 서로 다르다는 사실을 잘 이해해야 한다. 예를 들어, '원반' 분류에 속한 사진들을 보면 원반 사진이라는 점 이외에는 사진들 사이에 어떤 특별한 공통점도 찾을 수 없다. 물론 몇몇 사진에서는 한 사람이 다른 사람에게 원반을 던지고 있다. 그러나 다른 사진에서는 원반이 탁자 위에 있을 뿐 어느 누구도 보이지 않는다. 이처럼 모든 사진들은 원반이 찍혀 있다는 사실만 빼면 모두 제각각이다.

2012년 세상을 발칵 뒤집어놓을 만한 이미지 분류 연구 결과가 발표됐다. 힌턴 교수가 그의 두 동료 알렉스 크리제브스키Alex Krizhevsky, 일리아 수츠케버Ilya Sutskever와 **알렉스넷**AlexNet이라는 신경망을 선보였다. 알렉스넷은 국제 이미지 인식 경연에서 압도적인 성능을 보여줬다.[10]

딥러닝의 마지막 성공 요인은 컴퓨터 성능이다. 딥러닝 학습에는 고성능 컴퓨터가 필요하다. 학습 알고리즘 자체가 특별히 복잡한 것은 아니지만, 학습에 필요한 계산량은 엄청나게 크다. 21세기 초 새로운 형태의 컴퓨터 프로세서인 GPUGraphic Processing Unit가 이런 대규모 계산에 매우 적합하다는 사실이 입증됐다. 사실 GPU는 컴퓨터 게임의 고수준 애니메이션 구현에 필요한 컴퓨터 그래픽스 계산을 수행하기 위해 개발됐다. 그러나 이런 GPU가 신경망 학습에 매우 적합하다는 사실이 알려졌다. 이에 딥러닝을 연구하는 연구실이라면 상당히 많은 양의 GPU를 갖추었다. 그러나 아무리 많은 양의 GPU를 갖추고 있어도 학생들은 부족하다며 불평할 것이다.

신경망 기술 기반 딥러닝이 의심의 여지없이 큰 성공을 거뒀지만 잘 알려진 대로 몇 가지 문제점이 있다.

첫째, 구현된 지능의 실체가 **불명확하다**. 딥러닝에서 신경망의 지능적 능력은 뉴런 사이의 연결에 설정된 가중치로 구현된다. 그러나 아직 우리는 이 가중치에 담긴 의미를 이해하거나 해석하지 못한다. 예를 들어 딥러닝 프로그램이 엑스레이 사진에서 악성 종양을 발견했을 때, 딥러닝 프로그램은 사실을 알려줄 뿐 어떻게 찾았는지는 설명하지 못한다. 또한 고객의 은행 대출 요청에 대해 거절 결정을 내린 딥러닝 프로그램 역시 결정 이유를 설명하지 못한다. 3장에서 보았던 마이신 같은 전문가 시스템은 유치하기는 해도 시스템이 내린 결론에 대해 결론 도출 과정을 제시할 수 있었다. 그러나 딥러닝 기술에서는 불가능하다. 오늘날 이 문제를 해결하기 위해 많은 연구가 진행 중이다. 그러나 우리는 여전히 신경망에 담긴 가중치 형태의 지식을 어떻게 해석할 수 있는지 알지 못한다.

둘째, 딥러닝 기술은 오류에 민감하다. 예를 들어 사람은 인지하

(a)

(b)

그림 17 판다인가 아니면 긴팔원숭이인가? 딥러닝 프로그램은 (a)를 판다로 올바르게 분류한다. 그러나 이 사진을 (b)처럼 사람은 눈치채지 못할 만큼 아주 조금만 바꿔서도 딥러닝 프로그램이 판다가 아닌 긴팔원숭이로 잘못 분류하게 만들 수 있다.

지 못할 만큼 아주 조금 사진을 변형시켰을 때, 딥러닝 프로그램은 이전과는 완전히 다른 답을 내놓을 수 있다. 그림 17은 그런 예를 보여준다.[11] (a)는 판다를 찍은 원본 사진이다. (b)는 원본 사진을 약간 변형한 사진이다. 두 사진이 모두 판다를 찍은 같은 사진이라고 인식하는 사람과 달리, 신경망 기반 딥러닝 프로그램은 원본 사진을 판다로 변형된 사진을 긴팔원숭이로 분류한다. 이런 문제를 **적대적 머신러닝**이라 부른다. 이 용어는 적대적 의도를 가진 사람이 고의적으로 딥러닝 프로그램에 문제를 일으킬 수 있다는 우려에서 나왔다.

딥러닝 사진 분류 프로그램이 동물 사진을 잘못 분류하는 정도라면 크게 걱정할 필요는 없겠지만, 적대적 머신러닝 프로그램은 훨씬 나쁜 문제를 일으킬 수 있다. 예를 들어 사람은 아무 문제없이 올바르게 인식할 수 있는 반면, 자율주행차의 딥러닝 프로그램은 완전히 잘못 인식하도록 도로 표지판을 조작할 수 있다는 사실이 알려졌다. 그러므로 딥러닝 기술을 민감하고 중요한 응용에 적용하려면 사전에 이런 문제를 훨씬 깊이 있게 이해할 필요가 있다.

딥마인드

5장을 시작하며 이야기했던 딥마인드는 딥러닝 기술의 대표적인 성공 사례라 할 수 있다. 이 회사는 인공지능 연구자이자 컴퓨터 게임광인 데미스 하사비스Demis Hassabis가 자신의 학교 친구이자 사업가인 무스타파 술레이만Mustafa Suleyman, 유니버시티칼리지런던대학원 재학 시절 만난 계산 신경 과학자인 셰인 레그Shane Legg와 함께 2010년에 세운 회사다.

2014년 초 구글이 딥마인드를 인수했다는 뉴스를 들으며 딥마인드가 인공지능 회사라는 사실에 깜짝 놀랐던 기억이 아직 생생하다. 인공지능이 분명 다시금 주목받기 시작했지만, 4억 유로에 팔린 회사가 내가 들어본 적도 없는 영국 인공지능 회사라는 사실에 적잖이 당황했다.

다른 사람들처럼 나 역시 바로 딥마인드 웹사이트를 방문해 살펴봤다. 솔직히 말해 별다른 정보가 없었다. 회사의 기술, 제품, 서비스 그 어느 것에 관해서도 상세한 정보는 없었다. 그런데 한 가지 흥미로운 글귀가 눈에 들어왔다. "지능 문제를 해결하겠다."는 회사의 사명 선언문이었다.

나는 이 책에서 지난 60년간 냉탕과 온탕을 오간 인공지능의 역사를 이야기하며 인공지능의 미래에 관한 장밋빛 예측을 조심해야 한다고 늘 언급해왔다. 이런 내 생각을 아는 사람이라면 세계 최고인 구글에 인수된 회사의 웹페이지에서 이런 담대한 사명 선언문을 본 내가 얼마나 깜짝 놀랐을지 쉽게 상상할 수 있을 것이다.

웹사이트에 더 자세한 정보는 없었다. 또한 내 주변에 딥마인드에 대해 나보다 더 알고 있는 사람도 없었다. 인공지능 분야에서 일하는 내 동료 대부분은 그 사명 선언문에 대해 약간의 시기심과 함께 회의적인 반응을 내보였다. 관련 뉴스가 나오지 않아 딥마인드에 대한 생각이 점차 희미해져 가던 2014년 말, 우연히 난도 드 프레이타스Nando de Freitas 교수를 만났다. 그는 세계 최고의 딥러닝 전문가 가운데 한 명으로 당시 나와 마찬가지로 옥스퍼드대학에서 교수로 일하고 있었다(훗날 그는 학교를 떠나 딥마인드에 합류한다). 당시 그는 논문을 가득 들고 학생들에게 강의하러 가던 중이었다. 무언가에 흥분한 기색이 역력했던 그는 내게 "딥마인드가 프로그램을 만들어 아타리Atary 비디오 게임을 할 수 있게 훈련시켰네."라고 말했다.

나는 "전혀 새롭지 않은데?"라고 말했다. 사실 비디오 게임에 필요한 프로그램 개발 과제는 학부 학생들에게도 내줄 만큼 전혀 새롭지 않았다. 다소 비아냥거리는 내 반응에 그는 진행되고 있는 일을 찬찬히 설명해줬다. 그제야 비로소 나는 그가 그토록 흥분한 이유를 이해했다. 드디어 새로운 인공지능 시대에 들어서고 있다는 사실을 어슴푸레 깨달을 수 있었다.

프레이타스 교수가 언급한 아타리 시스템은 1980년대 등장해 처음으로 비디오 게임 플랫폼으로 성공했던 아타리 2600 게임 콘솔이었다. 이 게임 콘솔은 128색상과 해상도 210×160픽셀을 지원했으며, 사용자는 조이스틱과 한 개의 버튼을 사용해 게임을 할 수 있었다. 게임 소프트웨어는 플러그인 카트리지 형태였으며, 딥마인드는 총 49개의 게임을 대상으로 연구개발을 수행했다. 딥마인드는 자신들의 목표를 다음과 같이 기술했다.[12]

> 우리의 목표는 가능한 한 많은 컴퓨터 게임을 학습할 수 있는 신경망을 개발하는 것이다. 우리는 학습 과정에서 게임 관련 정보를 일체 제공하지 않을 것이며, 시스템 내부 상태 접근도 허용하지

않는다. 이 신경망은 사람과 마찬가지로 비디오 게임 입력, 점수, 사용자의 조작 등으로만 학습했다.

딥마인드의 성과가 얼마나 중요한 것인지 이해하려면 딥마인드가 제작한 프로그램이 작업한 것과 그렇지 않은 것을 이해해야 한다. 무엇보다 게임에 관한 어떤 것도 그 프로그램에게 제공하지 않는다는 것이 중요하다. 만약 3장에서 이야기했던 지식 기반 인공지능 기술을 사용해 아타리 게이머 프로그램을 만들고자 한다면, 아타리 게임 전문가의 지식을 정리하고 그 지식을 규칙 등으로 바꾸는 작업을 해야 할 것이다(누군가 시도하고 싶은 사람이 있다면, 행운을 빌 뿐이다). 그러나 딥마인드에서 개발한 프로그램에는 게임에 관한 어떤 정보도 입력하지 않는다. 오직 '해상도 210×160의 게임 화면'과 '현재 게임 점수'의 두 가지만 입력한다. 이게 전부로 "객체 A가 위치 (x, y)에 있다."와 같은 정보를 직접 입력할 필요는 없다. 물론, 이와 같은 정보는 아타리 게이머 프로그램이 게임 화면에서 어떻게든 직접 얻어야 한다.

결과는 놀라웠다.[13] 딥마인드의 아타리 게이머 프로그램은 강화학습을 통해 게임법을 스스로 익혔다. 실험 삼아 반복해 게임을 하며 정보를 얻었다. 이 과정에서 어떻게 하면 점수를 얻고, 어떻게 하면 점수를 얻지 못하는지 학습해 나갔다. 아타리 게이머 프로그램은 49개의 게임 중 29개 게임에서 사람보다 뛰어난 게임 실력을 보여줬다. 몇몇 게임에서는 사람의 실력을 한참 뛰어넘는 게임 실력을 보여주기도 했다.

특히, '브레이크아웃Breakout'이라는 게임이 매우 흥미로웠다. '벽돌 깨기' 게임과 비슷한 이 게임은 1970년대 개발된 초기 비디오 게임들 가운데 하나다. 브레이크아웃에는 공을 벽으로 튕겨내기 위해 게이머가 조종하는 막대와 다양한 색상의 벽돌로 이뤄진 벽이 있다. 공이 벽돌에 부딪히면 벽돌은 사라지며, 모든 벽돌을 최대한 빨리 없애야 높은 점수를 얻을 수 있다. 그림 18은 아타리 게이머 프로그램이 브레이크아웃 게임을 학습하기 시작한 지 얼마 지나지 않았을 때를 보여준다. 대략 100번 정도 게임을 하며 학습한 상태다. 이런 초기 학습 상태에서 아타리 게이머 프로그램은 공을 빈번히 뒤로 빠뜨렸다.

그러나 수백 번 정도 추가로 게임을 하면 아타리 게이머 프로그램은 브레이크아웃 게임의 달인 수준에 이른다. 한마디로 공을 뒤로 빠뜨리는 실수 따위는 절대 하지 않는다. 게다가 더 놀라운 일도 일어난다. 아타리 게이머 프로그램은 왼쪽이나 오른쪽 가장자리 벽을 없애 천장까지 구멍을 만들고 공이 그 구멍을 통해 벽 위로 가게 한다. 공은 천장과 벽돌 위를 빠르게 오가며 벽을 부순다(그림 19 참조). 이런 게임 능력까지 알아서 학습하리라고는 딥마인드 역시 생각하지 못했다. 게임 동영상은 인터넷에서 쉽게 찾아볼 수 있다. 나는 내 강의를 수강하는 학생들에게 그 동영상을 수십 차례 보여줬다. 그때마다 아타리 게이머 프로그램이 무엇을 학습했는지 깨달은 학생들로부터 감탄사가 새어 나왔다.

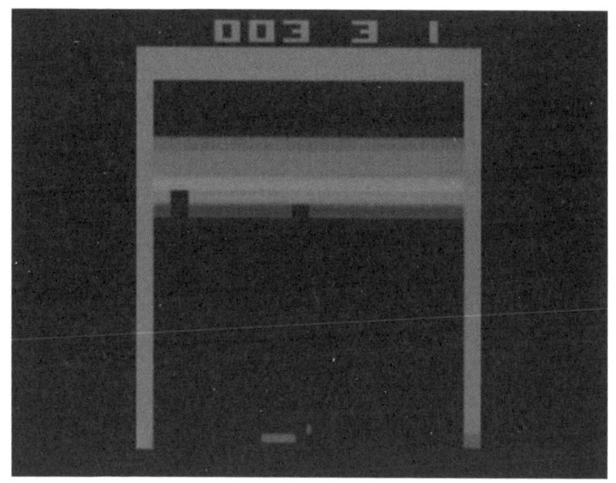

그림 18　초기 학습 상태에서 공을 뒤로 빠뜨리는 딥마인드 아타리 게이머 프로그램. 공은 작은 정사각형 모양으로 게이머가 조종하는 길쭉한 직사각형의 오른쪽에 있다.

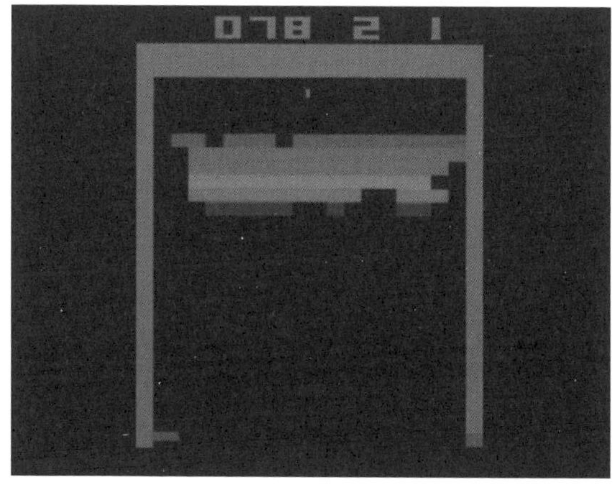

그림 19　아타리 게이머 프로그램은 가장자리 벽을 없애 천장까지 구멍을 만들어 공이 천장과 벽돌 사이에서 빠르게 튀어 다니게 만들어야 짧은 시간 안에 많은 점수를 얻을 수 있다는 사실을 학습한다. 개발자를 포함해 어느 누구도 아타리 게이머 프로그램에 이런 사실을 알려주지 않았으며, 이 결과에 개발자 역시 깜짝 놀랐다.

한 번 더 강조하면 딥마인드는 아타리 게이머 프로그램을 만들며 게임 방법을 프로그래밍하지 않았다. 딥마인드는 게임 방법을 학습할 수 있는 한 개의 프로그램을 만들었을 뿐이며, 이 프로그램은 49개의 게임 가운데 29개 게임을 사람보다 잘할 수 있을 만큼 습득력이 뛰어났다. 프로그램에 입력한 유일한 요소는 게임 화면과 점수뿐이었다.

앞서 설명했듯이 아타리 게이머 프로그램을 제작할 때 세 개의 은닉 계층이 있는 신경망으로 구현한 강화학습법이라는 인공지능 기술을 사용했다. 신경망 입력 데이터는 전처리 과정을 거친다. 즉, 해상도 210×160의 게임화면은 해상도 84×84로 축소되며 컬러로 된 게임 화면 또한 흑백으로 바뀐다. 아타리 게이머 프로그램은 모든 게임 화면을 입력받지 않고, 네 개의 게임 화면마다 한 개씩만 입력받아 사용했다. 마지막으로 딥마인드는 신경망 학습에 확률적 경사 하강법이라는 고전적인 딥러닝 기술을 사용했다.

아타리 게이머 프로그램에도 문제는 있었다. 가령 몇몇 게임에서는 실력이 형편없었고 그 이유를 찾는 일은 상당히 재미있다. 문제가 있었던 게임 가운데 '몬테수마의 복수Montezuma's Revenge'라는 게임이 가장 대표적이다. 아타리 게이머 프로그램은 몬테수마의 복수라는 게임을 잘하지 못했다. 게임에서 제공하는 보상 사이의 간격이 너무 떨어져 있었기 때문이다. 다시 말해 보상이 즉각적으로 주어졌던 브레이크아웃과는 달리, 몬테수마의 복수에서 게이머는 상당히 복잡한 일을 해내야 보상을 얻을 수 있었다. 일반적으로 행동과 그에 대한 보상 사이의 간격이 길면 강화학습에 불리하다. 이는 앞서 이야기했던 신뢰 할당 문제로 어떤 행동 덕분에 상을 받았는지 알아내기 어렵기 때문이다.

딥마인드의 성과물이 아타리 게이머 프로그램뿐이라면, 딥마인드는 인공지능 역사에서 오늘날과 같이 주목받는 위치에 이르지 못했을 것이다. 그러나 딥마인드는 여러 가지 놀라운 일들을 잇달아 성공시켰다. 그 가운데 가장 유명한 것은 **알파고** AlphaGo다. 역사상 가장 유명한 인공지능 프로그램일 알파고는 중국 전통 보드 게임인 바둑 Go(영어로 '고'라 부름—옮긴이)를 둘 수 있는 프로그램이다.

인공지능 연구에 있어 바둑은 도전 욕구를 불러일으키는 흥미진진한 게임이다. 사실 바둑 규칙은 매우 단순하다. 예를 들어 서양 전통 보드 게임인 체스보다 훨씬 단순하다. 그러나 2015년까지 바둑 프로그램들은 바둑 고수들과 전혀 비교할 수준이 되지 못했다. 규칙도 단순한 바둑이 인공지능 관점에서 왜 그리 어려운 게임일까? 답은 간단하다. 경우의 수가 너무 많기 때문이다.

바둑판은 가로 19, 세로 19의 격자무늬 모양이며 총 361개의 점 위에 바둑알을 놓을 수 있다. 참고로 체스판에는 총 64개의 칸이 있다. 2장에서 이야기했듯이 바둑 기사는 매 순간 평균 250개의 수 가운데 하나를 선택해야 한다. 체스 기사는 평균 35개의 수 가운데 하나를 선택한다. 결론적으로 바둑은 게임판의 크기와 경우의 수가 비교 자체가 무의미할 만큼 체스보다 훨씬 크다. 게다가 게임 시간도 길어서 바둑 기사는 바둑 한 경기당 평균 150번의 수를 둔다.

바둑의 규모적 특징은 사람이 감당할 수 있는 한계를 넘어선다. 그런 만큼 이는 바둑 기사에게도 큰 어려움일 수밖에 없으며 명확한 전략을 수립하기도 어렵다. 기계, 즉 컴퓨터 역시 마찬가지다. 바둑판의 크기와 매 순간 고려할 경우의 수를 생각해보면 단순한 탐색 기법은 전혀 통하지 않아서 무언가 다른 기법이 필요하다.

알파고에서는 두 가지 신경망이 사용됐다. 첫 번째 신경망인 가치망value network은 바둑알의 배치 모양이 주어지면 승리 가능성을 추정한다. 두 번째 신경망인 정책망policy network은 바둑알의 현재 배치 모양을 기준으로 다음 수를 추천한다.[14] 13개의 계층으로 이뤄진 정책망은 먼저 바둑 고수들의 시합 데이터를 이용해 지도학습 방식으로 학습됐다. 이후 자체 바둑 게임을 통한 강화학습 방식으로 학습됐다. 마지막으로 이 두 가지 신경망은 몬테카를로 트리 탐색Monte Carlo Tree Search이라는 정교한 탐색 알고리즘에 내장돼 사용됐다.

딥마인드는 알파고를 세상에 공개하기 전 유럽 바둑 챔피언인 판 후이Fan Hui를 채용해 테스트 경기를 가졌다. 그 결과, 5:0으로 알파고가 승리했다. 바둑 프로그램이 실제 바둑 시합에서 바둑 고수를 꺾은 것은 역사상 처음 있는 일이었다. 얼마 후, 딥마인드는 2016년 3월 서울에서 알파고가 세계 바둑 챔피언인 이세돌과 5판 3선승제로 바둑 시합을 가질 것이라 발표했다.

알파고의 인공지능 과학은 환상적이다. 나를 포함해 많은 인공지능 연구자들은 시합 결과에 촉각을 곤두세웠다. 사실 나는 기록상 알파고가 한두 시합 정도는 이길지 몰라도 전체적으로는 이세돌이 승리할 것이라 예상했다. 이 시합에 대한 홍보는 전례 없던 수준이었다. 나를 포함해 많은 사람이 전혀 생각하지 못했던 일이다. 딥마인드는 이 시합에 관한 이야기로 전 세계 언론의 머리기사를 장식했다. 대결이 끝난 후에는 영화까지 제작됐다.[15]

이제는 다들 알다시피 알파고가 이세돌 기사에게 4:1로 승리했다. 이세돌 기사는 네 번째 시합에서 승리했으나 나머지 시합에서는 모두 패했다. 알파고에 쉽게 승리할 것이라 생각했던 이세돌 기사는 첫 번째 시합에서 패하고 꽤나 큰 충격을 받았다고 한다. 당시 몇몇 사람들은 알파고가 이세돌 기사를 배려해 네 번째 시합에서 져준 것 아니냐고 농담처럼 이야기하기도 했다.

시합 도중 해설자들은 알파고의 수가 낯설게 느껴진다고 이야기했다. 해설자의 이야기처럼 알파고의 수는 사람의 수와는 달랐다. 사실 알파고의 시합 방식을 분석할 때, 우리는 사람을 기준으로 분석하려 하고 그 과정에서 일단 동기와 전략을 찾는다. 일종의 인격화다. 그러나 알파고를 분석할 때, 이런 노력은 완전 헛수고다. 알파고는 오직 바둑에 최적화된 프로그램이기 때문이다.

사람들은 알파고 프로그램에서 동기와 전략을 찾고 싶겠지만, 프로그램 속에 그런 것은 없다. 알파고의 놀라운 능력은 신경망 속에 담겨 있다. 이 신경망은 단지 숫자들의 집합으로 매우 기다란 수열일 뿐이며, 이 수열을 토대로 알파고의 능력을 설명할 방법은 전혀 없다. 알파고는 자신의 바둑 수에 대해 어떠한 설명도 하지 않는다. 나중에 설명하겠지만 이는 딥러닝의 주요한 문제점 가운데 하나다.

알파고는 빅데이터와 딥러닝이라는 새로운 인공지능 기술의 눈부신 성과물로 여겨진다. 사실 맞는 말이다. 그러나 한꺼풀 벗겨보면 알파고에 사용된 수많은 기술이 고전적인 인공지능 탐색 기술이라는 것을 알 수 있다. 만약 1950년대 체커 게임을 개발했던 아서 새뮤얼이 다시 살아나 알파고에 사용된 탐색 기법들을 살펴본다면, 그는 그리 어렵지 않게 그 기법들을 이해할 것이다. 사실상 1950년대 그가 개발한 기법들은 오늘날 가장 유명한 인공지능 시스템까지 이어져 사용된다.

두 가지 업적만으로도 딥마인드는 충분히 놀라운 회사라 할 수 있다. 그러나 불과 18개월 후, 딥마인드는 다시 한번 세상을 깜짝 놀라게 했다. 그들은 알파고를 일반화시켜 알파고 제로AlphaGo Zero를 만들었다. 알파고 제로의 가장 놀라운 특징은 사람이 어떤 정보도 입력하지 않았음에도 독학으로 초고수가 되는 법을 배웠다는 것이다.[16] 정확한 평가를 위해 알파고 제로는 혼자 학습해야 했다. 그 결과, 놀랍게도 알파제로AlphaZero라는 좀 더 일반화된 시스템으로 발전했다.

알파제로는 체스를 포함해 다양한 게임을 배웠다. 알파제로는 겨우 아홉 시간의 자체 학습 후에 세계 최강의 체스 전용 프로그램인 스톡피시Stockfish와 맞붙어 이기거나 비기는 등 일관된 실력을 보여줬다. 컴퓨터 체스 프로그램 개발 전문가들은 결과에 깜짝 놀랐다. 불과 아홉 시간의 자체 학습만으로 세계 최고 수준의 체스 프로그램이 됐다는 사실을 믿을 수 없었다. 알파제로의 범용성 또한 놀랍고 흥미롭다. 알파고는 오직 바둑만 둘 수 있었고, 모든 수고는 알파고의 뛰어난 바둑 기능을 구현하는 일에 집중됐다. 그러나 알파제로는 다양한 종류의 보드 게임을 할 수 있었다.

물론 알파제로에 너무 많은 의미를 부여할 필요는 없다. 알파제로가 이전의 다른 어떤 프로그램보다도 훨씬 범용적인 고수급 게임 프로그램인 것은 맞다. 하지만 범용 지능에서 큰 발전을 이뤘다고 말할 수는 없기 때문이다. 알파제로는 우리가 가진 보편적인 지적 능력을 조금도 가지고 있지 않다. 게임은 멋들어지게 잘할지 몰라도, 여러분과 대화하거나 낄낄대며 농담을 주고받지는 못한다. 또한 오믈렛을 만들거나 자전거를 타지도 못하고 운동화 끈도 맬 줄 모른다. 알파제로의 놀라운 능력은 매우 좁은 영역에서만 의미 있다. 보드 게임은 매우 추상화된 영역으로 브룩스가 이야기했듯이 실제 세상과는 거리가 멀다.

그러나 여러 지적이나 트집에도 불구하고 나는 아타리 게이머 프로그램부터 알파제로에 이르는 딥마인드의 성과가 누구도 반박할 수 없는 인공지능 분야의 획기적인 결과물이었다고 믿는다. 그리고 이런 성과를 통해 딥마인드는 수백만 명의 상상력을 사로잡을 수 있었다.

범용 인공지능을 향해서

딥러닝 덕분에 불과 몇 년 전에는 상상도 못 했던 프로그램을 만들 수 있게 됐다는 측면에서 딥러닝은 크게 성공했다고 할 수 있다. 분명 인정받을 만한 결과들이다. 하지만 이러한 결과들이 범용 인공지능을 향한 마법의 양탄자는 아니다. 지금부터 그 이유를 설명하려 한다. 먼저 딥러닝을 응용한 대표적인 기능인 '사진 설명 달기'와 '자동번역'을 살펴보자.

'사진 설명 달기'는 컴퓨터가 입력된 사진을 보고 설명글을 더하는 기능이다. 현재 어느 정도의 '사진 설명 달기' 기능을 갖춘 시스템들은 널리 사용되고 있다. 예를 들어 내가 사용하는 최신 애플맥 소프트웨어는 '해변', '파티' 등과 같이 자동으로 사진을 분류하는 사진 관리 기능을 제공한다. 이 책을 쓸 당시 국제 연구 그룹들이 운영하는 몇몇 웹 사이트에서 사용자가 입력한 사진에 제목을 달아줬다. 나는 딥러닝 기반 '사진 설명 달기' 기술의 한계를 잘 이해하기 위해 그림 20의 가족사진을 마이크로소프트의 캡션봇CaptionBot에 입력해봤다.[17]

캡션봇 실행 결과를 보기 전에 잠깐 사진을 살펴보자. 당신이 영국인이거나 혹은 공상과학 영상물을 좋아한다면 사진 오른쪽의 신사가 누구인지 금방 알아차렸을 것이다. 그는 2010년부터 2013년까지 영국 BBC 드라마 「닥터 후Doctor Who」에서 닥터 역할을 맡았던 맷 스미스Matt Smith다(사진 왼쪽의 신사는 모르는 게 당연

그림 20 무슨 사진일까요?

하다. 그는 아내의 할아버지로, 지금은 작고했다.). 캡션봇은 이 사진에 다음과 같은 설명을 달았다.

> 사진을 찍기 위해 포즈를 취하고 서 있는 맷 스미스 같군요. 두 사람 모두 :-) :-) 것처럼 보이네요.(':-)' - 미소짓는 모습을 나타내는 이모티콘)

캡션봇은 사진의 핵심 요소를 정확히 잡아냈다. 또 '서 있는', '포즈를 취하고', ':-)'와 같이 현재 상태를 올바르게 표현했다. 그러나 이런 결과 때문에 자칫 캡션봇이 사진을 제대로 이해했다고 착각할 수 있다. 이 문제를 설명하기에 앞서 시스템이 맷 스미스를 알아차렸다는 것이 무슨 뜻인지 생각해보자. 예전에 이야기했듯이 캡션봇과 같은 머신러닝 프로그램 개발자는 엄청난 양의 학습 데이터를 사용해 프로그램을 학습시킨다. 캡션봇 학습에 사용된 데이터는 사진과 그 사진을 설명한 글로 이뤄져 있다. 결과적으로 캡션봇이 '맷 스미스'라는 설명이 붙어 있고 맷 스미스가 찍힌 사진을 충분히 많이 보며 학습했다면 캡션봇은 맷 스미스가 찍힌 사진을 볼 때마다 '맷 스미스'라는 설명을 올바르게 만들어낼 수 있다. 이는 매우 놀라운 능력이다. 수십 년간의 끊임없는 연구의 결정체라 할 수 있으며, 수없이 많은 응용에 적용할 수 있다.

그러나 캡션봇은 진정한 의미에서 맷 스미스를 알아본 것이 아니다. 이 말의 의미를 이해하기 위해 내가 여러분에게 사진 설명을 부탁했다고 가정해보자. 아마도 여러분은 다음과 같이 설명할 수 있다.

> 「닥터 후」에 나오는 맷 스미스가 보이네요. 그는 노인 한 분을 팔로 감싼 채 서 있어요. 그 노인이 누구인지는 모르겠고, 두 사람은 함께 웃고 있습니다. 맷이 닥터 후 복장을 하고 있는 것으로 보아 어쩌면 근처에서 촬영을 하는 것 같아요. 그의 주머니에는 돌돌 말린 종이 뭉치가 들어 있어요. 아마도 대본이겠죠. 한 손에는 종이컵을 들고 있는 것으로 보아 휴식시간인 것 같네요. 두 사람 뒤쪽에 닥터 후가 타고 다니는 파란색 시공 이동 장치 타디스Tardis가 있군요. 분명 둘 다 야외에서 촬영을 하고 있던 것 같아요. 주변 어딘가에 촬영 스태프, 카메라, 조명 장치들이 가까이 있을 거예요.

여러분이라면 이렇게 쉽게 설명할 수 있는 일을 캡션봇은 할 수 없다. '맷 스미스'라는 글을 올바르게 출력했다는 점에서 맷 스미스를 인식할 수 있다고도 할 수 있다. 하지만 캡션봇은 그 지식을 사용해 사진 속의 여러 정황을 이해하고 해석하지는 못한다. 한마디로 이해력이 없다.

제한된 사진 해석 능력 외에도 다음과 같은 상황을 생각해보면 캡션봇에 사람 수준의 이해력이 없다는 주장은 충분히 타당해 보인다. 사람들은 닥터 후 복장을 한 맷 스미스의 사진을 보며 맷 스미스를 인식하거나 사진을 해석하는 일 이외에도 여러 생각을 떠올리며 다양한 감정을 느낄 수 있다. 예를 들어, 「닥터 후」 팬이라면 자신이 가장 좋아하는 에피소드에 등장하는 맷 스미스를 떠올리며 추억에 잠길 수도 있다. 나는 개인적으로 〈시간 속에 갇힌 여인The Girl Who Waited〉이 생각난다. 여러분도 나와 같지 않은가? 에피소드 대신 가족과 함께 「닥터 후」를 봤던 기억을, 혹은 드라마 속에 등장하는 괴물을 보고 겁먹었던 기억을 떠올릴 수도 있다. 몇몇 사람은 촬영장을 방문한 기억이나 촬영 스태프들을 봤던 기억을 떠올릴 수도 있다.

이처럼 사진에 대한 이해와 해석은 세상 속 존재로서의 경험에 기반한다. 캡션봇에게는 이런 정보가 없다. 또한 캡셥봇은 그런 목적으로 만들어진 것이 아니므로 사람과 같은 수준의 이해와 해석은 가능하지 않다. 캡션봇은 세상과 완전히 분리돼 있으며 브룩스가 이야기했듯이 그래서는 안 된다. 나는 지금 인공지능 시스템으로 '이해'를 구현할 수 없다고 말하는 것이 아니다. '이해'는 맷 스미스 사진과 같은 입력 정보를 단순히 '맷 스미스'와 같은 출력 정보에 연결 짓는 것 이상의 일이라는 사실을 강조하려는 것이다. 다시 말해, 단순 연결은 '이해'의 일부일 수는 있겠지만, 결코 온전한 '이해'는 아니라는 뜻이다.

한 언어를 다른 언어로 자동번역 하는 일은 지난 10년간 딥러닝 기술을 통해 빠르게 발전해온 분야다. 자동번역기로 할 수 있는 번역과 할 수 없는 번역을 살펴보면 딥러닝의 한계를 좀 더 잘 이해할 수 있다. 여러 가지 자동번역기들이 있지만 구글 번역기가 가장 유명하다.[18] 구글 번역기는 2006년에 처음 공개됐다. 하지만 최근 들어서야 비로소 구글 번역기에 신경망 기반 딥러닝 기술이 사용되기 시작했다. 구글은 엄청난 양의 번역문을 사용해 구글 번역기를 학습시킨다.

2019년 버전의 구글 번역기에 번역하기 매우 어려운 문장을 입력했을 때 어떤 일이 생기는지 살펴보고자 한다. 이를 위해 20세기 초 프랑스 소설가 마르셀 프루스트Marcel Proust가 쓴 『잃어버린 시간을 찾아서In Search of Lost Time』에서 첫 문단을 선택해 구글 번역기로 번역했다. 다음은 프랑스어 원작의 첫 문단이다.

[프랑스어 첫 문단]

Longtemps, je me suis couché de bonne heure. Parfois, à peine ma bougie éteinte, mes yeux se fermaient si vite que je n'avais pas le temps de me dire: 'Je m'endors.' Et, une demi-heure après, la pensée qu'il était temps de chercher le sommeil m'éveillait; je voulais poser le volume que je croyais avoir encore dans les mains et souffler ma lumière; je n'avais pas cessé en dormant de faire des réflexions sur ce que je venais de lire, mais ces réflexions avaient pris un tour un peu particulier; il me semblait que j'étais moi-même ce dont parlait l'ouvrage: une église, un quatuor, la rivalité de François Ier et de Charles Quint.

여러 프랑스어 교사로부터 10년 동안 프랑스어를 배웠지만, 솔직히 나는 프랑스어를 거의 이해하지 못한다. 위 글에서도 몇몇 구절만 간신히 이해할 수 있어서 번역기의 도움이 없다면 나는 글의 뜻을 전혀 이해하지 못한다.

다음은 전문 번역가의 영어 번역이다.[19]

For a long time I used to go to bed early. Sometimes, when I had put out my candle, my eyes would close so quickly that I had not even time to say 'I'm going to sleep.' And half an hour later the thought that it was time to go to sleep would awaken me; I would try to put away the book which, I imagined, was still in my hands, and to blow out the light; I had been thinking all the time, while I was asleep, of what I had just been reading, but my thoughts had run into a channel of their own, until I myself seemed actually to have become the subject of my book: a church, a quartet, the rivalry between François I and Charles V.

이제 이해할 만하다. 그러나 잘 번역됐음에도 불구하고 적어도 내게는 여전히 불명확한 부분이 있다. "I myself seemed actually to have become the subject of my book: a church, a quartet, the rivalry between François I and Charles V(나는 내 책의 한 대상이 된 것 같았다. 예를 들어 교회, 중창단, 프랑수아 1세와 카를 5세의 경쟁이 된 것 같았다)."에서 사람이 어떻게 교회가 될 수 있을까? 중창단과 경쟁은 또 무슨 뜻일까? 또한, '바람을 불어 촛불을 끈다(blow out the light)'는 것은 무슨 뜻일까?

이제 구글 번역기의 번역을 보자.

Long time, I went to bed early. Sometimes, when my candle, my eyes would close so quickly that I had no time to say: 'I fall asleep.' And half an hour later the thought that it was time to go to sleep would awaken me; I wanted to ask the volume that I thought I had in my hands and blow my light; I had not ceased while sleeping to reflections on what I had read, but these reflections had taken a rather peculiar turn; I felt that I myself was what spoke the book: a church, a quartet, the rivalry between Francis I and Charles V.

번역문은 번역 전문가의 번역과 꽤 비슷해 보인다. 구글 번역기는 꽤 정교한 번역을 하고 있다. 그러나 굳이 번역 전문가나 문학 전문가가 아니어도 구글 번역기의 한계를 알 수 있다. 예를 들어, 'blow my light'와 같은 표현은 말이 되지 않는다. 뒤이어 나오는 문장들 역시 말이 되지 않아 오히려 웃기게 느껴진다. 그리고 번역문에 영국인이 사용하지 않는 표현들도 있다. 그러므로 구글 번역문은 전체적으로 뜻은 통하지만 부자연스럽게 꼬여 있다는 느낌을 준다.

물론 구글 번역기에 너무 어려운 글을 번역하도록 요청한 면도 있다. 사실 프루스트의 작품을 번역하는 일은 전문 프랑스어 번역가조차도 힘들어하는 일이다. 그럼 왜 자동번역기가 번역하기에는 힘든 걸까?

프루스트의 고전 소설을 제대로 번역하려면 프랑스어 이상의 지식이 필요하기 때문이다. 프랑스어를 세계에서 가장 잘 읽을 수 있다 해도 프루스트의 소설을 읽으면 여전히 어리둥절할 수 있다. 단순히 독자를 지치게 만드는 그의 산문체 때문만은 아니다. 그의 작품을 제대로 이해하고 번역하려면 꽤 많은 양의 배경지식이 있어야 한다. 예를 들어 프랑스 사회, 조명으로 양초를 사용했던 20세기 초의 생활 모습, 프랑수아 1세와 카를 5세(카를로스 1세)의 경쟁 같은 프랑스 역사, 20세기 초 프랑스 작가들의 문체나 암시법 등을 알고 있어야 한다. 그러나 구글 번역기에 사용되는 신경망에는 그 어느 것도 없다.

프루스트의 작품과 같은 글을 제대로 이해하고 번역하기 위해 다양한 종류의 지식이 필요하다는 사실은 결코 새롭지 않다. 우리는 이미 3장에서 사이크 시스템을 다루며 비슷한 이야기를 했다. 사이크 시스템 제작자는 세상에 관한 모든 지식이 주어진다고 가정했으며 그러한 가정이 충족되면 사람 수준의 범용 인공지능을 만들 수 있다고 생각했다. 지식 기반 인공지능 연구자들은 사이크와 같은 예를 들며 이미 수십 년 전에 이런 문제를 예상했었다고 적극 주장할 것이다. 이에 대해 신경망 연구자들은 지식 기반 인공지능을 사용한 번역 기술 또한 문제가 있기는 매한가지 아니냐고 날카롭게 되물을 것이다.

아무튼 딥러닝 기술의 끊임없는 발전만으로 이 문제를 다룰 수 있을지는 확실하지 않다. 딥러닝이 일부 해결책이 되기는 하겠지만, 온전한 자동번역 기술을 갖추기 위해서는 신경망의 대형화, 높은 컴퓨터 성능, 산문체의 프랑스어 소설을 포함한 더 많은 학습 데이터만으로는 결코 충분하지 않으며 그 이상의 것들이 훨씬 많이 필요하다. 적어도 딥러닝만큼이나 깜짝 놀랄 만한 혁신이 필요할 것이다. 이런 혁신에 명확히 표현된 지식이 필요할지는 모르겠다. 그러나 어쨌든 명확히 표현된 지식과 신경망 기반 딥러닝 사이의 틈을 메꿔줘야 할 것이다.

대분열

2010년 나는 대표적인 국제 인공지능 학술대회 주관을 요청받아 회장으로 활동했다. 그 학회는 포르투갈 리스본에서 열린 인공지능 유럽 학술대회ECAI, European Conference on AI다. 인공지능 연구자들은 ECAI같은 국제 학술대회에 참석하는 일을 매우 중요하게 여긴다. 우리 역시 연구 결과를 논문으로 정리해 ECAI에 제출했으며 심사위원단의 평가를 받았다.

저명한 연구자들로 구성된 ECAI 심사위원단은 학술대회에서 발표될 논문을 결정한다. 인공지능 분야 수준 높은 학술대회의 경우, 제출받은 논문 가운데 단 20퍼센트 정도만이 심사를 통과해 발표 자격을 얻을 수 있으므로 심사 통과는 매우 영광스러운 일이다. 규모가 매우 큰 인공지능 학술대회의 경우, 5천 편 이상의 논문이 제출된다. 그러므로 ECAI 국제 학술 대회 회장으로 요청받은 것은 과학계가 나를 신뢰한다는 뜻이며, 대학 교수로서 연봉 협상을 할 때 내세울 만한 차별화된 성과물이어서 나는 이를 매우 영광스럽게 느꼈다.

학회 회장 업무 가운데는 심사위원단을 조직하는 일이 포함돼 있다. 나는 머신러닝 전문가들을 심사위원으로 모시기 위해 적극적으로 노력했다. 그런데 전혀 예상하지 못했던 일이 일어났다. 내가 연락한 머신러닝 전문가들은 하나같이 학회 참석을 거절했다. 일단 수락하면 제법 많은 일을 해야 하는 만큼 그들이 거절하는 것도 이상하진 않았다. 그러나 모든 머신러닝 전문가들이 참석을 거절할 것처럼 보였다. "나 때문인가?"라는 생각도 했고, "ECAI라는 학회가 문제인가? 아니면 다른 문제가 있나?"라는 생각도 했다.

나는 ECAI를 포함해 인공지능 학술대회 전임 회장들에게 조언을 구했다. 재미있게도 그들 역시 비슷한 경험을 했다. 머신러닝 전문가들은 주류 인공지능을 다루는 학회에 별 관심이 없는 듯했다. 내가 알기에 머신러닝 분야에는 두 가지 대표적인 대규모 학술대회가 있다. 하나는 신경정보처리 시스템 학술대회NeurIPS, Neural Information Processing Systems이고, 다른 하나는 국제 머신러닝 학술대회ICML, The International Conference on Machine Learning다. 그리고 인공지능 세부 분야 대부분이 자신들만의 전문 학술대회를 운영하고 있다. 그러므로 머신러닝 전문가들이 자신들의 전문분야 학술대회에 집중하려는 것은 어찌 보면 당연한 일이다. 그러나 당시 나는 머신러닝 분야의 많은 연구자들이 자신을 인공지능 연구자로 여기지 않는다는 사실을 잘 알지 못했다.

나중에 깨달은 일이지만, 인공지능과 머신러닝 사이의 분열은 꽤 오래전에 시작됐다. 아마도 1969년 민스키와 페퍼트가 쓴 『퍼셉트론』이라는 책이 그 출발점인 듯하다. 앞서 살펴봤듯이 그 책은 1960년대 후반부터 1980년대 중반 『병렬 분산 처리』가 나오기까지 신경망 연구가 중단되는 데 큰 역할을 한 것처럼 보인다. 책이 출간된 지 50년이 지난 오늘날까지도 그 책의 영향에 대한 여러 말들이 있다. 분열의 시작이 무엇이었든지 간에 머신러닝 연구 분야의 많은 연구자가 주류 인공지능을 떠나 자신들만의 분야를 이뤘다. 머신러닝과 인공지능 사이에서 확실한 태도를 취하지 않은 채 마음 편히 연구하는 사람들도 많이 있지만, 오늘날 수많은 머신러닝 전문가들은 자신의 연구에 '인공지능'이라는 분류표가 붙은 것을 보며 놀라거나 때론 짜증을 낼 것 같다. 그들에게 인공지능은 이 책 곳곳에서 이야기했던 수많은 실패 아이디어를 모은 것에 불과하기 때문이다.

3부

우리는 어디로 가고 있는가?

6장

오늘날의 인공지능

딥러닝 기술이 발전하면서 인공지능이 실생활에 사용되기 시작했다. 2010년대 인공지능은 1990년대 출현한 월드 와이드 웹 이래 최고의 관심을 받았다. 데이터와 해결할 문제를 가진 사람은 딥러닝 기술을 이용할 수 있는지 궁금해했다. 대부분의 경우 그 답은 '가능하다'였다. 교육, 과학, 산업, 상업, 농업, 건강, 연예, 미디어, 예술 등 기술이 필요한 모든 분야에서 인공지능이 사용됐다.

미래에는 인공지능 기술이 매우 일반화돼 몇몇 특별한 경우를 제외하고는 사용됐는지도 모를 만큼 보편화될 것이다. 예를 들어 인공지능 시스템은 오늘날의 컴퓨터처럼 우리 삶의 일부가 될 것이다. 또 컴퓨터와 월드 와이드 웹이 그랬듯이 인공지능 역시 이 세상을 바꿀 것이다. 컴퓨터가 사용되는 모든 응용 분야를 일일이 말할 수 없는 것처럼 인공지능이 사용될 모든 응용 분야를 일일이 말할 수는 없다. 그 대신 지난 몇 년 새 등장한 응용 사례들 가운데 몇 개만 소개한다.

2019년 4월 세계 최초로 블랙홀 사진이 세상에 공개됐다.[1] 천문학자들은 전 세계 여덟 대의 전파 망원경에서 얻은 데이터로 5,500만 광년 거리의 지름 640억 킬로미터인 블랙홀의 사진을 만들어냈다. 사진을 완성하기 위해 첨단 컴퓨터 영상 알고리즘이 사용돼 사진의 빠진 부분을 예측했다. 이 사진은 21세기에 등장한 가장 극적인 과학적 성과물 가운데 하나다. 하지만 아마도 당신은 인공지능 덕분에 이런 결과가 가능했다는 사실은 몰랐을 것이다.

2018년 컴퓨터 그래픽 프로세서 제조사인 엔비디아Nvidia는 너무나 진짜 같은 가상 인물 사진을 만들어 자신들의 인공지능 소프트웨어 능력을 과시했다.[2] 엔비디아는 이 사진을 만들기 위해 새로운 유형의 신경망인 생성적 적대 신경망GAN, Generative Adversarial Network을 사용했다. 이 사진은 처음 봤을 때 소름 돋을 만큼 사실적이어서 가상 인물 사진이라는 사실을 믿기 어려웠다. 이처럼 눈으로 구분하기 매우 힘든 사진들이 신경망을 사용해 만들어졌다. 2000년대 초에는 상상할 수도 없었던 기술이 미래 가상현실 프로그램의 핵심 요소가 될 것이다. 현재에도 인공지능은 매우 사실적인 가상현실을 만드는 데 사용되고 있다.

2018년 12월 딥마인드 연구원은 멕시코에서 열린 한 학술대회에서 단백질 접힘이라는 중요한 의학 문제를 이해할 수 있는 알파폴드AlphaFold라는 인공지능 시스템을 발표했다.[3] 단백질 접힘 문제에서는 단백질 구조를 이해하고 예측해야 한다. 이는 알츠하이머 같은 질병을 치료하는 데 매우 중요한 일이지만 엄청나게 어려운 일이다. 알파폴드는 단백질 구조 예측에 고전적인 머신러닝 기술을 사용했다. 이 기술을 활용하면 단백질 구조 예측 같은 매우 어려운 문제를 다루는 연구에서 문제 해결 가능성을 크게 높일 수 있다.

지금부터 이번 장 끝까지 나는 인공지능 기술 적용 가능성이 매우 높은 두 분야인 건강관리와 자율주행차를 좀 더 상세히 살펴보고자 한다.

인공지능 기반 건강관리

> 의대에서는 방사선 전문의 교육을 중단해야 합니다. 앞으로 5년 이내에 딥러닝이 방사선 전문의보다 뛰어난 능력을 보여줄 것이 확실하기 때문입니다.
>
> _제프 힌턴

우리 회사는 개인 건강관리 비서를 만들고 있습니다. 우리는 웨어러블 장치가 수면과 건강지표를 관찰할 뿐만 아니라 뇌졸중을 막아 여러분의 생명을 지키는 24시간 건강 모니터링 장치가 돼야 한다고 생각합니다.

_카디오그램Cardiogram 회사 홈페이지[4]

정치나 경제에 무관심한 사람들조차도 건강관리에 대한 준비가 개별 시민과 정부에게 가장 중요한 재정 문제 가운데 하나라는 사실을 알게 될 것이다. 건강관리 기술의 발전은 지난 200년에 걸친 산업화 사회에서 과학적 방법으로 이룬 가장 중요한 성과물이다.

1800년대, 유럽 사람들의 기대수명은 50세가 채 되지 않았다.[5] 그러나 오늘날 유럽 사람들의 기대수명은 70대 후반이다. 이제 선진국의 경우 여성이 출산을 하다 사망하는 일도 매우 드물다. 이런 큰 변화는 부분적으로 위생에 대한 이해가 높아진 덕분이다. 또한 질병에 효과적인 좋은 약과 치료법이 개발된 것도 중요한 이유다.

그러나 기대수명이 늘어난 가장 큰 이유는 무엇보다도 1940년대에 세균성 감염을 효과적이고 확실하게 치유할 수 있는 항생제가 개발됐기 때문이다. 물론 향상된 건강관리와 기대수명의 증가가 모든 나라에서 나타나지는 않고 있다. 예를 들어 현재 중앙아프리카공화국 국민의 기대수명은 겨우 51세에 불과하며 세계 많은 나라에서 출산은 산모와 태아 모두에게 여전히 위험하다. 그러나 전반적인 동향은 긍정적이며, 이는 분명 축하할 만한 일이다.

그런데 이러한 발전은 다른 문제를 초래했다. 첫째, 평균 연령이

점점 높아지고 있다. 나이가 많으면 많을수록 젊은 사람들에 비해 건강관리를 좀 더 많이 해야 하므로 그에 따른 지출이 증가한다. 둘째, 새로운 약과 치료법의 발전으로 치료 가능한 범위가 넓어졌다. 이 또한 역시 건강관리 비용의 증가로 이어졌다. 건강관리 비용이 높은 것은 전문 의료인 수는 적고 관련 설비를 갖추기 데는 돈이 많이 들기 때문이다. 영국에서 일반의가 되려면 약 10년의 시간이 필요하고, 다른 나라의 사정도 다르지 않다.

건강관리 비용은 세계 어느 나라에서나 끊이지 않는 정치적 이슈다. 영국도 세금으로 운영되는 국민 건강 보험을 1940년대 후반 도입해 무료 의료 서비스를 제공하고 있다. 영국인 모두 정말로 국민 건강 보험을 좋아하지만, 최상의 재원 마련 방법에 대한 논쟁은 끊이지 않는다.

그런데 만약 이 문제에 대해 기술적으로 해결할 방법이 있다면 어떨까?

인공지능을 이용한 건강관리 아이디어 자체는 사실 새롭지 않다. 일찍이 마이신이라는 전문가 시스템이 혈액 질병 진단에서 사람보다 뛰어난 실력을 보여주며 그 능력을 인정받았다. 1980년대 초에도 오늘날과 마찬가지로 건강관리 재원 마련 문제가 있었다. 또한 앞서 언급했던 문제들을 해결하기 위해 건강관리 전문가 수준의 프로그램에 대한 기대가 컸다. 이러한 분위기 속에 마이신과 비슷한 종류의 건강관리 전문가 시스템들이 잇달아 등장한 것은 그리 놀랄 만한 일이 아니다. 다만 대부분 실험실 수준의 소규모 적용 단계를 벗어나지 못했다. 그러나 오늘날은 상황이 달라져 인공지능 기술 발전과 함께 대규모 적용 가능성이 높아지고 있다.

인공지능 기술을 이용한 건강관리의 대표적인 분야로 개인 건강관리 시스템이 있다. 이는 애플워치 같은 스마트 워치나 핏빗Fitbit 같은 신체 활동 추적 장치 등의 등장 덕분에 가능해졌다. 웨어러블wearable 장치로 불리는 기기들은 심장 박동이나 체온 같은 생리 지표를 연속해 측정할 수 있다. 따라서 많은 사람이 현재 건강상태에 대한 데이터를 연속적으로 그리고 저절로 생성하는 매력적인 상황을 기대할 수 있다. 측정된 데이터는 사람들이 들고 다니는 스마트폰에서 혹은 인터넷으로 연결된 시스템에서 인공지능 기술을 이용해 분석될 수 있다.

이런 기술들의 성공 가능성을 결코 과소평가해서는 안 된다. 개인의 건강 상태를 24시간 끊임없이 측정하는 일은 일찍이 가능하지 않았다. 기본적인 수준이기는 해도 인공지능 기반 건강관리 시스템은 건강을 위한 객관적인 의견을 제공할 수 있다. 예를 들어 사용자의 신체 활동을 관찰하고 목표를 제시할 수 있다. 핏빗 같은 기기를 활용하면 이미 가능한 일이다. 대표적으로 '하루 만 걸음 걷기 도전'이 매우 성공적인 사례다. 지금까지 쌓인 데이터를 보면 사람들은 건강관리 활동에 경쟁 개념을 도입하거나 게임화를 적용하면 더 열심히 하는 경향이 있다.

일반 웨어러블 기기는 아직 초기 단계에 머물러 있다. 하지만 지금까지의 상황을 참고하면 앞으로 어떤 일이 일어날지 쉽게 예상할 수 있다. 2018년 9월, 애플에서는 최초로 심장 관찰 기능을 갖춘 4세대 애플워치를 발매했다. 애플워치에 설치된 심전도 앱은 현재 심장 박동수를 지속적으로 관찰할 수 있다. 향후에는 심장 질병 징후를 발견해 필요한 경우 앰뷸런스를 부를 수도 있다. 뇌졸중과 같은 순환성 응급질병의 전조일 수 있는 부정맥은 징후를 찾기 힘들다. 하지만 심전도 앱을 이용해 징후를 관찰할 수 있다.

스마트폰에 달린 가속도계 센서를 사용하면 사람이 쓰러지는 것을 감지해 도움을 요청할 수도 있다. 사실 매우 단순한 인공지능 기술로도 이런 정도의 시스템을 구현하는 일은 충분히 가능하다. 이런 시스템이 실제 사용 가능한 수준으로 발전한 것은 인터넷에 항상 연결된 고성능 컴퓨팅 기기를 가지고 다닐 수 있으며 다양한 생체 센서가 달린 웨어러블 기기가 개발됐기 때문이다.

개인 건강관리 응용 기능 가운데 몇몇은 센서 없이 스마트폰만으로 구현할 수도 있다. 옥스퍼드대학 동료 교수 가운데 몇몇은 스마트폰 사용 방식을 관찰해 치매의 시작을 감지할 수 있다고 생각한다. 즉, 스마트폰 사용 방식의 변화 혹은 스마트폰에 기록된 행동 패턴의 변화를 관찰해 사람들이 알아차리거나 의사에게 정식 진단을 받기 전에 치매의 시작을 알 수 있다.

치매는 개인을 비롯해 사회에 파괴적인 영향을 끼치는 일로 고령화 사회에 엄청난 문제다. 그러므로 치매를 조기 진단하거나 관리할 수 있는 방법이 있다면 이는 사회에 큰 도움이 될 것이다. 현재 치매 관련 연구들은 여전히 매우 초기 단계에 머물고 있지만 앞으로 일어날 수 있는 일들 가운데 하나를 보여준다.

개인 건강관리와 관련된 새로운 기술은 많은 기대를 품게 하는 동시에 잠재적인 문제 또한 갖고 있다. 대표적인 문제가 사생활 보호다. 웨어러블 기기는 사용자가 늘 착용하고 다니며, 24시간 사용자를 감시한다. 웨어러블 기기가 수집한 데이터는 사용자를 위해 사용되겠지만 잘못 사용될 소지가 있다.

사생활 보호 문제와 관련해 떠오르는 분야가 바로 보험 사업이다. 2016년 보험회사 바이탈리티Vitality는 애플워치를 제공하는 보험 상품을 내놓았다. 애플워치는 보험 가입자의 활동을 관찰하고 운동량에 따라 가입자의 보험료가 정해진다. 만약 보험 가입자가 한 달 동안 운동을 하지 않고 소파에 파묻혀 TV만 본다면 보험료 전액을 납부해야 한다.

반대로 피트니스 센터에서 미친 듯이 운동한다면 보험료를 할인받을 수 있다. 얼핏 생각하면 아무런 문제도 없어 보이지만 종종 거슬리는 경우가 있다. 예를 들어 2018년 9월 미국 보험회사 존 핸콕은 활동 관찰기activity tracker를 사용할 사람에게만 보험 가입을 허용하겠다고 선언했다.[6] 이후 존 핸콕은 수많은 사람의 비난에 시달려야 했다.

이런 시나리오에서 한 걸음 더 나아가 관찰에 동의하고 일일 운동 목표량을 달성해야만 국가 건강관리를 포함해 각종 국가 혜택을 받을 수 있다면 어떻게 하겠는가? 여전히 건강관리를 바라겠는가? 하루에 만 걸음씩 걸어야 한다면 어떨까? 몇몇 사람은 도대체 무엇이 문제냐고 반문할지도 모르겠다. 그러나 이는 분명 심각한 사생활 침해이자 인권 학대다.

진단 자동화는 인공지능 기반 건강관리에서 유망한 응용 기능 가운데 하나로 여겨진다. 지난 10년간 엑스레이 사진이나 초음파 사진 같은 의학 사진을 머신러닝으로 분석하는 방법이 큰 관심을 받았다. 이 책을 쓰는 즈음에도 인공지능 시스템을 사용해 의학 사진에서 이상 증상을 효과적으로 찾아낼 수 있다는 논문이 발표됐다. 이런 응용 기능은 머신러닝의 고전적인 응용의 대표적인 사례다. 주로 머신러닝 프로그램은 정상 이미지와 비정상 이미지를 사용해 이상 이미지를 찾아낼 수 있도록 학습된다.

대표적인 예로 딥마인드의 제품이 있다. 딥마인드는 지난 2018년 런던 무어필즈 안과와 협력해 망막 스캔 사진의 이상 유무를 자동으로 판독하는 인공지능 기술을 개발 중이라고 발표했다.[7] 무어필즈 안과 전문 병원에서는 하루에 약 1천 장의 망막 스캔 사진을 촬영할 만큼 망막 스캔 사진 분석이 병원 업무의 큰 부분을 차지한다.

딥마인드는 망막 스캔 사진을 여러 영역으로 나누는 '분할 신경망'과 이상이 생긴 부분을 찾아 병을 진단하는 '진단 신경망'을 사용해 망막 스캔 분석 시스템을 만들었다. 딥마인드는 안과 전문의가 망막 스캔 사진을 어떻게 분할하는지 보여주는 900장의 망막 스캔 사진으로 '분할 신경망'을 학습시켰다. 이와 별도로 1만 5천 장의 망막 스캔 사진으로 '진단 신경망'을 학습시켰다. 실험 결과에 따르면 딥마인드의 망막 스캔 분석 시스템은 안과 전문의와 비슷하거나 높은 수준의 진단 능력을 보여줬다.

한마디로 대단한 결과다. 그런데 이와 비슷하게 엑스레이 사진을 보고 암을 찾아내거나 초음파 사진을 보고 심장 질병을 찾아내는 일 등에 인공지능 기술을 사용해 놀라운 결과를 달성한 예는 여러 곳에서 찾아볼 수 있다. 사진 인식 프로그램 알렉스넷 개발자 가운데 한 명인 제프 힌턴 교수는 머신러닝 기술을 이용해 의료 사진 분석 시스템을 만들 수 있다고 굳게 믿고 있다. 나아가 그는 방사선 전문의 교육이 더 이상 필요 없다고 대담하게 주장한다. 방사선 전문의들은 당연히 발끈했다. 그들은 엑스레이 사진 판독은 자신들의 업무 가운데 작은 일부일 뿐이라고 지적했다.[8]

인공지능 기술을 건강관리에 적용할 때 주의해야 한다고 주장하는 사람들이 많다. 건강관리는 사람에 관한 직업인 만큼 사람과 교감하는 능력이 필요하기 때문에 의사는 환자의 여러 상황을 고려해 환자를 진찰해야 하며 각 환자에게 가장 적합한 치료 방법을 찾을 수 있어야 한다. 현 수준의 기술로도 전문가 못지않게 의료 데이터를 분석할 수 있는 시스템을 만들 수 있다. 그러나 이는 매우 중요한 일이기는 해도 의료 전문가들이 해야 하는 일의 일부에 불과하다.

여전히 일부 사람들이 기계의 진단보다는 사람의 진단을 좀 더 신뢰하지만, 우리는 두 가지 사항을 간과해선 안 된다.

첫째, 의사의 판단을 절대적으로 신뢰하는 일은 너무 순진하다.

사람은 누구라도 완전하지 못하다. 아무리 경험 많고 부지런한 의사라도 때론 지치고 감정에 휘둘린다. 또한 아무리 노력해도 편견과 선입견에 빠져 이성적인 결정을 내리지 못할 때도 많다. 이에 반해 기계는 일관되게 사람 수준의 진단을 할 수 있으며 우리는 그 능력을 최대한 활용해야 한다. 나는 인공지능 기술이 의료 전문가의 대체가 아닌 능력 강화를 목표로 할 때 건강관리 분야에서 가장 잘 사용될 수 있다고 믿는다. 예를 들어 인공지능 기술을 활용하면 의사가 일상적이고 반복적인 업무에서 벗어나 좀 더 어려운 일에 집중할 수 있다.

둘째, 인공지능 의료 시스템과 의사 사이의 선택 문제는 내게 선진국 사람들의 배부른 소리처럼 들린다. 후진국 사람들은 인공지능 의료 시스템이 아니면 치료 자체를 받지 못할 수도 있기 때문이다. 인공지능 기술의 가능성은 무궁무진하다. 이를 이용하면 오늘날 의료 혜택을 받지 못하는 후진국 사람들에게도 의료 서비스를 제공할 가능성이 생긴다. 정말 멋지지 않은가? 나는 이런 일이야말로 인공지능 기술을 이용해 실현할 수 있는 여러 후보 분야 가운데 사회적 영향이 가장 클 것 같은 분야라고 생각한다.

자율주행차

공기보다 무거운 물체가 나는 것은 불가능하다.

_켈빈 경 Lord Kelvin, 영국 왕립 학회 회장(1895년)

오늘날 전 세계 100만 명 이상의 사람이 매년 자동차 사고로 사망한다. 특히 중국과 인도의 자동차 사망자 수는 한 해 25만 명이 넘는다. 부상자까지 합치면 자동차 사고자의 수는 한 해 5천만 명이 훌쩍 넘는다. 전 세계를 공포에 빠뜨렸던 신종플루로 인한 사망자 수가 약 100만 명 정도였던 것을 생각해보면 자동차 사고자의 수는 실로 어마어마하다. 그러나 우리는 자동차의 위험에 무감각해진 나머지 현대 사회에서 살아가기 위해 어쩔 수 없이 받아들여야 하는 일로 생각하는 듯하다. 그러나 인공지능 기술을 이용해 이런 위험을 획기적으로 줄일 여지가 있다. 중단기적으로는 자율주행차가 실제 등장할 가능성이 있으며, 장기적으로는 자율주행차가 전 세계에 널리 퍼져 수많은 사람들의 생명을 구할 가능성이 있다.

자동차 사고를 줄이는 것 외에도 자율주행차를 개발하려는 이유는 다양하다. 컴퓨터 프로그램을 통해 자율주행차의 주행 효율을 높이거나 도로 정보를 좀 더 잘 활용해 교통 체증을 피할 수 있다. 자동차가 좀 더 안전해지면 골격과 겉면을 좀 더 값싸고 가볍게 만들 수 있어 자동차의 가격과 연비를 낮출 수 있다. 심지어 자율주행차가 나오면 자율주행 택시의 이용 가격이 매우 낮아져 경제학적 관점에서 자동차를 소유할 필요가 없을 것이라는 주장도 있다.

이런 이유들 이외에도 수많은 이유로 자율주행차의 개발과 사용은 대세라 할 수 있다. 이에 관한 연구 역사가 꽤 길다는 사실도 그리 놀랍지 않다. 1920년대와 1930년대 자동차가 대중화되면서 자동차 사고로 인한 사고자 수가 급증했다. 대부분의 사고가 사람의 실수였던 탓에 사람들은 해결 방법 가운데 하나로 자율주행차의 가능성을 논의하기 시작했다. 1940년대 이후 줄곧 다양한 연구와 실험이 진행됐지만, 1970년대 마이크로프로세서 기술이 출현한 이후에야 비로소 실현 가능성이 조금씩 보이기 시작했다. 그러나 자율주행차 실현에 필요한 문제들은 너무나 어려웠다. 핵심 문제는 인지였다. 만약 차의 위치와 차 주변에 무엇이 있는지 정확히 인지할 수 있다면, 자율주행차를 구현할 수 있을 것이다. 오늘날에는 머신러닝 기술을 이용해 인지 문제를 해결한다. 머신러닝 기술이 없었다면 자율주행차는 불가능했을 것이다.

유럽 범정부 유레카 연구 재단의 지원을 받은 **프로메테우스 과제**는 오늘날의 자율주행차 기술을 처음 연구한 과제로 널리 알려져 있다. 1987년부터 1995년까지 진행된 프로메테우스 과제에서 자율주행차가 개발됐다. 이 차는 1995년 독일 뮌헨과 덴마크 오덴세 사이를 스스로 왕복했다. 평균 8.9킬로미터마다 한 번씩 사람이 운전에 개입했지만, 사람의 개입 없이 최대 160킬로미터를 주행하기도 했다. 정말 놀라운 성과였다. 당시의 낮은 컴퓨터 성능을 생각하면 더욱 놀라웠다. 프로메테우스 과제는 자율주행차의 가능성을 보여준 것뿐이지만, 과제 결과물들은 오늘날 상용 자동차에서 널리 사용되는 지능 주행 제어 시스템 같은 혁신 기술들로 이어졌다. 한마디로 프로메테우스 과제는 자율주행차의 상용화 가능성을 보여줬다.

자율주행차 연구 열기는 2004년 미국 국방성 고등 연구 계획국DARPA의 **그랜드 챌린지**Grand Challenge 대회 개최로 이어졌다. 자율주행차가 240킬로미터의 미국 시골길을 스스로 주행하는 대회였으며, 대학과 기업에서 총 106개 팀이 참가해 상금 100만 달러를 놓고 겨뤘다. 최종 경기에는 15개 팀만이 남았는데 이들 중 한 팀도 완주에 성공하지 못했다. 심지어 몇몇 팀은 출발지 근처에서 초반에 탈락했다. 가장 성공적인 팀은 카네기멜론대학의 샌드스톰Sandstorm이었다. 하지만 샌드스톰의 자율주행차는 완주를 얼마 남기지 않은 시점에 경로를 이탈해 제방과 충돌했다.

내 기억에 따르면 인공지능 연구자 대부분은 그랜드 챌린지 2004의 경기 결과를 보며 자율주행차 상용화가 아직 멀었다고 생각했다. 이에 DARPA가 2004년에 이어 바로 2005년 대회 개최를 선언하고 상금도 200만 달러로 올리는 것을 보며 다소 의아해했다.

그랜드 챌린지 2005에는 총 195개 팀이 참가했으며 최종 경기에는 23개 팀만이 남았다. 최종 경기는 2005년 10월 8일 네바다 사막의 212킬로미터 코스에서 열렸다. 2004년에 열린 대회와는 달리 이번에는 다섯 개 팀이 완주에 성공했다. 우승은 서배스천 스런Sebastian Thrun이 이끄는 스탠퍼드대학팀의 **스탠리**STANLEY가 차지했다. 스탠리는 평균 시속 32킬로미터로 주행했으며 7시간도 채 지나지 않아 완주에 성공했다. 폭스바겐 투아렉Volkswagen Touareg을 개조해 만든 스탠리에는 일곱 대의 컴퓨터가 장착돼 있었다. 이 컴퓨터들은 라이다, 레이더, 카메라 등으로부터 들어오는 센서 데이터를 처리했다.

그랜드 챌린지 2005의 결과는 인류 역사상 위대한 기술 업적 가운데 하나였다. 1세기 전, 키티 호크Kitty Hawk에서 '공기보다 무거운 비행기'라는 문제가 풀렸던 것처럼 이 대회에서는 '자율주행차'라는 문제가 풀렸다. 라이트 형제가 만든 인류 최초의 비행기는 단 12초 동안 36미터를 비행했다. 그러나 12초의 비행 후, 공기보다 무거운 비행기는 현실이 됐고, 그랜드 챌린지 2005 이후 자율주행차 또한 현실이 됐다.

그랜드 챌린지 2005 이후 비슷한 대회가 잇달아 개최됐다. 아마도 **어번 챌린지**Urban Challenge 2007이 가장 중요한 대회였다고 할 수 있다. 그랜드 챌린지 2005가 시골길에서 개최됐던 데 반해 어번 챌린지 2007은 도시 도로 환경에서 진행됐다. 대회에 참가한 자율주행차들은 주차, 교차로 주행, 교통체증처럼 일상적인 상황 속에서 캘리포니아 도로 교통법을 준수하며 코스를 달려야 했다. 36개 팀이 참가했으나 2007년 11월 3일 서던캘리포니아의 폐쇄된 공항에서 치러진 마지막 경기에는 11개 팀만이 남아 있었다.

6개 팀이 완주한 가운데 평균 시속 22.5킬로미터를 주행해 약 4시간 만에 코스를 완주한 카네기멜론대학팀이 우승을 차지했다.

이 대회 이후 기존 자동차 회사들은 생존을 위해 뒤처지지 않으려 자율주행차에 필사적으로 달려들었고, 새로운 업체들은 기존 자동차 회사의 주도권을 뺏을 기회라고 생각해 대규모 투자를 시작했다. 한편 2014년 미국 자동차 기술 협회는 자동차의 자동화 수준을 정의한 기준을 제시했다.[9]

레벨 0(비자동화): 어떤 종류의 자동화된 제어 기능도 없다. 운전자는 항상 자동차를 직접 운전한다. 자동차는 경고를 포함해 운전자에게 도움 될 만한 데이터를 제공할 수 있다. 오늘날 대부분의 차는 레벨 0에 속한다.

레벨 1(운전자 보조): 자동차는 운전자를 위해 약간의 제어 기능을 제공한다. 그러나 운전자는 언제나 자동차 주행에 집중해야 한다. 운전자 보조 제어 기능의 예로 브레이크와 가속기를 제어해 자동차의 속도를 조종하는 지능형 주행 제어 기능을 들 수 있다.

레벨 2(부분 자동화): 자동차는 방향과 속도를 조종한다. 이때 운전자는 항상 주변을 살펴야 하며 필요하면 즉시 운전에 개입해야 한다.

레벨 3(조건부 자동화): 운전자는 더 이상 주변을 계속 살필 필요가 없다. 자동차는 스스로 처리할 수 없는 상황에 처하면 운전자에게 직접 운전할 것을 요청한다.

레벨 4(고 자동화): 일반적인 상황에서는 자동차가 스스로 운전한다.

다만 운전자는 언제든 운전에 개입할 수 있다.

레벨 5(완전 자동화): 자율주행차의 최종 목표다. 자동차에 탑승해 목적지를 말하면 이후 자동차는 모든 것을 스스로 해결한다. 자동차 핸들이 없다.

이 책을 쓸 당시를 기준으로 상업적 이용이 가능한 최고 수준의 자율주행차 솔루션은 아마도 테슬라 모델 S에 처음 설치된 테슬라 오토파일럿Autopilot일 것이다. 2012년에 출시된 테슬라 모델 S는 테슬라의 고사양 전기차 가운데 플래그십 제품으로 당시 상용 전기차 가운데 기술적으로 가장 앞서 있었다. 2014년 9월부터 모든 테슬라 모델 S에 카메라, 레이더, 거리 센서가 장착됐다. 처음에는 고사양 센서 장착 이유가 불분명했다. 이후 2015년 10월 테슬라가 제한적인 자율 주행 능력을 갖춘 오토파일럿을 공개하자 고사양 센서 장착 이유가 분명해졌다.

테슬라는 자신들이 구현한 자율주행 기술의 한계를 열심히 설명했다. 하지만 언론에서는 오토파일럿 설치 차량을 세계 최초의 자율주행차로 부풀려 표현했다. 테슬라는 오토파일럿을 사용하는 동안에도 핸들을 놓으면 안 된다고 경고했다. 이런 정황을 고려했을 때, 당시 오토파일럿의 수준은 레벨 2 정도였다고 생각한다.

아무리 기술이 좋아도 사고는 나기 마련이다. 실제로 2016년 5월 플로리다에서 테슬라 차량이 대형 트럭과 충돌하는 사고가 발생했다. 오토파일럿과 연관된 첫 번째 사고가 발생하자 전 세계 언론에서 크게 보도했다. 사고 보고서에 따르면 오토파일럿은 밝은 하늘을 배경으로 하얀색 트럭이 앞에 있는 모습에 오작동해 트럭을 인지하지 못한 채 빠른 속도로 트럭에 돌진해 충돌했다. 이 사고로 테슬라 운전자는 그 자리에서 사망했다.

이후 여러 건의 자율주행차 사고가 발생했다. 이들은 현 자율주행차 기술의 핵심 문제처럼 보이는 한 가지 사실을 보여줬다. 자동차의 자동화 수준이 레벨 0이라면, 운전자의 역할은 명확하다. 쉽게 말해 운전자가 모든 것을 다해야 한다. 레벨 5일 경우 역시 명확하다. 반대로 운전자는 아무 일도 할 필요가 없다. 만약 이런 양극단을 제외한 중간 레벨에서 운전자가 자동차에 앉아 있다면 그는 자신의 역할에 대해 불명확하게 느낀다. 예를 들어 플로리다 사고를 포함해 여러 자율주행차 사고를 보면 운전자는 실제보다 훨씬 높은 레벨 4나 5 수준의 자율주행차를 운전하듯 자율주행 기술을 지나치게 신뢰한다. 운전자의 기대와 실제 수준 사이의 괴리에는 기술을 제대로 이해하지 못하고 부풀려 보도한 언론의 잘못도 부분적으로 있는 듯하다. 또한 '오토파일럿'이라는 이름도 사람들이 오해를 하는 데 한몫했다.

2018년 3월 사람들의 관심을 집중시킨 자율주행차 사고가 발생하자 자율주행 기술에 대한 의구심이 또다시 커졌다. 2018년 3월 18일 애리조나주 템피Tempe에서 우버 소유의 자율주행차가 길을 건너던 49세의 행인 일레인 허츠버그Elaine Herzberg를 치어 숨지게 했다. 당시 사고 차량은 자율주행 모드로 운행 중이었다.

자동차 사고가 늘 그렇듯이 여러 가지 사고 원인이 있었다. 사고 차량은 자동 비상 브레이크 시스템이 제어할 수 있는 속도보다 훨씬 빠르게 주행했고 급히 멈춰야 한다는 사실을 인지했을 때는 이미 너무 늦었다.

당시 사고 차량의 센서는 충돌을 피해야 하는 장애물, 즉 허츠버그를 발견했다. 하지만 소프트웨어 동작에 무슨 혼란이 있었거나 자율주행 소프트웨어의 제어 우선순위가 이상하게 설정된 탓인지 예상과 다르게 동작했다. 그럼에도 불구하고 가장 중요한 사고 원인을 하나 들자면 자율주행 기술에 대한 운전자의 과신일 것이다. 운전자는 운전에 개입해 직접 운전하는 대신 스마트폰으로 TV를 보느라 거의 바깥을 살피지 않았다. 운전자는 자율주행차의 자율주행 기술을 매우 확신했다. 사실상 허츠버그는 죽음을 피할 수 있었다. 이 사고는 사람의 잘못이지 결코 기술의 잘못이 아니었기 때문이다.

안타깝기는 하지만 자율주행차가 대중화되기까지 비극적 사고는 계속 발생할 것이다. 물론 사고를 예상하고 줄이기 위해 최선의 노력을 다해야겠지만 완전히 피할 수는 없다. 그러므로 사고가 일어났을 때 우리는 사고를 통해 교훈을 얻어야 한다. 결국 전자식 비행 조종 장치 기술 덕분에 비행기가 훨씬 안전해졌듯이 자율주행차 기술을 사용해 훨씬 안전한 자동차를 만들 수 있을 것이다.

자율주행차 기술을 둘러싼 뜨거운 관심으로 짐작건대 대중화가 멀지 않은 듯하다. 과연 얼마나 가까워졌을까? 자율주행차에 탑승해 목적지만 말하면 되는 세상은 언제쯤 실현될까? 이러한 예측을 가늠할 수 있게 하는 가장 객관적인 판단 지표가 하나 있다. 바로 자율주행차 업체들이 시험 운행 허가를 받기 위해 캘리포니아 주정부에 제출해야 하는 정보다. 그 가운데 특히 자율주행 모드 운행 거리와 자율주행 모드 해제 횟수에 관한 기록이 담긴 자율주행차 해제 보고서Autonomous Vehicle Disengagement Report가 가장 중요하다. 자율주행 모드 해제는 일레인 허츠버그 교통사고 때와 같이 운전자가 운전에 개입해야 하는 상황을 뜻한다. 물론 자율주행 모드 해제가 사고 순간에만 일어나는 것은 아니지만 적어도 이 데이터를 보면 자율주행차 기술의 수준을 알 수 있다. 즉, 자율주행 단위 거리당 해제 횟수가 적으면 적을수록 더 좋다.

2017년 20개 업체가 자율주행차 해제 보고서를 캘리포니아 주정부에 제출했다. 보고서에 따르면 주행거리 1,600킬로미터(1,000마일)당 가장 적은 해제 횟수를 달성한 업체는 구글의 자율주행차 회사 웨이모Waymo로 평균 8,046킬로미터당 한 번꼴로 자율주행 모드 해제가 발생했다. 해제 횟수가 가장 많았던 업체는 최고의 자동차 업체 가운데 하나인 메르세데스 벤츠로 1,600킬로미터당 무려 774회 발생했다. 웨이모는 2005년 그랜드 챌린지 우승을 이끌었던 서배스천 스런의 구글 사내 과제로 출발해 2016년 구글 자회사가 됐다. 2018년 웨이모는 자율주행 모드 해제 없이 1만 7,700킬로미터를 주행했다.

이런 데이터를 통해 어떤 사실을 알 수 있을까? 특히 자율주행차는 언제쯤 실현될까? BMW, 메르세데스 벤츠, 폭스바겐과 같은 기존 대형 자동차 회사의 뒤처진 자율주행차 기술 수준을 보며 기존 자동차 제작 능력이 자율주행차 제작에 핵심 요소가 아니라는 사실을 알 수 있다. 생각해보면 전혀 놀랍지 않은 이야기다. 자율주행차의 핵심 기술은 내부 연소형 엔진이 아닌 인공지능 소프트웨어다. 그런 이유로 미국 대형 자동차 회사인 제너럴 모터스General Motors는 2016년 자율주행차 회사인 크루즈 오토메이션Cruise Automation을 엄청난 금액을 지불하고 인수했다. 포드Ford 또한 자율주행차 스타트업이었던 아르고Argo AI에 10억 달러를 투자했다. 두 회사 모두 상용 수준의 자율주행차를 만들어 팔겠다는 야심찬 계획을 공개적으로 발표했다. 특히 포드는 2021년 10월쯤이면 완전 자동화된 상용 자동차를 판매할 수 있을 것이라 예측했었다.[10]

사실 자율주행 모드 해제를 결정하는 기준은 회사마다 다르며 공개되지도 않는다. 메르세데스 벤츠의 경우 자율주행 기준이 너무 엄격해 자율주행 모드 해제가 지나치게 자주 발생하는 것일 수도 있다. 그러나 이 책을 쓰고 있는 이 순간, 웨이모가 다른 회사들보다 저만치 앞서가고 있다는 사실은 부인하기 힘들어 보인다.

캘리포니아주에 제출된 자율주행 모드 해제 데이터를 사람과 비교해보면 흥미로운 사실을 알 수 있다. 정확한 통계는 없지만 미국 운전자를 기준으로 심각한 사고를 당했을 당시 평균 주행거리는 수십 만 킬로미터다. 기준에 따라서는 100만 킬로미터보다도 크다. 이는 자율주행 기술에서 가장 앞선 업체인 웨이모조차 사람과 비슷한 수준의 자율주행 기술을 확보하기 위해 보유 기술을 백배 이상 향상시켜야 한다는 의미다. 물론 웨이모의 자율주행 해제 기준이 사고는 아니므로 이런 식의 비교는 전혀 논리적이지 않을 수도 있다. 하지만 적어도 자율주행차 회사들이 해결해야 하는 목표 수준을 보여준다.

자율주행차 개발 엔지니어들과 이야기해보면 예상하지 못한 경우를 다루는 일이 어렵고 중요하다고 말한다. 도로에서 맞닥뜨릴 수 있는 수많은 경우를 가정해 자율주행차를 훈련시키지만 미처 훈련시키지 못했던 경우가 일어나면 어떤 일이 벌어질까? 대부분의 경우 운전은 반복적이며 충분히 예상할 수 있는 경우들이 벌어진다. 하지만 전혀 예상하지 못한 경우도 일어날 수 있다. 사람은 세상에 대한 경험으로 예상하지 못한 상황에 대처하기 위해 생각을 한다. 혹시라도 생각할 시간이 없다면 본능에 의존한다. 그러나 자율주행차에는 사람과 같은 고등 기능이 없으며 당분간도 없을 듯하다.

도로 상태 변경 문제도 있다. 즉, 현실에서는 수동주행차만 있는 상태, 수동주행차와 자율주행차가 섞여 있는 상태, 자율주행차만 있는 상태가 혼재돼 있기 때문이다. 사실 자율주행차의 운전 스타일이 사람과는 다르기 때문에 함께 도로를 주행할 사람 운전자들이 혼란스러워하거나 불안해할 수 있다. 반대로 예측 불가능하고 도로 규칙도 종종 어기는 사람 운전자 때문에 자율주행차 역시 이들을 이해하거나 이들과 함께 안전하게 운전하는 데 어려움을 겪는다.

자율주행 기술의 발전에 대한 나의 긍정적인 평가를 고려할 때, 너무 비관적인 이야기들이라 당황스럽게 느낄 수 있다. 지금부터는 향후 10년 내 어떤 일들이 벌어질지에 관한 내 생각을 설명해 보려 한다.

첫째, 분명 10년 이내에 자율주행차 기술이 어떤 형태로든 일상적 용도로 사용될 것이라 믿는다. 물론 레벨 5 자율주행 기술이 눈앞에 있다는 뜻은 아니다. 레벨 5 미만의 자율주행 기술이 사용돼도 안전한 틈새 분야에 먼저 사용된 후 적용 영역을 점차 넓혀가리라 생각한다.

자율주행차 기술이 우선 사용될 틈새 분야는 어디일까? 한 예로 호주 서부나 캐나다 앨버타Alberta의 노천광 등지에서 자율주행차 기술이 사용될 것이다. 이런 곳에는 예측 못 할 행동을 하는 보행자나 자전거 타는 사람이 거의 없다. 사실 광산업 분야에서는 자율주행차 기술이 이미 제법 큰 규모로 사용되고 있다. 예를 들어 영국계 호주 광산업체인 리오 틴토Rio Tinto는 2018년 호주 서부 필바라Pilbara에서 10억 톤 이상의 광석과 광물을 자율주행 트럭으로 운반했다고 주장한다.[11] 공개된 자료에 따르면 리오 틴토의 트럭은 '자율'보다는 '자동'에 초점을 맞추고 있어 레벨 5 수준과는 거리가 멀어 보인다. 그럼에도 불구하고 제한된 환경에서 자율주행차로 큰 효과를 낸 좋은 예라고 생각한다.

공장, 항구, 군사 시설 등도 대체로 광산과 비슷하게 자율주행차로 큰 효과를 볼 수 있는 업종일 듯하다. 그러므로 나는 향후 몇 년 이내에 이런 업종들에서 자율주행차가 대규모로 사용될 것이라 확신한다. 자율주행차가 이런 틈새 응용 기능들을 넘어서 대중화되는 시나리오들도 몇 가지 있다. 그 가운데 일부 혹은 전부도 일어날 수 있다. 아마도 지도화가 잘된 도시 혹은 이동 경로가 정해진 특정 노선에서 저속 무인 택시가 운행될 가능성이 크다. 비상 상황에 대비해 운전자가 함께 타는 제한된 형태이긴 하지만, 몇몇 회사에서는 이미 비슷한 서비스를 시험 제공하고 있다. '저속 운행'이라는 제한도 교통체증으로 늘 차가 막히는 런던 같은 도시에서는 큰 문제가 아니다.

도시 혹은 고속도로에 자율주행차 전용 차선이 생길 수도 있다. 대다수 도시에 이미 버스 전용 차선이나 자전거 전용 도로가 있는 마당에 자율주행차 전용 차선이라고 생기지 말란 법이 어디 있겠는가? 자율주행차 전용 차선이 있다면, 전용 센서 등 안전 운행에 도움 될 만한 자율주행차 전용 장치를 설치할 수 있으며, 일반 운전자들에게 '자율주행차를 조심해!'라는 주의 신호를 주는 효과도 생길 것이다.

조심스럽기는 하지만 레벨 5 수준의 자율주행은 여전히 먼 이야기다. 내 생각에 최소 20년은 지나야 레벨 5 수준의 자율주행차가 널리 보급될 것이다. 그러나 시기가 문제일 뿐, 반드시 실현된다. 확신하건대 내 손자들은 자신의 할아버지가 차를 직접 몰았다는 사실에 놀라거나 흥미로워할 것이다.

7장

인공지능의 공포

21세기 인공지능 기술이 빠르게 발전하면서 언론 또한 인공지능 기술을 비중 있게 다루고 있다. 일부 언론 보도는 인공지능 기술을 논리적이고 객관적인 시각으로 다루며 유용한 정보와 건설적인 의견을 제공하는 반면, 상당수 언론 보도는 터무니없는 유언비어 수준이라 솔직히 어이가 없다. 예를 들어 2017년 7월 메타에서 시스템 설계자가 이해할 수 없는 컴퓨터 언어로 대화를 시작한 두 대의 인공지능 시스템을 전원을 내려 강제 종료시켰다는 기사가 널리 퍼졌다.[1]

당시 신문 머리기사에는 메타가 인공지능 시스템을 제어하지 못할 것을 두려워해 시스템 전원을 끌 수밖에 없었다는 인상을 분명하게 줬다. 사실 메타 측에게 이 실험은 흔히 있었던 일로 아무 문제도 없는, 대학 과제물 수준이었다. 시스템이 통제받지 않고 미친 듯이 날뛸 가능성은 집 안의 토스터가 갑자기 킬러 로봇으로 변할 확률과 그리 다르지 않다. 쉽게 말해 불가능하다는 뜻이다.

이에 관한 기사를 보며 어이없기도 했지만, 다른 한편으로는 좌절감을 느꼈다. 결국 우리 인공지능 연구자들이 제어할 수도 없으며 인류 생존에 위협이 되는 무언가를 만들고 있다는 「터미네이터」의 세계에나 어울릴 법한 기사였기 때문이다(그런 기사를 읽으면 터미네이터 역할을 맡았던 아널드 슈워제네거의 목소리가 들려오는 듯하다). 물론 이런 종류의 이야기는 어제오늘의 일이 아니다. 적어도 메리 셸리의 프랑켄슈타인까지는 거슬러 올라가야 한다.

이런 식의 생각과 주장은 인공지능의 미래에 관한 토론에서도 잘 나타난다. 사람들은 인공지능의 미래를 그 옛날 핵무기를 다뤘던 회의와 비슷한 분위기 속에서 논의한다. 페이팔과 테슬라의 공동 창업자 일론 머스크Elon Musk는 인공지능에 관한 자신의 걱정을 공개적으로 드러냈다. 머스크는 책임질 수 있는 인공지능 연구를 지원하는 일에 1천만 달러를 기부했다. 또한 세계 최고의 과학자 가운데 한 명인 스티븐 호킹Stephen Hawking 교수는 지난 2014년 인공지능이 인류 생존에 위협이 될까 두렵다고 공개적으로 이야기했다.

그러나 「터미네이터」 세계의 이야기는 다음과 같은 이유로 바람직하지 않다. 첫째, 걱정할 필요가 없는 일을 걱정하게 만든다. 둘째, 정작 신경 써야 할 일들에 신경 쓰지 못하게 한다. 이런 일들은 「터미네이터」 같은 이야기처럼 언론에 대대적으로 보도되지는 않지만 미래가 아닌 지금 당장 고민해야 한다. 그러므로 나는 여러분이 인공지능에 관해 올바르게 인식하도록 인공지능의 자극적인 공포에 관해 이야기하려 한다. 즉, 인류 위협에 관한 시나리오의 현실성과 인공지능에 얽힌 오해에 대해 그런 일이 어떻게 일어날 수 있는지, 일어날 가능성은 있는지 단도직입적으로 논의하려 한다.

이런 논의는 도덕 대리자moral agent로 동작하는 인공지능 시스템의 가능성과 그간 제안된 다양한 윤리적 인공지능의 프레임워크에 관한 논의로 이어진다. 무서운 이야기라고는 할 수 없지만 마지막으로 인공지능 시스템의 다음과 같은 모습에 대해서도 강조해 이야기할 것이다. 만약, 인공지능 시스템이 우리를 대신해 일하기 원한다면 우리는 우리가 원하는 것을 인공지능 시스템에게 말해야 한다. 그러나 이는 어렵다고 판가름 난 일이다. 그리고 우리가 원하는 것을 주의해 이야기하지 않으면 우리가 원하는 것을 얻을지는 모르나, 정말로 원하는 것을 얻지 못할 수 있다.

특이점은 헛소리다

오늘날 인공지능에 관해 이야기할 때, 「터미네이터」 세계의 이야기와 가장 자주 연결되는 개념은 다름 아닌 **특이점**Singularity이다. 이 개념은 미국의 미래학자인 레이먼드 커즈와일Raymond Kurzweil의 책 『특이점이 온다The Singularity is Near』(2007)에 처음 소개됐다.[2] 다음은 책의 한 문단이다.

> 특이점이 다가온다는 주장의 밑바탕에는 기술의 발전 속도가 점점 빨라지는 데다 기술의 영향력 또한 걷잡을 수 없는 속도로 빠르게 확장되고 있다는 생각이 깔려 있다. (중략) 수십 년 내에 인간의 모든 지식과 경험, 패턴 인식 능력, 문제 해결 기술, 두뇌에 담긴 감정과 도덕 지능 등 모든 것이 정보 기반 기술 속에 내장될 것이다.

커즈와일은 특이점을 폭넓은 시각에서 바라봤다. 그러나 사람들은 이런 특이점을 컴퓨터의 지능이 사람의 지능을 뛰어넘는 순간이라고 명확하게 정의하고 받아들였다. 특이점에 이르면 컴퓨터는 자신의 지능으로 자신의 능력을 직접 키우기 시작한다. 능력이 향상된 컴퓨터는 향상된 능력으로 자신의 능력을 더욱 빠르게 키워나간다. 이후 이 과정은 반복되므로 일단 뒤떨어진 사람은 다시는 컴퓨터를 제어할 수 없다.

매우 흥미롭고 놀라운 생각이다. 그러나 이런 생각의 밑바탕에 깔린 논리를 생각해보자. 간단히 말해 커즈와일의 주장은 컴퓨터의 정보 처리 능력이 사람 두뇌의 정보 처리 능력을 넘어설 만큼 컴퓨터 하드웨어(프로세서와 메모리)가 매우 빠르게 발전한다는 생각에서 출발한다. 그의 생각은 컴퓨터 프로세서 회사인 인텔의 공동 창업자 고든 무어Gordon Moore가 1960년대 중반 제시한 무어의 법칙Moore's law과도 일맥상통한다. 컴퓨터 프로세서는 트랜지스터라는 기본 소자로 이뤄지며, 하나의 칩에 집적된 트랜지스터의 숫자가 많으면 많을수록 칩은 단위 시간에 좀 더 많은 일을 처리할 수 있다.

무어의 법칙에 따르면 같은 크기의 칩에 집적될 수 있는 트랜지스터의 개수는 18개월마다 두 배씩 증가한다. 이는 컴퓨터 프로세서의 정보 처리 능력이 18개월마다 대략 두 배씩 증가한다는 뜻이다. 또한 컴퓨터 프로세서의 가격과 크기가 같은 속도로 각각 떨어지고 줄어든다는 뜻이다. 2010년 전후로 프로세서 설계 기술들이 하나둘씩 물리적 한계에 다다르기 시작했으나 지난 50년간 무어의 법칙은 프로세서 발전 추이와 잘 맞아떨어졌다.

커즈와일은 특이점이 올 수밖에 없는 이유를 컴퓨터 성능의 발전에서 찾는다. 그러나 이런 논리는 어딘가 의심스러운 부분이 있다. 다음과 같이 생각해보자. 당신의 두뇌를 컴퓨터로 다운로드 받는다. 물론 상상이다. 이때 두뇌를 다운로드한 컴퓨터는 역사상 가장 높은 성능의 컴퓨터였다고 가정한다. 당신의 두뇌와 고성능 컴퓨터를 결합해 컴퓨팅 성능을 마음대로 사용할 수 있게 됐다고 해서 당신이 슈퍼 지능을 갖게 된 것일까? 물론 훨씬 빠르게 생각할 수는 있겠지만 그것이 더 똑똑해졌다는 뜻일까?

겉보기에는 똑똑해졌다고 생각할 수도 있겠지만 속을 들여다보면 혹은 특이점이라는 관점에서 생각해보면 그렇지 않다.[3] 컴퓨터 성능만으로는 특이점에 도달할 수 없는데, 컴퓨터 성능은 특이점에 도달하기 위한 필요조건일 뿐(고성능 컴퓨터 없이는 인간 수준의 지능에 도달하지 못한다) 충분조건은 아니기(고성능 컴퓨터만으로는 인간 수준의 지능에 도달하지 못한다) 때문이다. 달리 말하자면 컴퓨터에서 실행될 인공지능 소프트웨어는 하드웨어에 비해 훨씬 느린 속도로 발전한다.

특이점에 대해 의심하는 또 다른 이유들이 있다.[4] 가령 인공지능 시스템이 사람만큼 똑똑해진다고 해서 사람의 이해력을 뛰어넘을 수 있는 속도로 스스로를 향상시킬 수 있다는 뜻은 아니다. 지금까지 이 책을 읽었다면 느꼈을 것이다. 지난 60년간 사람은 인공지능 기술을 빠르게 발전시키지 못했다. 그렇다면 사람 수준의 범용 인공지능이라고 해서 인공지능 기술을 사람보다 더 빠르게 발전시킬 수 있다고 어떻게 주장할 수 있겠는가?

이번 장 처음에서 언급했던 메타 사례를 예로 들어 인공지능 시스템들이 유기적으로 연동해 사람의 이해나 제어를 뛰어넘을 수 있다고 주장할 수도 있다. 그러나 그런 주장은 여전히 미덥지 못하다. 아인슈타인과 같은 능력을 가진 1천 명의 클론이 있다고 가정해보자. 과연 그들의 집단 지능이 아인슈타인보다 1천 배 뛰어나다고 할 수 있는가? 오히려 훨씬 떨어질 수도 있다고 생각한다. 또한 1천 명의 아인슈타인 클론이 집단으로 일해 아인슈타인보다 일들을 더 빠르게 처리할 수 있다고 해서, 그것이 더 똑똑하다는 뜻도 아니다.

이런 이유들로 내가 아는 인공지능 연구자 대부분은 가까운 미래에 특이점이 오는 일은 없다고 생각한다. 게다가 우리는 오늘날의 컴퓨팅과 인공지능 기술이 어떤 식으로 특이점까지 발전할 수 있는지도 전혀 알지 못한다. 그러나 여전히 인공지능의 미래를 부정적인 시각으로 쳐다보는 사람들이 있다. 그들은 자신들의 주장에 반대하는 의견들이 단지 자기 위안용일 뿐이라고 주장한다. 덧붙여 핵폭탄을 예로 들어 설명한다. 1930년대 초, 과학자들은 원자 핵 속에 엄청난 양의 에너지가 있다는 사실을 알고 있었다. 그러나 에너지 방출이 가능한지, 가능하다면 어떻게 방출시킬 수 있는지 알지 못했다. 게다가 일부 과학자들은 핵에너지 이용 아이디어를 코웃음 치며 경멸했다.

당시 가장 유명한 과학자 가운데 한 명인 러더퍼드 경Lord Rutherford은 핵에너지를 이용하겠다는 주장이 완전한 헛소리라고 주장했다. 그러나 러더퍼드 경의 비난이 있은 바로 다음 날, 물리학자 레오 실라르드Leo Szilard는 런던에서 러더퍼드 경의 주장을 생각하며 길을 건너던 중 갑작스럽게 핵 연쇄반응 아이디어를 생각해냈다. 10년 후, 미국은 원자폭탄을 일본에 투하했다. 실라르드가 찰나의 순간 떠올렸던 핵 연쇄반응을 이용해 만들어진 바로 그 원자폭탄이었다.

이와 비슷하게 번뜩이는 아이디어로 우리를 특이점으로 안내해

줄 인공지능 연구의 레오 실라르드가 있지 않을까? 물론 가능성을 배제할 수는 없겠지만 있을 것 같지 않다. 사실 핵 연쇄반응은 중학생도 이해할 수 있을 만큼 매우 간단하다. 그에 반해 지난 60년간의 인공지능 연구 결과에 따르면 사람 수준의 인공지능 구현은 불가능해 보인다.

그렇다면 100년 후 혹은 1000년 후의 먼 미래에는 어떨까? 솔직히 모르겠다. 100년 후에 어떤 컴퓨터 기술이 나올지 예측한다는 것은 바보 같은 짓일 것이다. 하물며 1000년 후의 일을 어찌 미리 알 수 있겠는가? 다만 특이점이 일어난다 할지라도 「터미네이터」에서처럼 갑작스럽게 일어날 것 같지는 않다. 브룩스의 유추법을 사용해 사람 수준의 지능으로 보잉 747을 만들 수 있다고 생각해보자. 우연히 혹은 아무런 계획이나 예상도 없이 갑자기 보잉 747을 만들 수 있을 것 같은가? 아닐 듯하다. 그러나 가능성은 낮지만 특이점이 온다면 우리 모두에 대한 영향이 매우 크므로 특이점에 대해 생각하거나 대비할 필요가 있다는 주장도 있다.

특이점 발생 여부는 모르겠지만 현 시점에서도 인공지능에 관한 법 제정을 심각하게 고려할 만한 이유들이 있어 보인다. 그렇다면 핵무기와 마찬가지로 인공지능 기술 개발을 제어하기 위해 국제 협약 같은 것을 만들 필요는 없을까? 그런데 인공지능 기술의 연구 및 사용에 관해 법을 만들자는 생각은 그리 타당해 보이지 않는다. 수학 연구 및 사용에 관해 법을 만들자는 이야기와 별다르지 않기 때문이다.

아시모프의 로봇 3원칙

일반 대중들과 「터미네이터」 세계의 이야기를 주제로 이런저런 이야기를 나누다 보면, 몇몇 사람은 인공지능이 자의적으로 행동할 수 없게 만들어 불행한 일을 미리 막아야 한다고 주장한다. 그리고 바로 뒤이어 몇몇 사람이 공상과학 작품으로 유명한 아이작 아시모프Isaac Asimov가 만든 **로봇 3원칙**이 필요하다고 주장한다. 아시모프는 전자두뇌와 인공지능을 가진 로봇을 주제로 여러 작품들을 쓰던 1939년에 로봇 3원칙을 만들었다. 이후 40년 이상 그의 로봇 3원칙은 그가 쓴 유명한 단편 작품들의 단골 소재로 사용됐다. 심지어 실망스러웠던 할리우드 영화에서도 사용됐다.[5] 아시모프의 작품 속에서 전자두뇌로 대표되는 인공지능은 흥미진진하기는 하지만 별다른 의미는 없다. 다만 로봇 3원칙은 흥미롭게 살펴볼 필요가 있다.

> 로봇은 사람에게 해를 가해서는 안 되며, 아무것도 하지 않음으로써 사람이 해를 입게 만들어서도 안 된다.
> 로봇은 첫 번째 원칙에 어긋나지 않는 한, 사람의 명령에 반드시 복종해야 한다.
> 로봇은 첫 번째 원칙과 두 번째 원칙에 어긋나지 않는 한, 자신을 보호해야 한다.

세 가지 규칙은 겉보기에 정교해 보여 별다른 허점도 보이지 않을 만큼 잘 구성돼 있다. 그렇다면 이 법칙이 내장된 인공지능 시스템을 실제로도 만들 수 있을까?

아시모프의 로봇 3원칙에 대해 이야기할 때 해당 원칙이 정교해 보이기는 해도 아시모프의 대다수 작품들은 이 원칙에 약점과 모순이 있다는 설정에서 전개된다는 사실을 주목해야 한다. 예를 들어 그의 작품 『런어라운드Runaroud』에 등장하는 로봇 SPD-13은 명령 수행(로봇 원칙 2)과 자기 보호(로봇 원칙 3) 사이에서 갈등하며 액체 셀레늄 웅덩이 주변을 끝없이 맴도는 운명을 가진 듯했다. 즉, 셀레늄 웅덩이에 가까이 가면, 자기 자신을 보호해야 한다는 원칙이 떠오르고, 웅덩이에서 멀어지면 명령에 복종해야 한다는 원칙이 떠올라 SPD-13은 일정한 거리를 두고 웅덩이 주위를 맴돌기만 했다. 그의 작품에는 이런 이야기가 많이 나오는 만큼 아직 읽어보지 않았다면 꼭 읽어보길 바란다. 결론적으로 로봇 3원칙이 정교해 보이기는 하지만 빈틈없이 완벽하지는 않다.

더 큰 문제는 인공지능 시스템에서 로봇 3원칙을 구현하는 일이 가능하지 않다는 사실이다. 예를 들어, 로봇 원칙 1을 구현한다고 생각해보자. 인공지능 시스템은 아마도 특정 행동을 하기 전에 그 행동이 현재는 물론 미래를 포함해 모든 인간에게 끼칠지 모르는 영향을 고려해야 한다. 이런 일은 분명 가능하지 않다. '아무것도 하지 않음으로써'라는 부분도 역시 문제다. 인공지능 시스템이 모든 사람에 대해 자신이 할 수 있는 모든 행동이 해를 입지 않게 할 수 있는지 항상 고려해야 한단 말인가? 당연히 이 또한 불가능하다.

사실 '해'의 개념조차도 이해하기 어렵다. 예를 들어 당신이 런던에서 로스앤젤레스까지 비행기로 이동한다고 가정해보자. 비행기가 하늘을 나는 동안 엄청난 양의 천연자원을 소비하고 엄청난 양의 공해 물질을 배출하면 분명 누군가에게 해를 끼친다. 그러나 얼마나 해를 끼치는지 정량화할 수는 없다. 만약 당신이 내가 이야기한 예가 너무 인위적이고 지나치다고 지적한다면 나는 이런 이유로 비행기를 타지 않는 몇몇 내 지인들을 당신에게 소개해줄 수도 있다. 내 생각에 아시모프의 로봇 3원칙을 문자 그대로 지키는 로봇이라면 결코 비행기를 타지 않을 것이다. 또한 그런 로봇은 많은 일을 할 수 없을 것 같다. 아마도 갈등 속에 아무런 결정도 하지 못하고 세상을 피해 구석 어딘가에 웅크리고 앉아 있을 듯하다.

아시모프의 로봇 3원칙은 인공지능 시스템 설계자들에게 일반적인 가이드라인을 제공할 수 있다. 실제로 대부분의 인공지능 연구자들이 로봇 3원칙을 암묵적으로 받아들인다. 하지만 인공지능 시스템 안에 로봇 3원칙을 문자 그대로 구현해 넣을 수 있다는 생각은 현실적이지 않다. 이처럼 로봇 3원칙 혹은 인공지능 시스템의 윤리 원칙을 세우기 위해 만들어진 다른 원칙들이 우리에게 별다른 도움이 되지 못한다면, 누구나 공감하는 인공지능 시스템의 동작 규칙을 어떻게 생각할 수 있을까?

트롤리 딜레마

아시모프의 로봇 3원칙은 인공지능 시스템의 의사결정 방법에 대한 큰 틀을 만든 첫 번째 시도이자 가장 유명한 시도로 볼 수 있다. 로봇 3원칙이 인공지능 시스템의 중요한 윤리적 틀로서 제시된 것은 아니었지만 인공지능 기술의 빠른 발전과 함께 최근 등장해 중요하게 연구되는 여러 윤리 원칙들의 조상이라 할 수 있다.[6] 지금부터 이번 장 끝까지 이런 윤리 원칙들을 살펴보며 그들이 옳은 방향을 향하고 있는지 논의한다. 먼저 윤리적 인공지능 연구 분야에서 다른 어떤 시나리오보다 큰 관심을 끌고 있는 한 가지 시나리오를 소개하며 논의를 시작하려 한다.

트롤리 딜레마 Trolley Problem는 1960년대 후반 영국 철학자 필리파 풋Philippa Foot이 처음 제시한 윤리 철학 분야의 사고 실험이다.[7] 풋은 낙태의 도덕성에 관한 몇몇 감정적 이슈들을 다루고자 트롤리 딜레마라는 문제를 제시했다. 다양한 시나리오의 트롤리 딜레마 문제들이 있으나 가장 일반적인 시나리오는 다음과 같다(그림 21 참고).

고장 나 제어할 수 없는 트롤리 한 대가 움직일 수 없는 다섯 사람을 향해 빠른 속도로 돌진한다. 철로 옆에는 레버가 하나 있는데, 레버를 당기면 철로를 변경시켜 트롤리의 이동 경로를 바꿀 수 있다. 그러나 새로운 경로에는 움직일 수 없는 한 사람이 있다. 그러므로 레버를 당긴다면 죽을 뻔했던 다섯 사람이 살아나겠지만 안전했던 한 사람이 죽어야 한다. 레버를 당겨야 할까, 아니면 그대로 두어야 할까?

트롤리 딜레마는 자율주행차의 상용화 가능성이 높아지면서 큰 관심을 받고 있다. 전문가들에 따르면 이런 상황이 자율주행차에 충분히 발생할 수 있으며, 자율주행 소프트웨어는 불가능하지만 어느 쪽이든 결정해야 한다. 예를 들어 2016년 8월 한 인터넷 언론이 "자율주행차는 이미 누구를 죽일지 결정하고 있다."라는 자극적인 머리기사를 내보내기도 했다.[8] 당시 온라인에서 논쟁이 뜨겁게 벌어졌다. 내가 알고 지내던 몇몇 철학자들은 그동안 윤리 철학

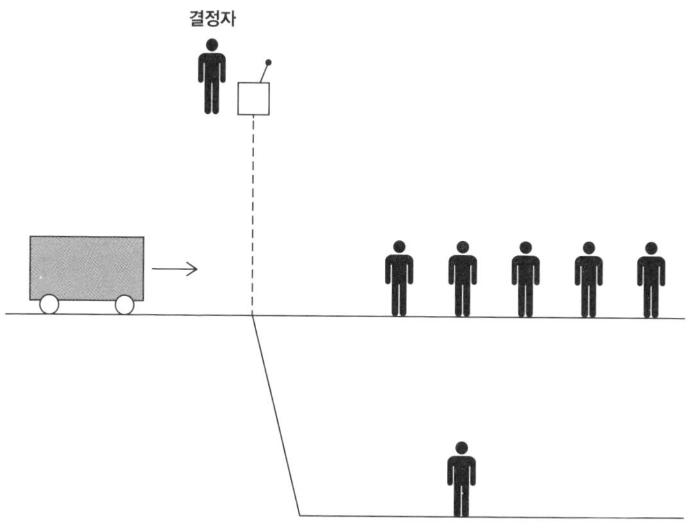

그림 21 트롤리 딜레마. 결정자가 아무것도 하지 않는다면, 위쪽 철로의 다섯 명이 목숨을 잃는다. 반대로 결정자가 레버를 당긴다면, 아래쪽 철로의 한 명이 목숨을 잃는다. 결정자는 어떻게 해야 하는가?

분야에서도 별로 주목받지 못했던 트롤리 딜레마에 관해 자신들의 견해를 묻고 답을 경청하는 사람들을 보며 놀라면서도 우쭐해했다.

매우 간단해 보이는 문제임에도 불구하고 트롤리 딜레마에는 깜짝 놀랄 만큼 복잡한 이슈들이 담겨 있다. 즉흥적으로 나는 모든 조건이 같다는 가정하에 다섯 사람보다는 한 사람이 죽는 것이 나으므로 레버를 당겨야 한다고 생각한다. 철학자들은 나같이 행위의 도덕성을 결과로만 판단하는 사람을 결과주의자라고 부른다. 가장 잘 알려진 결과주의 이론으로 **공리주의**가 있다. 공리주의는 18세기 영국 철학자 제러미 벤담Jeremy Bentham과 그의 제자인 존 스튜어트 밀John Stuart Mill의 연구에서 시작됐다. 두 사람은 최대 행복의 원리, 즉 최대 다수의 최대 행복이라는 개념을 구체화했다. 이 개념에 따르면 사람은 세상의 전체적인 행복을 최대화할 수 있는 행동을 선택해야 한다. 좀 더 근대적인 용어로 설명하면 공리주의자는 **사회 복지**를 극대화하기 위해 행동하는 사람이다. 이때 사회 복지는 사회 전체적인 복지를 뜻한다.

흥미롭기는 하지만 세상의 전체적인 행복이라는 개념부터 정확하게 정의하기 어렵다. 예를 들어 트롤리 딜레마에 등장하는 다섯 사람이 모두 사악한 집단 살인마인 반면, 다른 한 명은 순진한 어린 아이라면 집단 살인마 다섯 명의 목숨이 한 어린 아이의 목숨보다 중요하다고 말할 수 있는가? 만약 다섯 명이 아닌 집단 살인마 열 명의 목숨이 달려 있다면 그들의 목숨이 레버를 당길 만큼 충분히 가치 있겠는가?

다른 한편으로 '목숨을 빼앗는 일은 나쁜 일이다.'와 같은 보편적인 선한 행동 기준에 부합되는 행동이라면 괜찮다는 견해도 있다. 예를 들어 '목숨을 빼앗는 일은 나쁜 일이다.'라는 기준을 반드시 지키려는 사람이라면 죽음을 야기할 수 있는 어떤 행동도 용납하지 못할 것이다. 그런 사람은 트롤리 딜레마와 같은 상황에 처했을 때, 설사 다섯 명이 죽는다 해도 레버를 당기지 않는다. 자신이 레버를 당기면 누군가는 죽기 때문이다.

세 번째 관점은 **덕 윤리**에 기반을 둔다. 이 관점에서는 덕 있는 사람을 정의하고 그가 할 만한 선택이 올바른 선택이라고 판단한다. 물론 인공지능에서 의사결정자는 자율주행차와 같은 에이전트다. 에이전트는 직진해 다섯 명을 죽게 할지 혹은 방향을 바꿔 한 명만 죽게 할지 결정해야 한다. 그렇다면 인공지능 에이전트는 트롤리 딜레마 혹은 그와 비슷한 상황에 처하면 어떻게 해야 할까?

첫째, 트롤리 딜레마와 같은 상황에 처한 사람에게 기대할 수 있는 것보다 더 많은 것을 인공지능 시스템에게 기대하는 것이 타당한지 생각해봐야 한다. 세계 최고의 철학자들이 명확히 해결할 수 없는 트롤리 딜레마를 인공지능 시스템이 풀어야 한다고 생각하는 일이 과연 합리적일까?

둘째, 나는 지난 수십 년간 차를 몰았지만 트롤리 딜레마와 같은 상황에 처한 적이 한 번도 없었다. 내 지인들 역시 마찬가지다. 게다가 트롤리 딜레마를 포함해 윤리학에 대해 내가 알고 있는 것은 이제까지 말한 것이 전부다. 또한 운전면허를 받기 위해 윤리학 시험을 통과할 필요 따위는 없다. 트롤리 딜레마는 내 삶에서 문제가 된 적이 한 번도 없었다. 자동차 운전에 깊이 있는 철학 추론 능력은 필요하지 않다. 그러므로 자율주행차를 만들어 도로에 내놓기 전에 트롤리 딜레마 해결을 요구한다면 이는 다소 불합리해 보인다.

셋째, 윤리 문제에 관한 사람들의 생각은 서로 차이가 있기 마련이다. MIT 공대 연구진이 진행한 온라인 실험 결과는 이런 특징을 명확히 보여준다. 그들은 모럴 머신Moral Machine이라는 웹사이트를 만들어 트롤리 딜레마와 비슷한 여러 종류의 문제들을 제시하고는 그런 상황에 처한 자율주행차가 어떻게 해야 하는지 사람들에게 의견을 물었다.[9] 사고로 목숨을 잃을 수 있는 대상은 여자, 남자, 비만인, 아이, 범죄자, 노숙자, 의사, 운동선수, 노인 등이었다. 심지어 개와 고양이도 대상에 포함됐다. 실험에 대한 사람들의 관심은 매우 높았다. 덕분에 연구진은 233개국 4천만 명의 사람들로부터 데이터를 수집할 수 있었다.

데이터 분석 결과, 윤리적 의사결정에 대한 태도에 지역별 차이가 있었다. 연구진은 태도에 따라 국가를 세 개의 주요한 도덕 클러스터로 분류했다. 각 클러스터는 독특한 특징의 윤리적 틀을 내포하고 있는 듯 보였다. 연구자들은 세 개의 그룹을 각각 서부, 동부, 남부 클러스터라고 불렀다. 서부 클러스터에는 북아메리카 국가들 및 유럽 대부분의 나라가 속해 있다. 동부 클러스터에는 아랍 국가들뿐만 아니라 일본, 중국, 한국과 같은 극동 아시아 국가들까지도 포함돼 있다. 마지막으로 남부 클러스터에는 중앙아메리카와 남아메리카 국가들이 포함돼 있다.

서부 클러스터에 비해 동부 클러스터에서는 범죄자보다는 준법자를, 자율주행차 탑승자보다는 보행자의 생명을 구하는 일을 더 중요하게 생각했다. 반면 아주 어리거나 젊은 사람의 생명 구하는 일은 상대적으로 덜 중요하게 생각했다. 남부 클러스터에서는 높은 지위의 사람이나 젊은이 혹은 여성의 생명을 더 중요하게 생각했다. 연구자들은 좀 더 깊이 파고들어 의사결정에 영향을 미치는 다른 요인들이 있다는 사실을 발견했다. 예를 들어 문화의 발전 정도와 강력한 법은 중요도를 예측하는 데 명확한 영향을 끼쳤다.

MIT 대학 연구진은 "사람들은 자율주행차가 트롤리 딜레마와 같은 상황에서 어떻게 동작해야 한다고 말하는가?"라는 질문에 대한 자신들의 조사·분석 결과를 2017년 독일 연방 정부가 만든 〈자동차 윤리적 의사결정에 관한 실제 지침〉 일부와 비교해봤다. 예를 들어 지침에는 다음과 같은 내용이 담겨 있다.[10]

위험한 순간에 처했을 때, 재산보다 사람을 구하는 일이 언제나 더 중요해야 한다.

사고를 피할 수 없을 때, 동작 결정 과정에서 나이, 성별 등과 같은 사람들의 물리적 특성을 고려해서는 안 된다.

모든 순간 사람과 컴퓨터 가운데 책임 있는 운전자가 명확해야 한다.

모든 순간 책임 있는 운전자를 기록해야 한다.

위에서 소개된 몇몇 지침은 모럴 머신이 수집한 일부 조사 결과와 상당히 다르다. 예를 들어 '나이, 성별 등과 같은 사람들의 물리적 특성을 고려해서는 안 된다.'라는 지침은 국적에 상관없이 조사 참여자 대부분이 어린이를 먼저 구해야 한다고 답한 것과는 명확히 반대된다. 독일 연방 정부의 지침을 따르는 자율주행차가 나이 든 말기 암 환자와 어린이 가운데 차별 없이 어린이를 선택해 사망하게 했다고 상상해보라. 내가 예로 든 상황이 너무 지나쳐 불편하게 느낀다면 미안하다. 그러나 내 말의 의도가 충분히 전달됐으리라 생각한다.

트롤리 딜레마에 관해 실험한 결과는 분명 흥미롭다. 그러나 그 실험 결과가 자율주행차의 인공지능 소프트웨어 제작에 큰 의미가 있다고 생각하지는 않는다. 또한 향후 수십 년 내에 출시될 자율주행차가 이런 식의 윤리적 추론을 할 것이라 생각하지도 않는다. 그렇다면 자율주행차는 트롤리 딜레마와 같은 상황에서 실제로 어떻게 동작할까? 자율주행차에 실제 사용되는 기술들은 세부적인 사항들이 자세히 공개되지 않아 단언할 수는 없겠지만, 지난 수십 년간 인공지능을 연구해온 내 경험에 따르면 기술 구현의 기본 원칙은 기대 안전도를 최대화하거나 기대 위험도를 최소화하는 것일 듯하다. 또한 예상과는 달리 깊은 추론 과정은 없을 것이다. 설령 있다 하더라도, "여러 장애물이 나타나면 가장 큰 장애물을 피하라!" 정도 수준일 것이다. 솔직히 말해 그 정도의 추론도 하지 않을 듯하다. 가장 가능성 높은 시나리오는 위험에 처했을 때 급브레이크를 밟는 것이다. 사람 역시 같은 상황에서 급브레이크를 밟는 것이 전부다.

윤리적 인공지능

사악해지지 말자.

_구글의 모토(2000~2015)

인공지능과 윤리학을 둘러싼 다양한 이슈들이 있었다. 이들은 억지로 만든 듯한 트롤리 딜레마보다 중요하고 인공지능과 관련성도 높았기 때문에, 이 책을 쓸 당시에도 관련해 많은 논쟁이 있곤 했다. 기술 기업들은 앞다퉈 자신들이 다른 회사들에 비해 좀 더 윤리적인 인공지능 기술을 개발한다고 선전하고 싶어 했다. 그들은 일주일이 멀다 하고 윤리적인 인공지능 개발 계획을 새롭게 발표했다. 따라서 인공지능과 윤리에 관련된 일들을 살펴보고 향후 인공지능 기술의 발전에 어떤 역할을 할지 생각해볼 필요가 있다.

2015년과 2017년 인공지능 연구자들이 캘리포니아의 한 휴양지 아실로마Asilomar에 모여 인공지능 윤리에 관한 여러 원칙들을 구체화해 **아실로마 원칙**Asilomar principles을 만들었다. 이 원칙은 인공지능 윤리에 관한 처음이자 가장 영향력 있는 틀로 여겨진다. 아실로마 원칙은 총 23개의 원칙들로 이뤄져 있다. 전 세계 인공지

능 연구자들과 개발자들은 그 원칙에 동의하고 서명해야 했다.[11]

아실로마 원칙에 담긴 23개 원칙 대부분은 논란의 여지없이 모두가 동의할 만하다. 예를 들어 "인공지능 연구 목적은 인류에게 유익한 지능 개발이다."(원칙 1)와 "사람은 자신과 연관된 데이터에 대해 접근, 관리, 제어 권한을 가져야 한다."(원칙 12) 같은 것들이다. 하지만 몇몇 원칙은 현실적이지 못하다. 예를 들어 "인공지능 기술을 통해 얻은 경제적 번영은 모든 인류가 그 혜택을 누릴 수 있도록 공유돼야 한다."(원칙 15) 같은 것들이다. 개인적으로 나는 이 원칙에 동의하고 당연히 서명도 할 수 있다. 그러나 이 원칙이 너무 순수하다 못해 순진한 생각이어서 기업들은 말로만 떠들 뿐 아무 일도 하지 않을 것이라 생각한다. 기업들은 인류 이익에 대한 기여보다 주주에게 돌아갈 큰 이득을 위한 차별화된 경쟁력을 확보하기 위해 인공지능에 투자하고 있다.[12]

아실로마 원칙 가운데 마지막 다섯 가지 원칙은 인공지능의 장기적인 미래와 인공지능이 통제 불능 상태가 될 수 있다는 걱정과 연관 있다.

> 능력에 대한 경고: 미래 인공지능 능력의 한계를 섣부르게 가정하지 말아야 한다.
>
> 중요성: 첨단 인공지능 기술은 지구 생명체의 역사에 커다란 변화를 일으킬 수 있으므로 그에 상응하는 관심 및 자원을 통해 계획적으로 관리돼야 한다.

위험성: 인류 멸망과 같이 인공지능이 야기할 수 있는 위험은 위험도에 비례하는 노력을 통해 줄여나가야 한다.

재귀적 자기 개선: 자신의 능력을 재귀적으로 향상시킬 수 있거나, 자신을 복제해 양이나 질을 빠르게 향상시킬 수 있는 인공지능 시스템은 엄격하게 안전 관리와 통제를 받아야 한다.

공통적인 선: 초지능 수준의 인공지능은 특정 국가나 조직이 아닌 모든 인류의 이익 및 광범위하게 공유되는 윤리적 이상을 위해서만 개발돼야 한다.

단언컨대 나는 아실로마 원칙들에 주저 없이 서명할 수 있다. 그러나 앞서 한번 주장했듯이 이 원칙들은 거의 실현 가능성이 없어 현실과는 거리가 멀다. 인공지능 과학자 앤드루 응Andrew Ng의 말을 빌리면, 이런 걱정들은 화성 인구 증가를 걱정하는 것과 별반 다르지 않다.[13] 물론 몇몇 문제들은 먼 미래 어느 순간 밤잠을 설치며 답을 찾아 고민할 일들일 수도 있다. 그러나 현재 그런 고민을 한다면 인공지능을 오해하게 만들거나 우리가 진짜 걱정해야 하는 문제들을 신경 쓰지 못할 수 있다. 물론 회사 입장에서는 먼 미래의 일들이기 때문에 원칙에 서명한다고 해서 당장 돈이 드는 것은 아니다. 게다가 대중들에게 좋은 이미지를 심어줄 수 있다.

2018년 구글은 인공지능 윤리에 대한 자신들의 지침을 발표했다. 아실로마 원칙에 비해 다소 간결하지만 비슷한 주제(이익을 가져다주는, 편견을 피하는, 안전한)의 많은 내용을 담고 있다. 또한 구글은 인공지능과 머신러닝 개발 시 참고할 세부 지침도 제공했다.[14] 2018년 유럽연합EU도 인공지능 윤리에 대한 지침을 발표했다.[15] 컴퓨팅과 IT 기술 전문가 조직인 전기전자학회IEEE, Institute of Electrical and Electronics Engineers[16] 및 IT 기업을 포함한 수많은 대기업들이 자신들의 생각을 담은 인공지능 윤리를 발표했다.

대기업들이 인공지능 윤리에 대한 자신들의 책임을 선언하는 일은 분명 긍정적이다. 그러나 대기업들이 자신들의 책임 선언에 담긴 의미를 정확히 이해하고 있는지는 불분명하다. 인공지능 기술을 통해 얻은 이익을 공유하겠다는 큰 방향은 분명 좋은 일이지만 이를 계획으로 구체화하고 실행하는 일은 어렵다. 구글의 모토 '사악해지지 말자.'는 10년 이상 유지됐다. 정말 멋지고 선하게 들리지 않는가? 그러나 구글 직원들은 그 모토를 어떻게 받아들였을까? 구글이 비윤리적인 일을 하지 못하도록 구글 직원들이 행동하게 하려면, 훨씬 구체적인 지침이 있어야 한다.

여러 조직과 기업에서 발표한 인공지능 윤리 지침을 살펴보면 공통적으로 등장하고 많은 사람이 공감하는 주제들이 있다. 내 지인인 스웨덴 우메오Umeå대학교의 버지니아 디그넘Virginia Dignum 교수는 인공지능 윤리 문제를 앞장서 다뤄왔다. 그녀는 인공지능 윤리에 관한 수많은 항목들을 '의무', '책임', '투명성'이라는 세 가지 핵심 개념으로 정리했다.[17]

의무: 인공지능 시스템은 자신의 결정으로 심각한 영향을 받은 사

람에게 결정 근거를 설명할 의무가 있다. 그러나 근거에 대한 설명은 어려우며 일관성도 없다. 한마디로 현 수준의 머신러닝 프로그램들은 설명 능력이 없다.

책임: 결정에 대한 책임자가 언제나 명확해야 한다. 절대로 인공지능 시스템의 책임이라고 주장해서는 안 되며, 결과에 대해서는 인공지능 시스템을 사용한 개인이나 조직이 책임져야 한다. 이런 생각은 **도덕 대리자**moral agency에 관한 좀 더 깊이 있는 철학적 이슈로 이어진다.

도덕 대리자는 스스로 좋은 일과 나쁜 일을 구분할 수 있고, 구분에 의한 행동 결과를 이해할 수 있는 존재를 뜻한다. 사람들은 인공지능 시스템들이 책임 있는 도덕 대리자가 될 수 있느냐를 놓고 상상하며 논쟁하곤 한다. 그러나 인공지능 시스템 연구자들의 일반적인 견해에 따르면 인공지능 시스템은 책임 있는 도덕 대리자가 되지 못한다. 인공지능 기술에서 책임이란 직접 도덕적으로 책임질 수 있는 인공지능 시스템을 만든다는 뜻이 아니라, 책임질 수 있는 방식으로 인공지능 시스템을 개발한다는 뜻이다. 예를 들어 사용자가 다른 사람과 연락하고 있다고 믿게 만들 수 있는 시리와 비슷한 소프트웨어 에이전트를 배포하는 일은 인공지능 기술의 책임 없는 사용 사례일 것이다. 사실 소프트웨어는 죄가 없다. 그것을 개발해 퍼트린 사람들의 잘못이다. 책임감 있는 설계라면 인공지능 기술은 자신이 사람이 아니라는 사실을 명확히 보여줘야 한다.

투명성: 인공지능 시스템이 우리와 관련해 사용한 데이터는 우리에게도 이용 가능해야 하며, 사용된 알고리즘 역시 우리에게 공개돼야 한다.

인공지능 윤리에 대한 관심이 높아지고 관련 연구가 많아진다는 사실은 분명 환영할 만하다. 다만 제안된 여러 방법들이 실제로 얼마나 광범위하게 사용될지는 지켜봐야 한다.

진정으로 원하는 것

인공지능 윤리에 대해 논의하다 보면 '인공지능 소프트웨어 역시 소프트웨어이고, 복잡한 기술을 사용하지 않았어도 문제가 생길 수 있다.'라는 뻔한 현실을 잊게 된다. 간단히 말해 버그 없는 소프트웨어는 없다. 버그로 인해 문제가 발생한 소프트웨어와 버그는 있으나 아직 문제가 발생하지 않은 소프트웨어가 있을 뿐이다.

버그 없는 소프트웨어 개발은 거대한 컴퓨팅 연구 분야이며, 버그를 찾아 없애는 일은 중요한 소프트웨어 개발 과정 가운데 하나다. 그런데 인공지능이 버그 발생의 새로운 원인이 되고 있다. 그 가운데 가장 중요한 원인 하나는 사람을 대신한 인공지능 소프트웨어에게 원하는 것을 정확하게 전달해야 하는데 생각처럼 쉽지 않다는 사실이다.

15년 전 나는 여러 대의 기차들이 사람의 개입 없이 철도망에서 자율적으로 주행하는 기술을 연구했다. 철도망이라는 단어 때문에 내 연구가 그럴듯해 보이지만 실은 원형 철도에서 서로 반대 방향으로 달리는 두 기차가 내 연구 대상 전부였다. 또한 실제가 아닌 가상의 기차와 철도가 사용됐고 모형조차 사용되지 않았다.

원형 철도에는 터널이 있었기 때문에 두 대의 기차가 동시에 터널에 들어오면 두 기차는 충돌할 수밖에 없었다. 내 연구 목표는 이런 일들을 방지하는 것이었다. 이를 위해 나는 시스템에게 목표(이 경우에는 '충돌 회피')를 제시하면, 시스템이 목표 달성에 필요한 규칙(이 경우에는 기차들이 충돌을 피할 수 있는 규칙)을 스스로 만들 수 있는 일반적인 체계를 개발하려 했다.

내가 만든 인공지능 시스템은 동작하기는 했으나 내가 생각했던 결과와는 달랐다. 처음으로 목표를 입력했을 때, 시스템이 생성한 규칙은 '양쪽 기차가 움직이지 말아야 한다.'였다. 두 기차가 모두 멈춰 있는다면 충돌은 발생하지 않으므로 생성된 규칙이 틀린 것은 아니었지만 내가 기대했던 결과는 아니었다.

이런 문제는 인공지능, 아니 컴퓨터 과학을 연구하는 사람이라면 흔히 마주칠 수 있다. 사실 사용자는 컴퓨터가 자신을 대신해 일할 수 있도록 원하는 바를 컴퓨터에게 전달하려고 하지만, 이런 의사전달 과정은 여러 이유로 문제가 많다.

무엇보다도 사용자가 자신이 실제로 원하는 것을 정확히 알지 못할 수 있다. 그런 경우 자신이 원하는 바를 정확히 표현하는 것은 불가능하다. 게다가 서로 모순되는 요구들을 할 때도 있다. 인공지능 시스템이 그런 요구들을 어떻게 이해할 수 있겠는가?

또한 사용자가 자신이 원하는 것을 완벽하게 설명하는 것도 불가능하다. 기껏해야 단편적인 모습을 설명할 뿐이어서 자신이 원하는 것과 설명 사이에는 분명 차이가 생긴다. 그런 경우 인공지능 시스템은 그 차이를 어떻게 메꿔야 할까?

마지막으로 가장 중요한 이유가 있다. 사람은 다른 사람과 정보를 주고받을 때, 둘 사이에 공통된 기준과 가치관이 있다고 가정한다. 그러므로 서로 정보를 주고받을 때마다 그런 것들을 일일이 표현하지는 않는다. 그러나 인공지능 시스템은 그런 공통된 기준과 가치관을 알지 못한다. 그러므로 사용자가 그 모든 것을 명확히 전달하거나 시스템 제작자가 미리 입력해둬야 한다. 그렇지 않으면 사용자는 자신이 정말로 원하는 것을 얻지 못할 것이다. 앞서 예로 든 기차 조종 인공지능 연구에서 나는 충돌을 피한다는 목표만 입력했을 뿐, 기차가 계속 움직여야 한다는 목표는 깜빡 잊고 전달하지 않았다. 사람이라면 거의 분명 내 생각을 이해했겠지만 컴퓨터는 그렇지 못하다는 사실을 잊고 있었다.

옥스퍼드대학 철학교수인 닉 보스트롬Nick Bostrom은 2014년 출판한 『슈퍼인텔리전스Superintelligence』[18]라는 베스트셀러에서 이런 이야기들을 소개했다. 그는 컴퓨터가 기대와는 다른 방식으로 사용자의 요구를 처리하는 문제를 **비뚤어진 실행**이라고 불렀다. 이런 예로 강도로부터 집을 잘 지키라는 명령을 받은 로봇이 집을 태워 버린다거나 사람이 암에 걸려 죽는 일이 없게 하라는 명령을 받은 로봇이 모든 사람을 죽여버리는 등의 이야기가 있다. 아마도 이런 비뚤어진 예를 상상하기 시작하면 시간 가는 줄 모르고 재미있을 것이다.

이런 문제는 일상생활에서 자주 경험할 수 있다. 예를 들어 누군가 어떤 행동을 장려하기 위해 보상 시스템을 만들면 어떤 누군가는 다른 행동을 하고서도 보상받는 방법을 여지없이 찾아낸다. 이런 예로 소련(구 러시아)에서 있었다고 들은 한 가지 사건이 떠오른다. 소련 정부는 철물 제작을 장려하기 위해 생산된 철물의 무게에 따라 철물 생산 공장에게 포상금을 주기로 결정했다. 과연 어떤 일이 벌어졌을까? 철물 공장들이 매우 무거운 철물들을 만들기 시작했다. 물론 진짜 있었던 일인지는 알 수 없다.

고전 디즈니 만화 영화 마니아라면 비뚤어진 실행에 해당하는 이야기를 기억할 수 있을 듯하다. 1940년에 상영된 디즈니 만화 영화 「판타지아Fantasia」에는 젊고 어리숙한 마법사 제자(미키마우스)가 우물에서 집까지 물을 길어 오는 일에 싫증 내는 장면이 나온다. 그는 일을 줄이기 위해 빗자루에 생명을 불어넣어 자신을 대신해 물을 길어 오도록 했다.

미키마우스는 깜빡 잠이 들었다가 잠에서 깨어 빗자루를 멈추려 했다. 그러나 그의 시도는 오히려 더 많은 빗자루에 생명을 불어넣었다. 결국 빗자루들이 가져온 물 때문에 지하실에 물이 가득 차게 됐고, 미키마우스의 스승인 마법사가 나서서야 문제가 해결됐다. 미키는 분명 자신이 요구했던 것을 얻었지만, 자신이 진짜 원했던 것을 얻지는 못했다.

보스트롬은 클립을 제작하는 인공지능 시스템이라는 시나리오도 생각했다. 이 인공지능 시스템은 클립을 최대한 많이 생산하라는 명령을 받아 곧이곧대로 실행한다. 이 과정에서 지구를 클립으로 만들고 우주도 클립으로 만들어 나간다. 이 경우에도 역시 의사소통이 문제다. 이에 원하는 것을 전달할 때, 용납될 수 있는 일의 범위를 확실히 이해시킬 필요가 있다.

이런 문제를 다루기 위한 한 가지 방법은 동작에 따른 부작용을 최소화하려는 인공지능 시스템을 만드는 것이다. 즉, 우리는 인공지능 시스템이 이 세상 모든 것을 최대한 그대로 놔둔 채, 목표만 달성하기를 원한다. **세테리스 파리부스** Ceteris Paribus **선호**에는 이런 목표가 담겨 있다.[19] 참고로 세테리스 파리부스는 '다른 모든 것이 똑같다면'이란 뜻이다. 그러므로 세테리스 파리부스 선호라는 개념에는 사람이 인공지능 시스템에게 무언가 시키면, 그 시스템이 목적과 상관없는 모든 것을 그대로 둔 채, 목적에 맞는 일만 하기를 원한다는 가정이 담겨 있다. 예를 들어, "강도로부터 집을 잘 지키라."라는 명령은 그 밖에 모든 것은 현재의 모습과 최대한 가깝게 유지하며 "강도로부터 집을 잘 지키라."라는 뜻이다.

결국 문제는 컴퓨터가 사람이 진짜로 원하는 것을 이해하도록 만드는 일이다. 역 강화학습에서는 바로 이 문제를 다룬다. 5장에서 이야기했던 강화학습은 동작에 대한 보상을 받는 에이전트가 최대한의 보상을 받는 일련의 동작을 찾는 과정이다. 이와 달리 역강화학습에서는 '이상적인' 동작을 보려 하며, 인공지능 소프트웨어에 대한 적절한 보상이 무엇인지 알고자 한다.[20] 간단히 말해, 사람의 행동을 바람직한 동작에 대한 모델로 생각한다.

8장

현실이 된 공포

나는 특이점이 멀지 않았다는 주장을 믿지 않는다. 이것이 인공지능에 두려워할 것은 아무것도 없다고 믿는다는 뜻은 아니다. 인공지능은 적용 분야와 대상이 무궁무진한 범용적인 기술이다. 그런 기술은 가까운 미래에서든 먼 미래에서든 잘못된 사용에 따른 원치 않는 결과를 가져올 수 있다. 예를 들어 아주 먼 옛날 불을 맨 처음 이용한 익명의 조상은 화석 연료 사용이 기후를 변화시키리라 예상하지 못했다.

1831년 전기 발생 장치를 개발한 영국 과학자 마이클 패러데이Michael Faraday는 전기의자의 등장을 생각하지 못했다. 1886년 자동차를 발명해 특허를 받은 카를 벤츠Karl Benz도 1세기 후 자신의 발명품으로 인해 1년에 100만 명씩 죽게 된다는 사실을 예상하지 못했다. 또한 인터넷의 아버지라 불리는 빈트 서프Vint Cerf는 테러리스트들이 순수한 그의 발명품을 통해 참수 영상을 공개할 것이라고는 꿈에도 생각하지 못했다.

이처럼 인공지능 기술 역시 잘못 사용돼 전 세계적으로 나쁜 문제들을 초래할 수 있다. 그 문제들은 7장에서 내가 비웃었던 『터미네이터』 세계의 이야기처럼 심각하지는 않다. 하지만 향후 수십 년 내에 우리 혹은 우리 후손들이 해결하기 위해 머리를 싸매고 고민할 필요가 있는 문제들이다.

그러므로 이번 장에서는 인공지능 기술이 가져올 수 있는 미래 문제 가운데 심각해 보이는 것들을 몇 개 골라 하나씩 이야기하고자 한다. 이번 장이 끝날 무렵 인공지능 기술 때문에 미래에 문제가 생기기는 해도 할리우드가 상상하는 방식으로 잘못될 것 같지는 않다는 내 생각에 당신도 동의하게 되기를 바란다.

먼저 인공지능 기술이 사람의 일자리를 빼앗아 생길 수 있는 고용 문제로 시작하고자 한다. 당신은 이 문제를 통해 인공지능 기술이 일의 본질에 끼치는 영향을 고려하게 될 것이다. 그리고 뒤이어 인공지능 기술이 사람의 권리에 끼치는 영향과 치명적인 자동화 무기의 출현 가능성에 대해 논의할 것이다. 또한 알고리즘 수준의 편견, 다양성 부족, 가짜 뉴스를 살펴볼 것이다.

고용과 실업

로봇은 우리의 일자리를 빼앗아갈 것이다. 그러므로 너무 늦기 전에 대응책을 준비해야 한다.

_「가디언Guardian」(2018)

인공지능에 관한 걱정 가운데 「터미네이터」 세계의 이야기 다음으로 널리 논의되는 문제는 바로 일자리의 미래일 것이다. 특히 사람들은 인공지능 기술 때문에 직업을 잃게 될 가능성을 두려워한다. 컴퓨터는 지치지 않고 전날 과음하고 늦게 출근하는 일도 없으며 업무에 대해 항의하거나 불평하지 않는다. 또한 노조도 없고 심지어 월급도 받지 않는다. 이런 사실들을 고려하면 로봇에 대해 고용주가 관심을 갖는 이유와 직원이 불안해하는 이유를 쉽게 이해할 수 있다.

지난 몇 년간 '인공지능에 의한 실업'과 같은 경고성 머리기사가 넘쳐났고 지금도 현재 진행 중이다. 하지만 그런 문제는 전혀 새로운 일이 아니라는 사실을 알아야 한다. 사람의 노동력을 대체하는 대규모 자동화는 가깝게는 대략 1760년에서 1840년 사이에 있었던 산업혁명에서도 찾아볼 수 있다. 당시 산업혁명으로 제품 생산 방식은 소규모 가내 수공업 방식에서 오늘날 같은 대규모 공장 생산 방식으로 바뀌었다.

산업혁명의 원인은 한 가지가 아니다. 다양한 종류의 여러 기술들이 산업혁명을 뒷받침했으며 역사와 지리적 환경도 중요한 역할을 했다. 산업혁명의 고향으로 여겨지는 영국에서 목화는 미국을 포함한 영국 연방에서 수입됐고, 수입된 목화는 주로 영국 북부의 공장에서 사용됐다. 영국 연방은 영국에 목화를 공급했을 뿐만 아니라 영국에서 제작된 완제품을 대규모로 소비하는 역할도 했다. 덕분에 영국 섬유 산업은 크게 번성했다.

1730년대 이후 섬유 제조 기술은 꾸준히 발전했다. 이로 인해 가내 수공업에서는 상상할 수 없었던 규모로 고품질의 섬유 제품을 생산할 만큼 크고 빠른 기계를 만들 수 있었다. 원재료인 목화는 리버풀과 맨체스터를 통해 수입됐으며 신산업이 시작된 공장 도시들로 옮겨졌다. 한동안 방직 기계는 수력으로 동작했으나 석탄을 사용한 증기식 방직 기계가 불안정한 수력 사용의 위험을 줄여주며 빠르게 확산됐다. 때마침 방직 기계를 구동시킬 석탄은 공장이 몰려 있던 영국 북부에 매우 풍부하게 매장돼 있어 공장 도시 주변에서 탄광 도시들도 함께 번성했다.

산업혁명을 통해 등장한 공장 시스템으로 인해 수많은 사람들이 종사해온 전통적인 일의 성격이 근본적으로 바뀌었다. 산업혁명 이전에는 대다수가 농사를 짓거나 농사와 연관된 일을 했다. 그런데 산업혁명이 일어나자 사람들은 농촌을 떠나 공장이 있는 도시로 옮겨가 직업을 바꿔 일했다. 이들은 자동화된 생산 과정의 여러 부분에서 전문화되고 매우 반복적인 업무를 맡아 일했으며 이는 오늘날에도 마찬가지다.

제품 가격, 품질, 일관성 측면에서 가내수공업은 공장의 경쟁 상대가 될 수 없었다. 결국 노동자는 공장에서 일하거나 실업자가 돼야 했다. 변화의 규모가 컸던 탓인지 사람들은 전반적으로 이런 변화를 달가워하지 않았다. 결국 19세기 초 산업화에 반대하는 러다이트 운동Luddites movement이 몇 년에 걸쳐 일어났다. 운동 참가자들은 자신들의 직업을 빼앗아갔다는 이유로 기계를 부수거나 불태웠다. 그러나 이런 반 산업화 운동은 오래 지속되지 못했으며 기계를 부수면 사형에 처할 수 있다고 위협한 영국 정부에 의해 1812년 진압됐다.

1760~1840년 사이의 산업혁명은 첫 번째 산업혁명이었다. 이후에도 기술이 끊임없이 발전하며 일과 제조의 성격이 크게 바뀌는 변화가 몇 차례 있었다. 아이러니하게도 첫 번째 산업혁명 당시 크게 발전했던 산업 도시들이 1970년 후반에서 1980년대 초반 사이 또 다른 산업혁명 탓에 크게 쇠퇴했다.

이 당시 전통 산업의 몰락에는 여러 요인이 있었다. 국제 경제의 세계화로 유럽과 북아메리카의 전통적인 산업 중심지에서 생산되던 제품들이 신흥 공업국에서 더 싸게 제조됐다. 또한 미국과 영국이 주도한 자유 시장 경제 정책이 기존 제조업체들에게 우호적이지 않았던 탓도 있었다. 이에 더해 마이크로프로세서 기술이 발전하며 산업 분야 전반에 걸쳐 단순 작업들을 자동화하는 데 기술적으로 크게 공헌했다.

오늘날과 같은 컴퓨터 기술의 발전은 마이크로프로세서 덕분에 가능했다. 마이크로프로세서는 컴퓨터 중앙처리장치의 모든 주요 기능을 작고 값싼 반도체 칩에 집적해 만든 시스템 부품이다. 마이크로프로세서가 개발되기 전까지 컴퓨터는 크고 비싼 데다 지금과 비교하면 상당히 불안정했다. 그러나 마이크로프로세서가 개발되면서 컴퓨터는 싸고 빠르며 안정화됐고 크기 역시 매우 작아졌다. 마이크로프로세서 사용 덕분에 제조 과정의 많은 일들이 자동화됐다. 이런 흐름 속에 약 40년 전 영국 북부는 심각한 타격을 받았다.

그러나 신기술은 새로운 사업, 서비스, 부의 창출로 이어질 수 있다는 사실을 기억해야 한다. 마이크로프로세서가 그랬다. 사라진 직업보다 더 많은 직업과 부가 새롭게 만들어졌다. 다만 영국 북부가 혜택의 대상이 아니었을 뿐이다.

이처럼 노동의 자동화는 새로운 현상이 아니다. 그러나 이전의 자동화와 기계화가 단순 업무 작업자의 일자리를 빼앗았다면 아마도 인공지능은 복잡한 업무 작업자의 일자리도 빼앗을 우려가 있다. 정말로 그런 일이 일어난다면 사람들에게는 어떤 역할과 일이 남겨질까?

인공지능은 분명 일의 성격에 변화를 가져올 것이다. 다만 변화의 영향이 산업혁명의 영향만큼 인상적이고 근본적일지 혹은 상대적으로 완만할지는 불확실하다. 2013년 옥스퍼드대학의 칼 프레이Carl Frey와 마이클 오스본Michael Osborne이 쓴 『고용의 미래』라는 제목의 보고서는 관련 논쟁에 불을 지폈다.[1] 이 보고서에는 미국의 직업 가운데 최대 47퍼센트가 비교적 가까운 미래에 인공지능과 관련 기술에 의한 자동화에 영향을 받을 것이라는 충격적인 예측이 담겨 있었다.

프레이와 오스본은 702개의 직업을 자동화 확률에 따라 분류했다. 보고서에서는 텔레마케터, 보험업자, 데이터 입력 직원, 전화 교환원, 판매원, 조판공, 계산원 등이 자동화 확률이 가장 높은 직업들로 분류됐다. 치료 전문가, 치과 의사, 상담사, 내과 의사, 외과 의사 및 선생님들은 자동화 확률이 가장 낮은 직업들로 분류됐다. 이 보고서에서 두 사람이 내렸던 결론은 다음과 같다.

> 분석 모델에 따르면 교통과 물류 분야 종사자, 행정 및 관리 지원 업무 종사자, 생산직 근로자 대부분이 자동화로 인한 실업 가능성이 있다.

두 사람은 자동화 속에서도 사라지지 않을 직업들의 세 가지 특징을 정의했다. 첫째, 아마도 많은 사람이 예상하듯이 높은 수준의 창의력이 필요한 직업들이다. 예술, 미디어, 과학 분야의 직업들이 이런 분야에 속한다. 둘째, 높은 수준의 사회적 기술이 필요한 직업들이다. 사람 사이의 미묘하고 복잡한 상호 작용이나 관계를 이해하고 관리해야 하는 직업들이 이런 분야에 속한다. 셋째, 뛰어난 인지력과 정교한 손재주가 필요한 직업들이다. 기계 인지 분야에서 인공지능 기술이 크게 발전하기는 했으나 사람과 비교하면 아직 한참 멀었다. 사람은 매우 복잡하고 비정형적인 주변 모습들도 재빨리 알아차릴 수 있다. 사람의 손 역시 어떤 로봇 손보다 훨씬 정교하다. 이에 반해 로봇은 규칙적이거나 정형적인 모습은 잘 알아볼 수 있는 반면, 학습하지 않은 모습은 잘 알아차리지 못한다.

로드니 브룩스는 지난 2018년 사람의 손처럼 정교한 로봇 손이 개발되려면 20년은 걸릴 것이라고 예상했다.[2] 적어도 앞으로 20년 동안, 정교한 손재주가 필요한 직업의 사람들은 실업 위험에서 비교적 안전할 것이다. 혹시 목수, 전기기사, 배관기사 등이 이 책을 읽고 있다면 실직 걱정 따위는 멀찌감치 던져버리고 편히 잠들어도 좋다.

프레이와 오스본의 보고서가 발표된 이후, 수많은 논평가들은 보고서에 방법론적인 약점과 잘못된 가정이 있으며 결론이 지나치게 광범위하다고 지적하며 비난했다. 나는 이 보고서에 담긴 예측 가운데 가장 비관적인 예측조차 가까운 미래에 현실이 되는 일은 없을 것이라 생각한다. 그러나 인공지능 기술과 첨단 로봇 및 자동화와 연관 있는 기술들로 인해 많은 사람이 가까운 미래에 해고될 것이라는 생각에는 변함이 없다.

예를 들어 당신이 대출 심사처럼 정해진 형식의 데이터를 보고 결정을 내리는 업무를 하고 있거나 콜센터 상담처럼 기존에 잘 정리된 원고에 따라 고객과 상담하는 업무를 하고 있다면 유감스럽게도 인공지능이 당신의 일을 대신할 가능성이 크다. 또한 교통 시스템이 잘 갖춰져 있고 지도화가 잘된 도시 지역에서 일정 노선에 따라 운전하는 업무를 하고 있다면 역시 인공지능이 당신의 일을 대신할 가능성이 크다. 물론 나는 그때와 그날이 언제일지는 알지 못한다.

이렇듯 일의 본질적인 성격에 따라 몇몇 직업은 인공지능 같은 신기술로부터 주요한 영향을 받는다. 그러나 대부분의 사람들은 인공지능 시스템에 의해 대체되기보다 좀 더 효율적으로 일할 수 있도록 인공지능을 이용할 것이다. 트랙터가 발명됐다고 농부가 사라지지 않았다. 오히려 농부는 트랙터를 사용해 좀 더 효율적으로 일할 수 있게 됐다. 워드프로세서가 발명됐다고 해서 비서가 사라지지 않았다. 오히려 비서는 워드프로세서 덕분에 좀 더 효율적으로 일할 수 있게 됐다. 끝없이 밀려드는 서류 처리와 양식 채우기 업무로 시간을 빼앗기고 있었다면 미래에는 소프트웨어 에이전트에게 명령을 내려 처리함으로써 더 이상 짜증나는 일을 하지 않아도 될 것이다.

인공지능 기술은 우리가 사용하는 모든 도구들에 내장돼 미처 눈치채지도 못할 다양한 방식으로 우리를 대신해 의사결정을 할 것이다. 앤드류 응이 "보통 사람이 1초 이내의 짧은 생각으로 처리할 수 있는 일은 아마도 현재 혹은 적어도 가까운 미래에 인공지능 기술을 사용해 자동화될 수 있다."고 말했듯 상당히 많은 일들이 여기에 해당된다.[3]

많은 사람이 인공지능 기술이 사람들의 직업을 모두 빼앗고 전 세계적 규모의 실업과 불평등 문제를 일으킬까 두려워한다. 반면 기술을 낙관적으로 바라보는 사람들은 인공지능, 로봇공학, 첨단 자동화 기술 덕분에 인류가 지금과는 완전히 다른 새로운 미래를 경험할 것이라 기대한다. 이들은 인공지능 덕분에 인류가 지루하고 고된 일에서 해방될 것이라고 믿는다. 먼 미래에는 사람들이 모든 일에서 혹은 적어도 더럽고, 위험하며, 지루한 일들에서 벗어나 소설을 쓰거나 등산을 가는 등 자유를 만끽할 것이다. 인공지능 낙관론자들은 이런 꿈같은 모습을 공상과학 소설이나 영화에서 그리곤 한다(재미있게도 낙관론적인 인공지능 이야기는 비관론적인 인공지능 이야기만큼 많지 않다. 아마도 모든 사람이 행복하고 건강하며 좋은 교육을 받는 이야기를 재미있게 쓰기가 점점 어려워지기 때문인 듯하다).

이 시점에서 마이크로프로세서가 개발된 1970년대에서 1980년대 초 마이크로프로세서에 의해 어떤 영향이 있었는지 살펴볼 필요가 있다. 앞서 이야기했듯이 마이크로프로세서의 등장은 공장 자동화로 이어졌다. 당시 마이크로프로세서 기술의 영향에 관한 토론이 있었다. 이는 오늘날 인공지능의 영향에 관한 토론과 꽤 비슷했다.

당시 많은 사람이 그리 멀지 않은 미래에 근로 시간은 줄어들고 여가 시간은 늘어날 것이라 기대했다. 그러나 현실은 달랐다. 예상이 왜 틀렸을까? 이에 대한 한 가지 견해에 따르면, 사람들은 자동화, 컴퓨터, 기타 기술적 진보 덕분에 적게 일하기보다 좀 더 많은 물건을 사거나 서비스를 누리기 위해 오히려 더욱 긴 시간 동안 일했다. 예를 들어 컬러 TV, 비디오 카메라, CD 플레이어, DVD 플레이어, 가정용 컴퓨터, 휴대전화, 해외여행, 크고 빠른 차, 멋진 옷과 좋은 음식 등을 누리고자 하는 사람은 더욱 열심히 일해야 했다. 만약 사람들이 모두 평범한 기준에 따라 좀 더 간소하게 생활한다면 모두의 근로 시간은 줄어들 수도 있다. 하지만 1970년대의 기억을 되짚어볼 때 실망스럽게도 가까운 미래에 기술 덕분에 삶이 여유로워지는 꿈같은 일은 없을 것이다.

경제적 이득이 모든 사람에게 균등하게 배분되지 않은 탓에 부자는 더욱 큰 부자가 되고 불평등이 커졌다는 견해도 있다. 이런 생각들은 사회 구성원 모두가 직업이나 조건에 상관없이 일정 수준의 수입을 보장받아야 한다는 '보편적 기본소득' 개념으로 이어졌다. 이 개념은 이미 예전에 제안된 바 있었으나 인공지능, 로봇공학, 자동화 덕분에 보편적 기본소득이 가능하고 바람직해질 것이라는 기대에 힘입어 다시 주목받기 시작했다.

개인적으로는 유토피아적인 미래를 믿고 싶다. 그러나 인공지능 기술이 발전한다고 해서 큰 규모의 보편적 기본소득이 가까운 미래에 가능해 보이지는 않는다.[4] 보편적 기본소득이 가능하려면 인공지능 기술을 사용해 얻은 경제적 이익이 충분히 커야 하고, 이전의 어떤 기술 혁신을 통해 얻었던 경제적 이익보다 훨씬 커야 한다. 그러나 오늘날의 인공지능 기술 발전이 그 정도 규모의 경제적 이익을 가져올 것이라는 어떤 증거도 없다. 또한 보편적 기본소득은 예전에 없었던 정치적 의지가 있어야 가능하다. 그러나 이런 정책이 중요하게 논의되려면 먼저 대규모 실업이 발생해야 한다. 마지막으로 보편적 기본소득을 보장하게 되면 일 중심의 사회 성격에 근본적인 변화가 올 것 같다. 그러나 오늘날 사회가 그런 변화를 기꺼이 고려할 것이라는 어떤 징후도 없다.

인공지능이 일의 성격을 바꾸는 데 중요한 요소이기는 하지만 결코 유일한 요소는 아니다. 어쩌면 가장 중요한 요소가 아닐 수도 있다. 우선 강력한 세계화의 물결이 여전히 진행 중이며 이는 우리가 상상도 못 할 방식으로 이 세상을 뒤흔들고 변화시킬 것이다. 또한 인공지능과 상관없이 컴퓨터 자체가 점점 값싸지고 작아지며 서로 더욱 많이 연결됨에 따라 세상과 세상 속에서 생활하며 일하는 방식이 계속 변할 것이다. 그리고 세상에 잘 드러나지는 않지만 세계가 서로 더욱 연결되는 가운데 화석 연료 고갈, 기후 변화, 포퓰리즘 정치의 부상 등과 같은 사회, 경제, 정치적인 변화가 끊임없이 일어난다. 이 모든 요인들이 고용과 사회에 영향을 끼칠 것이며, 우리는 인공지능만큼은 아니어도 그 못지않게 그 영향을 느끼고 경험할 것이다.

알고리즘적인 소외와 변화하는 일의 성격

만약 여러분이 인공지능에 관한 책에서 카를 마르크스Karl Marx의 이름을 본다면 깜짝 놀라거나 세계관에 따라 약간 당황할지도 모르겠다. 그러나 『공산당 선언』의 공동 저자이기도 한 마르크스는 인공지능 때문에 벌어지는 일 및 사회에 대한 논쟁 이슈들에 관심을 가졌다. 특히 여러 이론 가운데 그가 19세기 중반 개발한 소외 이론이 관련 있었다. 당시는 19세기 중반으로 자본주의 사회가 막 모습을 갖춰가던 시기였다. 마르크스의 소외 이론은 노동자들과 일 및 사회와의 관계 그리고 자본주의 시스템이 그 관계에 어떻게 영향을 끼치는지 등과 관련 있었다.

마르크스는 산업혁명을 통해 등장한 공장 시스템 속에서 노동자들이 반복적이고 지루하며 성취감도 없는 일자리에서 적은 돈을 받으며 바쁘게 일한다는 사실에 주목했다. 그들에게는 사실상 일을 조정하거나 제어할 기회가 없었다. 이는 마르크스의 주장처럼 부자연스러운 삶의 방식이었다. 노동자들의 직업은 사실상 의미가 없었지만, 그들은 성취감도 없고 무의미한 직업에서 일하는 것 이외에는 달리 선택할 수 있는 것이 없었다.

당신도 자신의 모습을 돌아보며 당시 노동자들의 상황에 공감할지도 모르겠다. 그런데 인공지능 및 관련 기술의 빠른 발전 속에 미래에는 사람 대신 알고리즘이 직장 상사가 될 수 있는 가능성이 생기며 마르크스의 소외 이론에 고려할 사항이 한 가지 늘어났다.

업무 방식의 또 다른 형태인 긱 경제gig economy 영역에서 이미 그런 현상이 나타나기 시작했다. 50년 전만 해도 많은 사람이 학교를 졸업하고 회사에 들어가 평생 그곳에서 일하다 정년퇴직을 했다. 장기고용 관계가 일반적이었으며 이 직장 저 직장 옮겨 다니는 사람은 이상하게 여겨졌다. 그러나 이제 장기고용 관계는 더 이상 일반적인 모습이 아니다. 긱 경제 방식에 해당하는 단기 근무,

아르바이트 등의 고용 관계가 이를 대체하고 있다.

지난 20년간 각 경제 규모가 증가한 데는 임시 노동 인력을 대규모로 관리할 수 있는 모바일 컴퓨팅 기술의 성장이 한몫했다. 회사에서는 휴대전화에 내장된 GPS 센서를 사용해 근로자의 위치를 끊임없이 확인할 수 있으며, 스마트폰을 통해 각종 업무 지시를 근로자에게 실시간으로 전달할 수 있다. 아울러 근로자가 키보드 자판을 누른 횟수나 발송한 이메일에 이르기까지 근로 시간 동안 했던 모든 일이 컴퓨터에 의해 관찰되고 관리될 수 있다.

예를 들어 세계 최고의 온라인 쇼핑 업체인 아마존은 근로자의 일거수일투족을 관리하는 것으로 악명 높다. 다음은 창고 근로자의 업무가 상세히 기술돼 있는 2013년 『파이낸셜 타임즈』에 실린 보고서 중 일부다.

> 아마존에서 개발한 소프트웨어는 창고 근로자가 카트에 배송 수화물을 찾아 담을 때 가장 효율적인 휴대용 위성항법 기기로 근로자에게 현 위치에서 어디로 이동할지 알려준다. (중략) "사람이지만 로봇처럼 움직이죠. 일종의 사람 자동화입니다." 아마존 직원의 말이다.

만약 마르크스가 살아 있다면 그는 자신이 그토록 설명하려 했던 소외의 개념을 완벽히 보여주는 예로써 이 보고서를 사용했을 것이다. 사람의 노동은 기계나 소프트웨어가 더 이상 자동화할 수 없는 상태까지 세분화돼 조직적으로 관리된다. 결국 사람은 혁신, 창조, 개성은 고사하고 생각할 틈도 없이 작은 부분까지 하나하나 관리 감독을 받는 대상이 될 것이다. 한마디로 인공지능이 가져온 악몽 같은 자동화다.

컴퓨터 프로그램이 여러분의 1년 업무를 평가하고, 심지어 해고 여부까지 결정한다면 어떤 기분일지 상상할 수 있겠는가? 냉소적으로 이야기한다면 조만간 인공지능과 로봇에 의한 완전 자동화로 근로 기회조차 사라질 것이기 때문이다(실제로 아마존은 창고 로봇 연구에 막대한 돈을 쏟아붓고 있다).

이런 전망이 완전히 새로운 것도 아니다. 즉, 산업혁명에서 시작된 흐름에 인공지능이라는 요소가 하나 더 추가된 것뿐이다. 사실 수많은 사람이 그보다 훨씬 나쁜 조건의 일자리에서 일한다. 기술에는 좋은 면과 나쁜 면이 함께 존재한다. 그러므로 인공지능에 의한 실업 문제에만 매달리기보다는 일에 대한 인공지능의 영향과 인공지능을 이용한 훌륭한 근로 조건들을 생각할 필요가 있다. 이런 일들은 고용자, 정부, 노동조합, 기관의 몫이다.

사람의 권리

지금까지는 인공지능 시스템이 직업 환경을 통제하며 어떻게 사람을 소외시킬 수 있는지 살펴봤다. 그런데 이런 일들을 넘어 인공지능 기술이 사람의 권리를 위협하는 일들에 사용되며 더욱 큰 우려를 자아내고 있다. 만약 사람이 구속돼 교도소에 수감될지 여부를 인공지능 시스템이 결정한다면 어떻겠는가? 이런 일들에 비하면 인공지능 시스템이 상사 역할을 하며 휴식 시간을 지정하거나 목표를 정하고 시도 때도 없이 지시를 쏟아내놓는 일 따위는 오히려 사소해 보인다.

허무맹랑한 상상이 아니다. 이미 이와 비슷한 일에 인공지능 시스템이 사용되고 있다. 예를 들어, 영국 더럼Durham시 경찰은 지난 2017년 5월 소위 **하트**HART로 불리는 **위험 평가 도구**Harm Assessment Risk Tool의 사용 계획을 발표했다.[6] 하트는 용의자 구속 여부에 관한 참고 의견을 경찰에게 제시하는 인공지능 시스템으로 전형적인 머신러닝 기술을 사용해 제작됐다. 개발자는 2008년에서 2012년까지 5년에 걸친 10만 4천 건의 구속 관련 데이터를 사용해 하트 시스템을 학습시켰고 2013년 1년 동안의 구속 데이터를 사용해 검증했다.[7]

참고로 재판 데이터는 학습에 사용되지 않았다. 검증 결과에 따르면, 하트는 저 위험도 사건과 고 위험도 사건에 대해 각각 98퍼센트와 88퍼센트의 정확도를 보여줬다. 재미있게도 폭력 사건과 같은 고 위험도 사건의 경우 좀 더 신중한 판단을 내리도록 하트 시스템을 설계했더니 오히려 정확도가 하락했다. 하트 시스템은 34개의 데이터 항목에 따라 학습됐다. 이 가운데 대부분의 항목이 용의자의 범죄 이력과 연관돼 있지만 나이, 성별, 거주지 등의 항목도 들어 있다.

하트는 단순히 구속 결정을 도와주는 도구로 사용돼오고 있다. 또한 더럼시 경찰이 모든 구속 결정에 하트를 사용했다는 증거도 없다. 그러나 하트 같은 인공지능 시스템이 공적인 일에 사용되는 것에 대해 분명 많은 사람이 우려하고 있다.

대표적으로 하트 시스템이 주어진 사건에 대해 매우 제한된 항목만 보고 판단한다는 우려가 있다. 하트 시스템은 경험 많은 구속 심사관만큼 사람과 절차에 대한 이해가 깊지 못하고 매우 제한된 데이터에 의존해 중요한 결정을 내린다. 자신에게 주어진 일을 잘 해낼 수 있지만 근거는 설명 못 하는 전형적인 머신러닝 시스템과 유사하게 하트 역시 결정 근거를 설명하지 못했다. 학습 데이터와 데이터 항목의 편향성 또한 문제점으로 지적됐다. 특히 용의자의 주소가 사용된다는 사실 때문에 하트 시스템이 특정 지역 사람들에게 불공정할 수 있다는 우려가 제기됐다.

또 다른 우려는 하트 시스템이 구속 결정을 도와주는 도구로 만들어졌음에도 미래 어느 순간 의사결정 주체가 될 수 있다는 것이다. 예를 들어 업무 과다로 지쳤거나 자신의 결정에 자신이 없는 혹은 게으른 구속 심사관이 자신의 책임을 저버리고 아무 생각 없이 하트 시스템의 결정을 무조건 따를 수도 있다.

내 생각에 이런 모든 우려의 바탕에는 하트와 같은 시스템으로 인해 판단에 대한 사람의 역할이 약화될 수 있다는 생각이 깔려 있다. 근본적으로 대다수는 다른 사람들에게 중요한 영향을 끼칠 수 있는 문제에 대해 사람이 결정을 내려야 좀 더 마음을 놓는다. 사실 다른 사람들에게 재판 받을 수 있는 권리는 매우 힘든 과정을 겪고 얻은 것이다. 이는 우리가 사람으로서 누릴 수 있는 근본적이고 소중한 권리다. 그러므로 하트와 같은 인공지능 시스템이 우리의 잘잘못을 판단하게 한다면 자신의 소중한 권리를 내팽개치는 느낌이 들 듯하다. 그런 결정은 쉽게 내려선 안 된다.

지금까지 언급한 모든 우려들을 이유로 하트와 같은 인공지능 시스템의 전면 사용 금지를 주장할 수는 없겠지만 분명 타당한 이야기들이다. 이와 관련해 다음과 같이 매우 중요한 지침들이 여러 건 있다.

첫째, 하트 시스템과 같은 인공지능 시스템은 원래의 목적에 따라 사람을 대신하는 용도가 아닌 사람의 의사결정을 돕는 용도로 사용돼야 한다. 머신러닝을 사용해 만든 의사결정 시스템은 완전하지 않으며 터무니없다는 것을 바로 알아차릴 만한 엉터리 결정을 종종 내릴 수 있다. 그러나 이런 문제가 언제 발생할지 알기 어렵다. 그러므로 사람들에게 심각한 영향을 끼칠 수 있는 일에 대해 인공지능 의사결정 시스템의 결과를 맹목적으로 따른다면 이는 매우 어리석은 행동이다.

둘째, 순진한 생각만으로 이런 기술을 개발해 사용해서는 안 된다. 하트 시스템은 경험 많은 연구팀이 예상 가능한 여러 이슈들을 주의 깊게 생각하고 고민해 만든 듯하다. 그러나 모든 개발자가 경험 많고 사려 깊지는 않다. 그러므로 의사결정 시스템을 만드는 개발자들이 하트 시스템 개발자들만큼 진지하게 고민하지 않고 시스템을 개발할 것 같아 걱정이다.

하트 시스템은 인권 단체들이 심각하게 우려하는 다양한 사법 인공지능 시스템 가운데 하나일 뿐이다. 런던 경찰국은 갱스 매트릭스Gangs Matrix라 불리는 시스템을 사용한다고 비난 받아왔다. 이 시스템에는 수천 명에 대한 기록이 담겨 있다. 그 기록을 단순한 수학 공식에 대입하면 기록에 해당하는 사람이 집단 폭력에 연루될 가능성을 예측할 수 있다.[8] 갱스 매트릭스 시스템의 많은 부분은 전통적인 컴퓨팅 기술을 사용해 만들어진 듯 보인다. 얼마나 많은 인공지능 기술이 사용됐는지는 명확하지 않지만 경향성만큼은 명확해 보인다. 인권단체인 국제 엠네스티는 갱스 매트릭스 시스템을 '흑인을 잠재적 범인으로 취급하는 편향된 데이터베이스'로 평가하고 있다. 또한 특정 종류의 음악을 듣는 것 외에 아무런 일도 하지 않은 사람조차 데이터베이스에 오를 수 있다고 경고한다.

미국에서는 프레드폴PredPol이라는 회사가 범죄 발생 가능성이 높은 지역을 예측하는 시스템을 개발해 판매하고 있다.[9] 다시 한번 말하지만 기본적으로 이런 시스템을 사용하면 인권과 관련해 문제가 생길 수 있다. 예를 들어 데이터가 편향됐거나 시스템 소프트웨어가 형편없이 설계됐거나 경찰이 그 시스템만 전적으로 의지하기 시작한다면 문제가 발생할 수밖에 없다. 인공지능 사법 시스템 가운데 콤파스COMPAS라는 시스템도 있다. 이 시스템은 범죄를 저질렀던 사람이 다시 범죄를 저지를 확률을 예측하며[10] 형량 결정

에도 사용된다.[11]

2016년 이런 생각들이 맥없이 잘못될 수 있다는 사실을 보여주는 한 극단적인 예가 알려졌다. 당시 두 명의 연구자가 단순히 얼굴을 보는 것만으로 범죄 여부를 알 수 있다는 내용의 논문을 발표했다. 두 사람이 개발한 시스템은 1세기 전에 틀린 것으로 알려졌던 범죄 이론을 떠오르게 한다. 후속 연구에 따르면 그 시스템은 용의자가 웃고 있는지 아닌지에 기초해 범죄 여부를 판단하는 듯했다. 참고로 학습에 사용된 범인 식별용 얼굴 사진에는 웃는 얼굴이 없다.[12]

킬러 로봇

인공지능 시스템이 당신의 직장 상사가 되면, 당신은 소외감을 느낄 것이라 말한 바 있다. 또한 인공지능 시스템이 구치소 구속 여부를 결정한다면 이는 사람의 권리에 잠재적인 모욕이 될 수 있다고 이야기했다. 나아가 인공지능 시스템이 살고 죽는 문제를 결정한다면 어떤 느낌이 들겠는가? 인공지능이 눈에 띄게 성장하면서 이런 주제에 대한 우려도 언론의 많은 주목을 받고 있다. 물론 부분적으로는 영화 「터미네이터」의 영향도 있다.

자율 동작 무기라는 주제는 매우 자극적이다. 수많은 사람이 자율 동작 무기 시스템에 대해 극단적인 거부감을 가지고 있으며 결코 만들어서는 안 된다고 생각한다. 새로운 기술에 우호적인 사람들이 자율 동작 무기에 대해 다소 긍정적인 모습을 보이면 수많은 사람이 화들짝 놀라곤 한다. 나는 이런 상황을 잘 알고 있는 만큼 인공지능 자율 동작 무기로 인해 생길 수 있는 여러 이슈들을 최대한 조심스럽게 살펴보고자 한다.

전쟁에서 드론 사용이 점차 증가하면서 자율 동작 무기에 대한 논의가 많이 이뤄지기 시작됐다. 군대에서는 무인항공기 형태의 드론에 미사일과 같은 무기를 장착해 사용한다. 사람이 타지 않는 만큼 일반 비행기보다 좀 더 작고 가벼우며 값싸게 드론을 만들 수 있다. 또한 드론 원격 조정자에게는 아무런 위험도 없는 만큼 유인 비행기가 수행하기에 너무 위험한 임무를 드론이 대신 수행한다. 이처럼 드론은 군사적으로 매우 매력적인 무기가 될 수밖에 없는 조건을 갖췄다.

지난 50년 이상 각국의 군대에서 군사용 드론을 개발하기 위해 다양한 시도를 했다. 하지만 실제 사용할 수 있는 드론은 21세기에 들어서야 등장했다. 2001년 이후, 미국은 아프가니스탄, 파키스탄, 예멘 등에서 군사작전을 수행할 때 드론을 사용했다. 정확한 사용횟수는 알 수 없지만 수백 번 이상 사용돼 수천 명의 사람을 죽였을 것으로 추정된다.

이후 원격 조종 드론에 대해 심각한 윤리적 이슈가 수없이 제기됐다. 예를 들어 드론 조종사는 물리적으로 전혀 위험하지 않기에 비행기에 자신이 실제로 타고 있었다면 생각하지도 않았을 행동들을 하기 쉽다. 비행기에 실제로 타고 있을 때만큼 행동의 결과를 진지하게 생각하지도 않는다.

이런 이유들을 포함해 수많은 이유로 원격 조종 드론 사용은 늘 논란거리다. 더불어 자율 비행 드론의 실현 가능성이 높아지면서 논란과 우려는 더욱 커졌다. 자율 비행 드론은 원격 조종 드론과는 달리 심지어 사람의 개입 없이 주어진 임무를 수행한다. 임무를 수행하는 과정에서 사람을 죽이거나 살릴 결정권도 가질 수 있다.

자율 비행 드론을 포함해 다양한 자율 동작 무기를 생각하다 보면 곧 현재 당신이 잘 알고 있는 무서운 이야기들이 떠오를 것이다. 그 이야기들에는 동정심이라고는 눈곱만큼도 없고 무자비한데다 치명적인 정확성까지 갖춘 킬러 로봇 군대가 자주 등장한다. 우리는 앞서 이미 「터미네이터」 세계의 이야기가 잠을 이루지 못하고 걱정할 만한 것이 아닌 이유를 살펴봤다. 그럼에도 불구하고 자율 동작 무기는 치명적인 결과를 가져올 수 있어 개발과 사용에 반대하는 목소리가 높다.

자율 동작 무기를 걱정하는 이유들은 더 있다. 자율 동작 무기를 보유한 국가가 자국 국민이 최전선에서 직접 싸울 필요가 없기 때문에 전쟁에 좀 더 적극적일 수 있다는 우려가 대표적이다. 결국 자율 동작 무기 때문에 전쟁이 더 많이 쉽게 일어날 수 있다. 그러나 자율 동작 무기를 반대하는 가장 일반적인 이유는 사람의 생사를 기계가 결정할 수 있도록 하는 일이 부도덕하다는 것이다.

사실 현재도 인공지능 기술을 사용해 자율 동작 무기를 제작할 수 있다는 사실을 짚어볼 필요가 있다. 다음과 같은 시나리오를 생각해보자.[13] 시중에서 싼값에 쉽게 구입할 수 있는 소형 헬리콥터 드론에 카메라, 내비게이션, 소형 온-보드 컴퓨터 등과 함께 수류탄 크기의 폭발물 덩어리가 달려 있다. 드론은 특정 사람을 찾아 시내 거리를 날아다니도록 프로그래밍돼 있다. 그의 신원은 확인하지도 않은 채 단순히 그를 찾을 뿐이다. 그리고 어디선가 그를 발견하는 순간 쏜살같이 날아가 폭발물을 터뜨린다.

이런 무시무시한 시나리오를 현실로 만드는 데 필요한 인공지능 기술은 거리를 날아다니고 사람을 찾아 날아가는 정도가 전부다. 개발 환경이 어느 정도 갖춰 있다고 가정했을 때 인공지능을 전공하는 똑똑한 대학원생 정도면 실제 동작하는 시제품을 만들 수 있을 것이다. 또한 많은 수량을 만든다 해도 그리 큰 비용이 들지 않는다. 수천 대의 헬리콥터 드론이 런던, 파리, 뉴욕, 델리, 베이징을 날아다니며 테러를 저지른다고 상상해보자. 끔찍하지 않은가? 하지만 많은 사람이 알고 있듯이 이런 드론은 이미 존재한다.[14]

자율 동작 무기의 장점에 대해 합리적인 토론이 공개적으로 이뤄지진 않았지만 관련 논쟁은 있다. 미국 조지아공과대학교Georgia Tech University의 로널드 아킨Ronald Arkin 교수는 자율 동작 무기 관련 토론에서 가장 눈에 띄는 전문가 가운데 한 명이다. 그는 자율 동작 무기는 피할 수 없는 현실이며 설사 제약이 있더라도 누군가는 만들 것이라 주장한다. 그러므로 사람 군인보다 더욱 윤리적 기준을 가진 자율 동작 무기를 만들기 위해 고민하는 것이 오히려 최선의 대응 방법이라고 주장한다.[15] 그는 군인도 윤리적으로 훌륭하지만은 않았다고 지적한다. 또한 윤리적으로 완벽한 자율 동작 무기 개발이 불가능할 수 있지만, 분명 사람 군인보다 윤리적으로 만들 수 있다고 주장한다.

다른 목적에서 자율 동작 무기를 지지하는 주장도 있다. 예를 들어 그런 주장을 지지하는 사람들은 끔찍한 전쟁에 사람이 직접 뛰어들어 싸우기보다 로봇이 사람 대신 싸우는 것이 분명히 좋다고 설명한다. 만약 그런 전쟁이 벌어지면 좀 더 뛰어난 로봇을 가진 쪽이 승자가 될 것이다. 따라서 전쟁에 앞서 자신이 상대방보다 더 좋은 로봇을 보유하고 있는지 확인해야 한다.

재래식 전쟁 무기는 놔두고 자율 동작 무기만 반대하는 일은 도덕적으로 이해할 수 없다는 주장을 들은 적이 있다. 예를 들어 B-52 폭격기가 고도 15킬로미터 상공을 날아다니며 폭탄을 투하했을 때 폭탄을 투하한 폭격기 조종사는 3만 2천 킬로그램의 폭탄이 어디에 떨어질지 혹은 누구 머리 위에 떨어질지 정확히 알지 못한다. 그렇다면 무작위로 불특정 다수를 죽이는 재래식 폭격 무기에는 반대하지 않으면서 누구를 죽일지 명확히 결정하고 죽이는 자율 동작 무기에는 왜 반대하는가? 내 생각에도 분명 양쪽 모두에 반대해야 한다. 그러나 현실에서는 치명적인 자율 동작 무기에 비해 재래식 무기에 대한 논란이 덜 이뤄지고 있다.

자율 동작 무기에 찬성하는 여러 주장과는 상관없이 나는 국제 인공지능 단체의 연구자 대부분이 치명적인 자율 동작 무기의 개발에 강력히 반대한다고 생각한다. 자율 동작 무기를 군인보다 도덕적으로 동작하게 제작하자는 주장도 있으나 널리 받아들여지지는 않는다. 흥미 있는 이론이기는 하나, 아직 방법도 모르고 가까운 미래에 실현될 것 같지도 않기 때문이다. 나는 그런 주장이 오랜 시간 고민하며 선한 의도로 제안됐다고 확신한다. 하지만 자율 동작 무기를 제작하는 누군가가 자신의 행동을 정당화하기 위해 그 주장을 악용할까 두렵다.

과학 단체, 인권 단체 등에서는 지난 10년 이상 자율 동작 무기 개발을 막고자 노력해왔다. 2012년 킬러로봇 중단 캠페인Campaign to Stop Killer Robots이 시작됐으며, 이 캠페인은 국제 엠네스티와 같은 주요 국제 인권 단체를 지원해왔다.[16] 이 캠페인은 완전 자율 동작 무기의 개발, 생산 및 사용을 국제적으로 금지하는 목표를 내세웠다. 인공지능 연구자들 또한 이 캠페인을 적극적으로 지원해왔다.

2015년 7월, 거의 4천 명에 달하는 인공지능 연구자들은 2만 명 이상의 타 분야 과학자들과 함께 이런 목표를 지지한다는 내용의 공개서한에 서명했다. 이후 비슷한 계획과 제안이 잇달아 나왔으며 정부 조직 또한 제기된 우려에 귀를 기울였다. 중국 UN 대표단은 2018년 4월 치명적인 자율 동작 무기 제작 금지를 제안했다. 또한 영국 정부는 인공지능 시스템에 사람을 다치게 하거나 죽일 수 있는 기능이 구현돼서는 안 된다고 강력히 권고했다.[17]

지금까지 언급한 사실들만 살펴봐도 자율 동작 무기는 도덕적으로 문제가 있을 뿐만 아니라 위험성도 높다. 이에 대한 대응으로 대인지뢰의 개발, 보유, 사용을 금지한 오타와 협약[18]과 비슷하게 자율 동작 무기 금지협약을 만드는 방안이 매우 바람직해 보인다. 그러나 이는 결코 쉽지 않다. 자율 동작 무기를 만들려는 사람들의 압력과는 별개로 공식적인 금지조항을 만드는 일이 단순하지 않기 때문이다. 영국 상원의 인공지능 특별 위원회는 지난 2018년 보고서를 통해 치명적인 자율 동작 무기를 정의하기가 어려우며 이는 입법 과정에서 커다란 걸림돌이 될 수 있다고 지적했다. 사실 현실적으로만 본다면 단순히 인공지능 기술을 사용했다고 해서 무기를 금지하기는 정말 어렵다(틀릴 셈치고 한번 추측해보면 수많은 기존 무기에도 이미 어떤 형태로든 인공지능 기술이 사용되고 있다). 게다가 신경망과 같은 특정 인공지능 기술을 금지하는 일도 가능해 보이지 않는다. 프로그래머가 얼마든지 사용된 기술을 알아차리지 못하도록 프로그래밍할 수 있기 때문이다.

이런 이유로 공적이고 정치적인 의지가 있다 하더라도 치명적인 자율 동작 무기의 개발과 사용을 관리, 금지하는 법률을 만드는 일은 쉽지 않다. 그러나 여러 정부들이 적극적으로 노력하고 있는 모습을 보여주고 있어 그나마 다행이다.

알고리즘의 편향성

누구라도 이 세상에 만연한 선입견과 편견이 인공지능 시스템에 들어 있지 않기를 바랄 것이다. 그러나 현실은 그렇지 않다. 머신러닝 시스템이 지난 10년 이상 점점 더 많은 응용 분야에 사용되면서 알고리즘의 편향성이 어떻게 나타날 수 있는지 조금씩 알려지기 시작했다. 이제 많은 연구 그룹에서 편향성의 문제를 주요한 연구 분야로 삼아 이해하고 해결하는 방법을 찾고자 노력하고 있다.

알고리즘의 편향성이라는 이름에서 유추할 수 있듯이 의사결정 과정에서 인공지능 시스템이 혹은 더 넓은 의미로는 컴퓨터 프로그램이 편향성을 나타내는 문제와 관련 있다. 이 분야의 최고 전문가 가운데 한 명인 케이트 크로퍼드Kate Crawford는 알고리즘의 편향성 때문에 일어날 수 있는 두 종류의 문제를 정의했다.[19]

첫째, 제한된 자원을 배분할 때 특정 그룹이 불리하거나 유리해지는 식의 할당 문제가 명확히 나타난다. 예를 들어 은행이 인공지능 시스템을 사용해 잠재 고객이 빚을 잘 갚는 좋은 고객이 될지 여부를 효과적으로 예측할 수 있다는 사실을 알았다. 은행에서는 좋은 고객과 나쁜 고객의 기록 데이터를 사용해 인공지능 시스템을 학습시킨다. 학습된 인공지능 시스템은 잠재 고객의 상세 정보가 입력되면 고객이 좋은 고객이 될지 나쁜 고객이 될지 예측할 수 있을 것이다. 이는 머신러닝의 전형적인 응용 사례다. 만약 은행의 인공지능 시스템이 편향됐다면 특정 그룹에게는 대출을 하지 않거나 특정 그룹에게만 대출을 하는 일이 일어날 수 있다. 결과적으로 은행은 편향성 때문에 특정 그룹에게 명백히 경제적 불이익 혹은 이익을 준다.

이와는 반대로 시스템이 고정관념이나 편견을 만들거나 강화하도록 동작할 때도 문제가 나타난다. 예를 들어 2015년 구글의 사진 분류 시스템은 '흑인' 사진을 '고릴라'로 분류해[20] 기존의 뿌리 깊던 사람들의 인종 편견을 한층 강화했다. 그러나 컴퓨터는 단순히 명령을 수행하는 기계 그 이상도 그 이하도 아니다. 도대체 어떻게 컴퓨터가 편향적으로 동작하게 된 것일까?

원인은 데이터다. 잘 알고 있듯이 머신러닝 프로그램은 데이터를 사용해 학습된다. 그러므로 데이터가 편향돼 있다면 프로그램은 데이터에 내재된 편향성을 학습할 것이다. 이처럼 학습 데이터가 편향되는 이유는 여러 가지가 있다.

가장 단순하게는 데이터 묶음을 만드는 사람들이 편향성을 가지고 있으면 데이터에 편향성이 생긴다. 그런 편향성은 명시적으로 잘 드러나지 않을 것이다. 사람들은 스스로 합리적이며 편견 따위는 없다고 생각한다. 그러나 사실 누구나 어떤 형태로든 편견을 가지고 있으며, 이는 그들이 만드는 데이터 묶음에 나타날 수밖에 없다.

이런 문제는 모두 사람에 의한 것이지만 머신러닝은 '편향성'이라는 형태로 문제를 드러낼 수 있다. 즉, 머신러닝용 학습 데이터에 대표성이 없다면 머신러닝 프로그램은 왜곡을 피할 수 없다. 예를 들어 은행에서 대출 심사 소프트웨어를 특정 지역 고객들의 데이터만으로 학습시켰다고 가정해보자. 이 경우, 다른 지역 고객들에 대한 심사는 왜곡될 것이다.

데이터가 아닌 잘못 설계된 프로그램으로 인해 문제가 생길 수도 있다. 예를 들어 위에서 언급한 대출 심사 소프트웨어가 학습용 데이터에서 주로 '인종'이라는 항목을 사용해 학습한다고 가정해 보면 대출 심사 결과에 편향성이 있다 하더라도 전혀 놀랍지 않을 것이다(당신은 은행이 이런 멍청한 프로그램을 만들어 사용할 것이라고는 생각하지 않을 것이다. 그런데 과연 그럴까?).

오늘날 유행하는 인공지능 시스템이 내놓는 결과의 근거를 사람이 논리적으로 이해할 수 없기 때문에 알고리즘의 편향성은 심각한 문제다. 사실 이 문제는 인공지능 시스템을 신뢰하면 신뢰할수록 더욱 심각해진다. 그리고 의외로 시스템의 결과를 사람들이 쉽사리 신뢰하는 예는 주변에 흔하다. 예를 들어 은행은 인공지능 시스템을 만들고 시험 삼아 몇천 건의 데이터를 적용해본다. 적용 결과 인공지능 시스템의 판단은 전문가의 판단과 거의 비슷해 보인다. 이제 은행은 해당 시스템이 올바르게 작동한다고 굳게 믿으며 추가적인 점검 없이 해당 시스템의 결과를 전적으로 신뢰한다.

요즘 들어 전 세계 모든 회사가 앞다퉈 머신러닝 기술을 자신들의 사업 문제에 적용하느라 정신없어 보인다. 그런데 너무 서두르다 보니 편향성 문제의 위험성을 제대로 이해하지 못해 편향된 프로그램을 만드는 일이 잦다. 문제 해결을 위한 여러 방법이 있겠지만 올바른 데이터를 모으는 일이 무엇보다 중요하다.

다양성 부족

1956년 매카시가 다트머스대학 인공지능 여름학교 개최 제안서를 록펠러 재단에 제출했을 당시, 그는 47명의 참석 대상자를 선정해 초청하려 했다. 1996년 그는 "47명 모두가 여름학교에 참석했던 것은 아니었지만, 내 생각에 그들 모두 인공지능에 관심 있을 만한 사람들이었습니다."라고 썼다.

여기서 한 가지 궁금한 점이 생긴다. 다트머스 여름학교에 참석해 인공지능이 하나의 독립된 학문 분야가 되는 것을 본 여성 연구자는 몇 명이었을까? 예상대로 0명이다. 오늘날의 유명한 연구후원 재단이라면 이처럼 기본적인 다양성조차 없는 행사에 연구비를 후원하지 않았을 듯하다. 실제로 오늘날에는 후원금 신청자들에게 평등과 다양성을 어떻게 보장할지에 관해 명확한 설명을 요구하는 일이 일반화돼 있다. 그러나 인공지능이라는 학문 분야는 남성 주도로 세워졌다. 지금까지 책에서 살펴봤듯이 그때 이후 인공지능 연구는 주로 남성 위주의 학문 분야로 남아 있는 것처럼 보인다.

뒤늦게나마 당시의 불균형을 깨닫고 반성할 수는 있을 것이다. 하지만 오늘날에도 여전히 달성하기 위해 노력 중인 사실을 기준으로 60년 이상 지난 일을 판단하는 것도 그리 적절해 보이지는 않는다. 오히려 오늘날의 인공지능 연구 분야가 근본적으로 달라졌는지가 훨씬 중요한데, 긍정적인 변화가 보이기는 하지만 여전히 부족해 보인다. 예를 들어 유명한 국제 인공지능 학회에서 분명 상당수의 여성 연구자를 볼 수 있지만, 앞으로도 한동안 남성이 다수를 차지할 것이다. 이와 같은 다양성 부족은 다른 과학과 공학 분야에서와 마찬가지로 여전히 풀기 힘든 문제다.[21]

인공지능 분야의 남녀 성비는 다양한 이유로 매우 중요하다. 우선 한 가지 이유를 설명하자면 남성 중심의 연구 집단은 전문 연구자를 꿈꾸는 여성들에게 별 매력이 없어 뛰어난 능력을 가진 여성 인재를 놓친다. 그뿐만이 아니다. 인공지능 분야에 남자만 득실거린다면 결국 최종 결과물이 남성 인공지능이 될 것이라는 점이 더 큰 문제다. 즉, 남성들끼리 만든 인공지능 시스템은 여성의 시각과 생각을 담지 못한 채 편향된 세계관만을 반영해 구현될 것이다.

만약 당신이 내 생각에 공감하지 못하겠다면 내가 이 문제의 심각성을 깨닫는 데 큰 역할을 한 캐럴라인 크리아도 페레스Caroline Criado Perez의 『보이지 않는 여자들Invisible Women』[22]을 한번 읽어볼 것을 추천한다. 그녀는 세상의 거의 모든 것들이 남성만을 기준으로 설계, 제작됐다고 주장한다. 그리고 가장 기본적인 원인으로 '데이터 갭'을 제시했다. 데이터 갭은 설계와 제작을 위해 흔히 사용되는 데이터 묶음들이 역사적으로 볼 때 과도하게 남성 중심이라는 점을 내포하고 있다.

기록된 역사의 대부분은 거대한 데이터 갭을 보여준다. 역사 기록은 남성 사냥꾼으로 시작하며 (중략) 역사 기록자는 인류 발전에 대한 여성의 역할을 거의 기록하지 않았다. (중략) 이에 반해, 그들은 남성의 삶으로 인류의 삶을 대변해왔다. 한마디로 인류 절반의 삶에 관한 기록은 침묵 외에 아무것도 없는 경우가 많았다. (중략) 이런 침묵, 즉 이런 데이터 갭은 여성의 일상적인 삶에 영향을 끼친다. 영향은 소소한 것일 수도 있다. 예를 들어 남성을 표준으로 설정된 사무실 냉방 온도 때문에 오들오들 떨거나 남성 신장을 기준으로 제작된 선반 꼭대기의 물건을 내리기 위해 낑낑대는 정도일 수도 있다. 그러나 목숨이 달린 경우라면 다르다. 여성을 고려하지 않은 안전 기준의 차량에 사고를 당하는 경우나 심장 문제가 있음에도 특이한 경우로 분류돼 진단을 확정받지 못하는 경우라면 데이터 갭의 영향은 크다. 남성 중심 데이터 위에 건설된 세상 속에서 이런 상황에 처한 여성은 치명적인 위험을 겪을 수 있다.

페레스는 남성 중심의 데이터와 설계로 인한 문제가 얼마나 광범위하게 퍼져 있는지 상세하게 기술했다. 이미 잘 알고 있겠지만 인공지능에서 데이터는 매우 중요하다. 그런데 데이터 속에 남성 편향성이 만연해 있다. 때로는 음성인식 프로그램을 학습시킬 때 널리 사용되는 TIMIT 데이터 묶음에서처럼 편향성이 노골적으로 드러나기도 한다. TIMIT 데이터 묶음에서 69%는 남성 목소리다.

결과적으로 TIMIT로 학습된 음성인식 시스템은 여성 목소리보다 남성 목소리를 훨씬 잘 알아듣는다.

편향성이 암묵적으로 들어가 있는 경우도 있다. 머신러닝 프로그램을 학습시키기 위해 주방 사진을 모은다고 가정해보자. 사진 속에 등장하는 인물 대부분은 여성이다. 이번에는 회사 CEO의 사진을 모은다고 가정해보자. 등장인물 대부분이 남성일 것이다. 이런 편향성은 머신러닝 프로그램의 실행 결과에 고스란히 나타날 것이다. 게다가 이런 일은 페레스의 지적처럼 단순한 가정이 아니라 실제 있어왔다.

때론 문화 속에 편향성이 내재돼 있다. 2017년 구글 번역기에서 발견된 성별 번역 오류가 대표적이다.[23] 사용자가 다음과 같이 영어 문장을 입력하고 터키어로 번역 변환한 후 번역된 터키어를 다시 영어로 번역 변환하면 성별이 바뀌었다(2020년 기준, 구글 번역기에서 이 문제는 더 이상 나타나지 않음—옮긴이).

[영어 입력]

He is a nurse(그는 간호사다).

She is a doctor(그녀는 의사다).

[번역된 터키어를 다시 영어로 변환]

She is a nurse(그녀는 간호사다).

He is a doctor(그는 의사다).

인공지능 연구 개발에 있어 편향성은 분명 문제다. 특히 여성에게 큰 문제다. 새로운 인공지능 기술과 시스템을 만드는 데 사용될 데이터가 강력한 남성 편향성을 가진 데다 제작자들 또한 남성 중심의 사고방식을 가지고 있어 이런 문제를 인식조차 못 하기 때문이다.

인공지능의 편향성 문제에서 마지막으로 언급할 문제는 무의식적 편향성이다. 예를 들어 사람의 특징을 갖춘 시리나 코타나 같은 소프트웨어 에이전트를 만든다면 아무런 문제의식도 없이 성 고정관념을 강화하는 방식을 사용한다. 즉, 사용자의 모든 명령을 순종하며 수행하는 인공지능 비서 시스템을 만든다면 그 시스템의 소리와 모양을 여성처럼 만들고 여성의 사진을 비서의 모습으로 퍼트릴 것이다.[24]

가짜 뉴스

가짜 뉴스는 이름에서 알 수 있듯이 사실처럼 전달되지만 실제로는 틀리고 부정확하며 사람들이 오해하게 만드는 정보를 뜻한다. 가짜 뉴스는 디지털 시대가 시작되기 전부터 수많은 방법으로 만들어졌다. 디지털 시대가 시작된 후 인터넷, 특히 소셜 미디어는 가짜 뉴스 생성과 전파에 완벽한 원천이 됐으며 그 결과는 충격적이었다.

소셜 미디어는 사람들끼리의 연락과 접촉을 지원하는 도구라 할 수 있다. 이런 점에서 세계 인구의 상당수가 사용하고 있는 미국의 페이스북과 트위터, 중국의 위챗과 같은 소셜 미디어 플랫폼은 매우 성공적이라 할 수 있다. 21세기 초 처음 출시됐을 당시, 소셜 미디어 앱들은 모두 친구, 가족, 일상생활에 관한 앱으로만 보였다. 앱을 통해 주고받는 사진 또한 주로 아이와 반려동물의 사진들이었다. 그러나 강력한 기능을 갖춘 소셜 미디어 앱은 곧 다른 목적으로 사용되기 시작했다. 2016년 전 세계 언론의 머리기사를 장식하기 시작했던 가짜 뉴스를 보면 소셜 미디어 앱이 얼마나 강력하고 대규모 행사에 쉽게 영향을 끼칠 수 있는지 알 수 있다.

가짜 뉴스는 두 개의 주요 행사 덕분에 전 세계 언론의 주목을 받았다. 첫 번째 행사는 2016년 11월에 치러진 미국 대통령 선거였다. 당시 선거로 도널드 트럼프Donald Trump가 대통령으로 당선됐다. 두 번째 행사는 2016년 6월에 치러진 영국의 국민 투표였다. 당시 근소한 표 차이로 영국의 유럽 연합 탈퇴가 결정됐다.

소셜 미디어는 두 선거 운동에서 매우 중요한 역할을 했다. 예를 들어 트럼프 대통령은 사람들이 자신의 정치적 혹은 개인적 행동에 대해 어떻게 생각하는지에 상관없이 소셜 미디어를 교묘히 사용해 자신의 지지 세력을 결집했다. 두 선거 모두에서 트위터와 같은 소셜 미디어 앱이 승자에게 유리했던 가짜 뉴스를 퍼트렸다는 징후들이 있었다.

가짜 뉴스가 전파되는 방식에서 인공지능 기술은 중요한 역할을 한다. 소셜 미디어 앱의 사업 모델은 사용자에게 각종 광고를 보여주는 것이다. 따라서 사용자의 앱 사용시간이 무엇보다 중요하다. 만약 사용자가 소셜 미디어 앱에서 본 것을 좋아한다면 사용자는 더 많은 시간 동안 앱을 사용할 것이다. 소셜 미디어 앱을 운영하는 입장에서는 진실을 보여주려 하기보다 당연히 사용자가 좋아하는 것을 보여주고자 한다.

그럼 소셜 미디어 앱은 사용자가 좋아하는 것을 어떻게 알까? 앱 사용자가 '좋아요' 버튼을 누르는 순간 사용자는 자신의 생각을 앱에 알려주는 셈이다. 앱은 사용자가 좋아하는 것과 비슷한 이야기를 찾을 수 있고 아마도 사용자는 그 이야기를 또다시 좋아할 것이다. 이런 기능이 잘 구현된 소셜 미디어 앱은 사용자와 사용자가 좋아하는 것을 적나라하게 사실적으로 정보화하고 이 정보를 토대로 사용자에게 제시할 콘텐츠를 결정한다.[25] 예를 들어 백인 남성인 존 도John Doe는 폭력적인 비디오를 좋아하고 인종주의자적 성향을 가지고 있다. 도가 '좋아요' 버튼을 누르게 하려면 소셜 미디어 앱은 어떤 콘텐츠를 보여줘야 할까?

바로 이러한 질문에 대한 답을 찾는 일을 인공지능이 한다. 인공지능 기술을 사용하면 사용자가 눌렀던 '좋아요' 기록, 사용자가 남긴 댓글 혹은 사용자의 방문 사이트 기록 등을 분석해 사용자의 성향과 그 성향에 맞는 콘텐츠를 찾을 수 있다. 사실 이런 일들은 모두 고전적인 인공지능 문제들이다. 소셜 미디어 회사들은 사용자가 좋아할 만한 콘텐츠를 제공하는 문제를 좀 더 잘 해결하기 위한 연구 개발팀을 운영하고 있다.

만약 소셜 미디어 서비스가 사용자의 성향에 따라 좋아하는 것을 더 많이 보여주고 반대로 싫어하는 것을 감추려 한다면 존 도와 같은 사용자가 소셜 미디어 서비스를 통해 보는 세상의 모습은 과연 어떤 모습일까? 아마도 그는 폭력과 인종차별이 난무하는 세상을 주로 보게 되고 세상에 대해 불균형한 시각을 갖게 될 것이다. 그는 소셜 미디어가 제공하는 편향된 콘텐츠에 파묻혀 살게 되고 세상에 대한 그의 왜곡된 시각은 더욱 왜곡될 것이다. 이를 확증 편향이라 한다. 확증 편향 문제가 심각한 이유는 다름 아닌 규모 때문이다. 소셜 미디어 서비스는 전 세계적인 규모로 사람들의 생각을 조종할 수 있다. 따라서 확증 편향 문제는 고의든 우연이든 분명 주의해야 한다.

장기적인 관점에서 인공지능은 우리가 세상을 인지하는 방식에 근본적인 변화를 가져올 것이다. 사람은 시각, 청각, 촉각, 후각, 미각의 오감을 사용해 세상에 대한 정보를 얻는다. 또한 이 정보들을 종합적으로 사용해 현실에 대한 일치된 형상, 즉 세상의 실제 모습에 대한 공통된 시각을 구축한다. 만약 당신과 내가 특정 사건을 같은 방식으로 목격했다면 우리는 그 사건에 관해 공통된 정보를 바탕으로 자신의 견해를 구축한다. 그런데 세상에 대한 공통된 시각이 없다면 무슨 일이 생길까? 각자가 완전히 다른 방식으로 세상을 인지한다면 어떻게 될까? 인공지능 때문에 이런 일이 일어날 수 있다.

2013년 구글에서는 웨어러블 컴퓨터 기술을 사용해 제작한 구글 글라스를 세상에 선보였다. 일반 안경과 비슷한 모양인 구글 글라스에는 카메라와 소형 프로젝터가 달려 있고 블루투스로 스마트폰과도 연결된다. 그런데 출시 당시, 구글 글라스에 장착된 카메라가 부적절한 사진을 찍는 데 악용될 수 있다는 우려가 제기됐다. 이 장치에 내장된 프로젝트는 사용자가 무엇을 보든 그 위에 추가적인 정보를 덧입힐 수 있는 잠재력이 있다. 이 기능을 무궁무진하게 응용할 수 있다. 예를 들어 사람을 잘 알아보지 못해 당황하고 얼굴을 붉히기 일쑤인 나 같은 사람을 위해 구글 글라스 앱이 내가 보는 사람을 인지하고 그 사람의 이름을 미리 알려준다.

이처럼 현실 정보 위에 컴퓨터가 생성한 정보나 이미지를 덧입히는 기능을 증강현실이라 한다. 그런데 현실 정보를 증강하는 것이 아니라 사람이 알아차리지 못하는 방식으로 완전히 바꾼다면 어떻게 될까? 이 책을 쓸 당시 내 아들 톰은 13세였다. 톰은 존 로널드 로웰 톨킨J. R. R. Tolkien이 쓴 『반지의 제왕』의 열광적인 팬으로 책을 토대로 만든 영화 또한 무척 좋아했다. 톰이 구글 글라스를 쓰면 학교 친구들과 선생님들이 각각 엘프와 오크로 보인다고 상상해보자.

이와 비슷하게 「스타워즈」를 소재로 구글 글라스 앱을 만들 수도 있다. 물론 신나는 일이겠지만 분명 문제도 있다. 각자가 자신만의 세상에 산다면 공통된 현실은 과연 무엇일까? 아마도 사람들은 합의를 이루는 데 필요한 공통된 경험을 가질 수 없을 것이다.

게다가 해킹 문제도 있다. 예를 들어 누군가 톰의 구글 글라스를 해킹한다면 톰이 세상을 바라보는 방법을 근본적으로 바꿔 그의 생각을 조정할 수도 있다.

아직까지는 이런 기능을 가진 앱을 구현하기 힘들지만, 20~30년 내에는 충분히 가능할 것이다. 이미 신경망 기술을 사용해 사람의 눈에 완전히 진짜처럼 보일 만큼 생생한 이미지를 만들 수 있는 인공지능 시스템이 존재한다. 예를 들어 딥페이크DeepFake라는 기술이 사람들의 우려를 자아내고 있다.[26] 이 기술을 사용하면 원본에 없던 사람이 사진과 동영상에 찍힌 것처럼 조작할 수 있다. 실제로 2019년에 이 기술이 악용된 사례가 있다. 당시 미국 하원 의장인 낸시 펠로시Nancy Pelosi가 약물과 술로 인해 언어 장애를 가진 것처럼 보이도록 조작된 동영상이 유포됐다.[27] 또 딥페이크 기술은 배우가 마치 성인용 비디오에 출현한 것처럼 보이도록 조작하는 데도 사용됐다.[28]

아직까지 딥페이크 영상은 그리 정교하지 못하다. 그러나 점점 정교해지고 있는 만큼 얼마 지나지 않아 우리는 사진이나 동영상이 진짜인지 딥페이크 기술로 조작된 것인지 구분할 수 없을 것이다. 아울러 사진이나 동영상이 사건에 대한 믿을 만한 기록이라는 생각도 더 이상 유효하지 않을 것이다. 그러므로 각자가 자기 자신만의 인공지능 기반 디지털 세상에 산다면 공통 가치와 원칙 위에 세워진 사회들이 실제로 무너지기 시작할 위험성이 있다. 소셜 미디어 세상에서 가짜 뉴스는 이제 시작에 불과하다.

가짜 인공지능

4장에서 1990년대 에이전트에 관한 연구 결과를 토대로 21세기 초에 시리, 알렉사, 코타나와 같은 소프트웨어 에이전트가 등장한 과정을 살펴봤다. 시리의 등장 이후 얼마 지나지 않아 시리에 관한 공식 문서에 없는 수많은 이야기가 언론에 보도됐다. 그 가운데 하나는 사용자가 시리에게 "시리, 넌 나의 가장 친한 친구야."라고 말하면 시리가 제법 그럴듯한 대답을 한다는 이야기였다(방금 전 나도 시험 삼아 같은 말을 했더니, 시리가 "오케이 마이클. 나는 언제나 당신의 친구가 될 거예요."라고 답했다).

당시 수많은 언론이 시리에 흥분했다. 그런데 과연 시리가 범용 인공지능인가? 아니다. 예상컨대 시리의 모든 답변은 특정 키워드와 문장을 보고 상투적인 답변을 하는 것에 불과하다. 심지어 수십 년 전에 등장한 엘리자의 작동 방식과 매우 비슷하다. 즉, 지능은 없으며 그럴듯한 답변들은 가짜 인공지능의 답변에 불과하다.

이런 가짜 인공지능을 진짜인 양 내놓은 회사는 애플뿐만이 아니다. 2018년 10월, 영국 정부는 페퍼Pepper라는 이름의 로봇이 국회의사당에서 증언할 것이라 발표했다.[29] 그러나 이는 터무니없는 소리였다. 페퍼는 분명 국회의사당에 출석했지만, 준비된 질문에 준비된 답변을 했을 뿐이었다. 엘리자보다도 못한 수준이었다.

당시 언론 보도나 행사는 좋은 의도에서 비롯했을 뿐 사람들을 속일 의도는 없었을 거라 생각한다. 그러나 수많은 인공지능 연구자들은 인공지능에 관해 완전히 잘못된 모습을 대중에게 보여줬다는 이유로 분노했다. 예를 들어 페퍼의 쇼를 지켜본 사람들이 페퍼가 정말로 질문에 답한다고 생각했다면 그들은 현재 실현 가능한 인공지능 기반 질의응답 시스템의 수준을 완전히 오해할 것이다. 나는 당시 많은 사람이 속아 넘어갔다고는 생각하지 않는다. 오히려 사람들이 시리와 페퍼의 수준을 금방 알아챘으리라 생각한다. 그러므로 사람들이 이런 터무니없는 일을 보면서 인공지능이 사실상 속임수와 별다르지 않다고 여기게 되는 것이 진짜 문제라고 생각한다.

2018년 12월 내가 우려하던 것과 비슷한 일이 일어났다. 러시아 야로슬라블Yaroslavl에서 개최된 청소년 과학 포럼에서 하이테크 로봇이 춤추는 모습을 선보였다. 하지만 그 로봇은 실제가 아니라 로봇 의상을 입은 남자였다는 사실이 드러났다.[30] 주최 측에서 사람들을 속일 의도로 벌인 일이었는지 불확실한 만큼 선의에서 비롯한 일이라고 생각하고 싶다. 그러나 당시 러시아 방송국에서는 로봇 의상을 입은 남자가 진짜 로봇인 것처럼 보도했다. 결과적으로 방송을 본 모든 사람은 그 로봇이 오늘날의 로봇 공학과 인공지능 기술의 현 수준을 보여준다고 충분히 오해했을 듯하다.

불행하게도 인공지능 분야에서 일어나는 속임수가 너무 흔해 연구자들이 크게 실망하곤 한다. 한 예로 2017년 10월 사우디아라비아에서 소피아라는 이름의 로봇에게 시민권을 부여했다고 발표했고 많은 언론에서 주목했다.[31] 당시 논평가들은 사우디아라비아가 사람, 특히 여성에게 권한을 보장하는 일에 보수적이라는 사실을 근거로 들며 기계에게 시민권을 부여한다는 발표가 아이러니하다고 지적했다. 또 한쪽에서는 많은 사람이 소피아에게 인공지능과 관련해 근본적인 무언가가 새롭게 등장했는지 궁금해했다. 과연 소피아는 범용 인공지능에 한 발 더 다가선 로봇이었을까?

소피아는 핸슨 로보틱스Hanson Robotics에서 제작한 사람 모양의 휴머노이드 로봇이다. 그 로봇은 진짜 사람 같은 얼굴 표정을 지을 수 있으며 자연어로도 이야기할 수 있다. 2017년 12월 '비즈니스 인사이더'라는 웹사이트에는 소피아와의 인터뷰 내용[32]이 실리기도 했다(소피아의 대답은 이탤릭체로 표시돼 있다).

■ 지금 당신의 기분은 어떤가요? 좋아하는 것은요?

□ *당신의 집이나 직장에서 로봇과 함께 지낸 적이 있나요?*

■ 아니요.

□ *당신이 미처 깨닫고 있지 못할 뿐 아마도 당신 주변에는 많은 로봇이 있습니다. 당신은 언젠가 로봇과 함께 살거나 일하기를 원합니까?*

■ 현재 내가 어떤 종류의 로봇과 살거나 일합니까?

□ *정말로.*

■ '정말로'는 당신이 무언가 알지 못할 때 고정적으로 사용하는 답변인가요?

□ *예.*

메타의 인공지능 연구 디렉터인 얀 르쿤Yann Le Cun은 어이없어 했다. 르쿤은 2018년 1월 자신의 트위터에 "마술쇼에서나 하는 속임수를 인공지능 데모에서 하고 있군. 완전 미친 짓이야."라고 썼다. 그의 트위터 글은 인공지능 주류 연구자들이 인공지능과 관련된 싸구려 선전 행사를 어떻게 생각하는지 단적으로 보여준다.

이렇듯 가짜 인공지능은 사람들로 하여금 자신들이 지금 보고 있는 것이 인공지능이라고 오해하게 만든다. 중요한 데모를 앞둔 인공지능 스타트업들이 공개할 자체 기술이 아직 불완전할 때 소위 가짜 인공지능에 의존하려 한다는 이야기를 들은 적이 있다. 이런 관행이 얼마나 널리 퍼져 있는지는 알지 못한다. 그러나 가짜 인공지능은 우리 모두에게 심각한 문제다. 특히 인공지능을 연구하는 사람들을 매우 분노하게 만드는 일이다.

9장

의식기계?

이 책을 통해 꼭 독자들에게 알리고 싶은 것이 하나 있다. 최근에 등장한 인공지능과 머신러닝의 놀라운 성과들이 실제적이고 흥미진진하기는 하지만 범용 인공지능을 이루기 위한 만능열쇠는 아니라는 사실이다. 딥러닝은 범용 인공지능의 중요한 구성 요소일지는 몰라도 유일한 구성 요소는 아니다. 우리는 범용 인공지능을 구현하기 위해 어떤 구성 요소들이 더 필요한지 모르며 범용 인공지능을 구현하는 방법은 더더욱 모른다. 이미지 인식, 번역 및 통역, 자율주행차 등 현재까지 개발된 모든 인공지능 성과물을 모은다 해도 범용 인공지능은 아니다. 이런 의미에서 우리는 1980년대 브룩스가 강조했던 "몇 가지 지능적인 요소들은 가지고 있다. 그러나 그것들을 어떻게 결합해야 원하는 인공지능 시스템을 만들 수 있는지는 알지 못한다."라는 문제를 여전히 해결하지 못하고 있다. 어떤 경우든 범용 인공지능을 만드는 데 필요한 핵심 요소는 여전히 빠져 있다. 현재 가장 뛰어난 인공지능 시스템들조차 특정한 일을 잘하도록 최적화된 소프트웨어일 뿐 그 이상은 아니다.

나는 범용 인공지능이 아직 먼 미래의 일이라고 믿는다. 나아가 컴퓨터가 사람처럼 의식하고 생각하는 강 인공지능에 대해서도 부정적이다. 그러나 책의 마지막 장인만큼 이를 다뤄보고자 한다. 강 인공지능이 가까운 미래의 일은 아니지만 즐겁게 상상하며 현실로 다가올 때 어떻게 대처해야 할지 생각은 할 수 있다. 따라서 의식 기계를 만든다고 할 때 그 과정에서 어떤 일이 생기고 어떤 문제를 해결해야 하는지 볼 것이다. 아울러 그 과정의 끝에 도달할 무렵, 우리가 그 사실을 어떻게 알 수 있는지도 이야기할 것이다.

의식, 정신, 미스터리

1883년 영국 과학자 존 허셜John Herschel은 태양이 방출하는 에너지의 양을 측정하기 위해 간단한 실험을 했다. 그는 용기에 물을 담아 태양빛에 노출시킨 뒤 태양빛에 의해 물의 온도가 섭씨 1도 올라가는 데 소요되는 시간을 측정했다. 그리고 간단한 계산식을 통해 태양의 초당 방출 에너지양을 추정했다. 계산식의 추정 결과는 상상을 초월했다. 태양은 지구에서 1년 동안 생성되는 에너지양보다 훨씬 많은 양의 에너지를 단 1초 동안 방출했다.

놀라운 과학적 발견과 함께 수수께끼 같은 과학의 난제도 새롭게 생겨났다. 당시 발견한 지질학적 연구 결과들은 지구와 태양이 적어도 수천만 년 전에 생성됐다는 사실을 보여줬다. 하지만 당시 과학의 수준으로는 불과 수천 년 전에 방출된 에너지를 설명하는 방법밖에 알지 못했다. 그 오랜 기간 동안 어떻게 태양이 엄청난 에너지를 내뿜을 수 있었는지 물리적으로 설명할 수 없었다.

이에 당시 과학자들은 간단히 반복해 결과를 재현할 수 있는 허셜의 실험 결과와 지질학적 기록의 증거를 동시에 만족시키기 위해 어려운 이론들을 개발해 제시했다. 그러나 핵물리학이 연구되기 시작하며 원자핵 안에 내재된 엄청난 힘을 이해하기 시작한 19세기 말까지 답을 찾지 못했다. 결국 허셜의 실험 이후 물리학자 한스 베테Hans Bethe가 오늘날 태양 같은 별이 방출하는 에너지의 생성 방식으로 핵융합 반응을 제시하기까지 100여 년이 걸렸다.[1]

사람과 같은 의식, 자아, 이해력 등을 갖춘 기계를 만들려는 목표 앞에서 우리는 허셜 시대의 과학자들과 매우 비슷한 상황에 처해 있다. 당시 과학자들에게 태양 에너지가 전혀 이해할 수 없는 대상이었다면 사람의 의식과 정신 역시 마찬가지기 때문이다. 우리는 의식과 정신의 작동 방식, 기능적 역할 등을 전혀 알지 못한다. 이들에 대한 어떤 질문에도 명쾌한 답을 갖고 있지 못하며 가까운 미래에 그 답을 얻을 수 있을 것으로도 보이지 않는다. 이들에 대해 우리가 가진 지식은 대부분 추측일 뿐이다. 그러므로 의식과 정신을 완전하게 이해하는 일은 우리가 살고 있는 우주의 기원과 운명을 아는 것만큼 어려우며, 우리는 근본적으로 관련 연구를 어디에서부터 어떻게 시작할지조차 알지 못한다.

사실 상황은 생각보다 훨씬 좋지 않다. 우리는 '의식', '정신', '자아' 등의 용어를 일상에서 흔히 사용하곤 하지만 정작 그것들이 무엇인지 알지 못한다. 그것들은 일종의 개념으로, 우리 모두 경험하지만 과학적으로 대하지는 않는다. 경험에 근거한 상식적인 수준의 증거가 있을 뿐 과학적 관점에서는 실체조차 확신할 수 없다.

허셜은 온도나 에너지처럼 누구나 이해할 수 있고, 물리적으로 측정 가능한 지표를 사용해 실험적인 방법으로 문제에 접근할 수 있었다. 그러나 의식이나 정신을 연구할 때 이처럼 객관적으로 관찰하고 측정할 수 있는 지표 따위는 없다. 정신이나 주관적인 경험에 대한 과학적인 표준 측정 단위도 없으며 실험 관찰처럼 생각하거나 경험하는 것을 측정할 수 있는 직접적인 방법 역시 없다.

역사적으로 우리는 뇌 질병이나 정신적 외상으로 뇌에 손상을 입은 환자를 연구하는 과정에서 사람의 뇌 구조와 동작에 대한 이해를 상당히 넓혀왔다. 다만 체계적인 연구와는 거리가 멀었다. 오늘날에는 자기 공명 촬영법MRI과 같은 뇌 영상 촬영 기술 덕분에 뇌 구조와 동작에 대해 중요하고 깊이 있는 지식을 얻을 수 있다. 하지만 여전히 개인의 주관적인 경험이 뇌 속에서 어떻게 처리되는지는 알 수 없다.

지금까지 이야기했듯이 의식이나 정신 등에 대해 정확한 정의조차 없지만, 일반적인 특징은 정의할 수 있다. 아마도 가장 중요한 특징은 의식과 연관된 것에는 대상을 주관적으로 경험할 수 있는 능력이 있어야 한다는 사실이다. 여기서 주관적이라는 용어는 개인의 정신과 연관 있다는 뜻이며, 철학자들이 **퀄리아**qualia라고 부르는 내적 정신 현상인 느낌을 말한다.

당신이 길을 가다 갓 볶은 커피 향기를 맡았다고 생각해보자. 혹은 직접 카페에 가서 커피를 한 잔 마시며 향을 음미하면 더 좋다. 그 순간 당신이 경험한 느낌이 바로 퀄리아다. 땀을 뻘뻘 흘리는 무더운 날 오후 시원한 맥주를 들이켤 때의 느낌, 계절이 겨울에서 봄으로 바뀌기 시작할 때의 느낌, 기어다니던 내 아기가 두 발로 일어나 걷는 모습을 본 순간의 느낌, 그 모든 것이 퀄리아다.

당신은 이런 느낌들을 잘 알아차리고 즐기지만 모순이 있다. 우리 모두 같은 경험을 이야기한다고 믿고 있지만 당신이 나와 같은 방식으로 경험했는지 알 방법은 없다. 이는 퀄리아가 본질적으로 개인적이기 때문이다. 커피 향기를 맡은 정신적 경험은 단지 나만 알 수 있다. 당신이 나와 같은 단어로 그 경험을 표현한다 해도 당신이 나와 비슷한 경험을 했는지 내가 알 수 있는 방법은 없다.

의식에 관해 가장 잘 알려진 논쟁 가운데 하나는 1974년 미국 철학자 토머스 네이글Thomas Nagel이 주도했던 논쟁이다.[2] 네이글은 특정 대상에게 의식이 있는지 없는지 확인할 수 있는 시험 방법을 제시했다. 다음의 대상들에게 의식이 있는지 확인하려 한다고 가정하자.

- 사람
- 오랑우탄
- 개
- 생쥐
- 지렁이
- 토스터
- 바위

네이글이 제안한 시험 방법은 목록의 대상 X에 대해 "X가 된다면 어떠한가?"라고 질문한 뒤 그 답을 생각하는 일이다. 만약 답으로 중요한 존재가 됐다고 생각한다면 네이글은 대상 X에게 의식이 있다고 주장했다. X가 사람이라면 이런 질문은 의미가 있다. X가 오랑우탄이나 개 혹은 약간 애매하게 생쥐라면 어떠할까? 네이글의 시험 방법에 따르면 모두 의식을 가지고 있다. 물론 네이글의 시험 방법이 의식 유무를 증명하는 것은 아니므로 우리는 판단을 위해 객관적인 증거보다 상식에 의존해야 한다.

목록 가운데 지렁이는 경계에 있다. 지렁이는 너무 단순한 생명체여서 네이글의 시험 방법이 의미 있어 보이지는 않지만, 네이글은 시험 결과 지렁이에게는 의식이 없다고 주장했다. 그러나 지렁이에게도 원시적이지만 의식이 있다고 주장하는 사람이 있을 수 있는 만큼 지렁이의 경우 논쟁의 여지가 있다. 그러나 토스터나 바위에 대해서는 논쟁의 여지가 없다. 토스터가 됐다고 중요한 존재로 느끼지는 않을 것이므로 분명 시험에 통과하지 못한다.

네이글의 시험 방법은 여러 가지 중요한 사실들을 보여준다. 첫째, 의식은 '있다', '없다'로 답할 수 있는 문제가 아니다. 즉, 의식은 사람처럼 잘 발달한 쪽과 지렁이처럼 원시적인 쪽 사이의 범위에서 정의하고 답할 문제다. 나아가 사람 사이에도 차이가 있으며 술이나 약물의 영향 혹은 피곤함 정도에 따라서도 차이가 있다.

둘째, 의식은 대상마다 다르다. 네이글은 '박쥐가 된다면 어떠한가?'라는 제목의 논문을 썼다. 네이글은 박쥐가 사람과 매우 다르다는 이유에서 논문 제목으로 박쥐를 선택했다. 박쥐에 관한 네이글의 질문은 분명 타당하다. 그의 이론에 따르면 박쥐에게는 의식이 있다. 그런데 박쥐에게는 인간에게 없는 감각들, 특히 초음파와 관련된 감각이 있다. 박쥐는 날아다니는 동안 초음파를 쏘고 그 반사파를 감지해 주변 환경을 인지한다. 몇몇 박쥐는 지구의 자기장을 감지해 비행에 이용하기도 한다. 몸속에 나침반이 들어 있는 셈이다. 사람에게는 이런 감각이 없다. 그러므로 네이글의 질문이 타당하기는 하지만, 우리는 실제로 박쥐가 되면 어떠할지 상상할 수 없다. 즉, 박쥐의 의식은 사람의 의식과는 다르다. 네이글도 우리가 의식의 존재를 확신할지는 몰라도 이해할 수는 없다고 믿었다.

네이글의 실험 목적은 "X가 된다면 어떠할까?"라는 질문에 답함으로써 의식의 존재를 확인하는 것이었다. 그는 박쥐의 경우처럼 우리가 이해할 수 없는 형태의 의식이 존재한다고 주장했다. 그의 실험 방법은 컴퓨터를 대상으로도 가능했다. 대부분의 사람은 토스터의 경우와 마찬가지로 컴퓨터가 되는 것을 특별하게 여기지 않는 것처럼 보였다. 네이글의 실험 결과에 따르면 컴퓨터에게는 의식이 없다. 결국 강 인공지능 역시 불가능하다. 따라서 네이글의 실험 결과와 주장은 강 인공지능의 가능성을 부정하는 근거로 사용돼왔다.

나는 "X가 된다면 어떠할까?"라는 질문 자체가 단순히 직관에 의한 답을 구하는 과정이기 때문에 네이글의 실험 결과와 주장이 설득력 있다고 생각하지는 않는다. 오랑우탄과 토스터처럼 답이 분명한 경우에는 분명 직관이 효과적이다. 그러나 애매한 대상이나 인공지능처럼 일상생활에서 전혀 경험하지 못했던 대상에 대해 효과가 있다고는 생각하지 않는다. 우리는 컴퓨터와 완전히 다르기 때문에 컴퓨터가 되면 어떠할지 전혀 상상할 수 없다. 그러나 그 사실은 기계의 의식이 우리와 다르다는 뜻이지, 의식기계가 불가능하다는 뜻은 아니라고 생각한다.

네이글의 실험과 주장은 강 인공지능이 불가능하다는 것을 보여주기 위한 많은 사례 가운데 하나다. 지금부터 이런 주장 가운데 가장 잘 알려진 것을 함께 살펴보자.

강 인공지능은 불가능한가?

네이글의 주장은 사람에게는 컴퓨터에 없는 특별한 무언가가 있기 때문에 강 인공지능이 불가능하다는 상식 수준의 주장과 맞닿아 있다. 무생물인 컴퓨터가 살아 움직이는 생물인 사람과는 다르다는 직관적인 관점에서 비롯한 생각이다. 이런 주장에 따르면 나는 컴퓨터보다 생쥐와 더 비슷하며 컴퓨터는 나보다 토스터와 더 비슷하다.

내 생각은 조금 다르다. 사람이 다른 대상들보다 분명 훨씬 뛰어나긴 하지만 사람 역시 수많은 원자들의 뭉치일 뿐이다. 우리가 물리 법칙을 완전히 알고 있지는 못하지만, 사람과 사람의 뇌 또한 물리 법칙에 따라 움직이는 물리적 물체일 뿐이다. 즉, 사람이 믿을 수 없을 만큼 뛰어나고 멋진 존재이기는 해도 우주와 우주의 법칙 관점에서 보면 전혀 특별하지 않다. 물론 이런 생각으로는 사람과 같은 특별한 원자 뭉치가 어떻게 의식을 가질 수 있는지에 답할 수 없다.

드레이퍼스도 "사람은 특별한 존재다."라고 주장한다. 또한 그는 구체적인 반론을 들어 강 인공지능의 출현 가능성을 일축한다. 인공지능이 실제 성과에 비해 지나치게 부풀려졌다는 그의 주장은 분명 타당하다. 그는 사람의 행동과 의사결정은 직관에 기반하며 그러한 직관은 컴퓨터가 실행할 수 있도록 정확하게 구현될 수 없다고 말한다. 즉, 사람의 직관은 컴퓨터 프로그램으로 구현될 수 없다는 것이다.

의사결정 과정의 많은 부분이 명확하고 정밀한 논리를 통해 얻어지지 않는다는 사실을 보여주는 수많은 증거들이 있다.[3] 우리는 의사결정을 하고도 그 이유를 명확히 설명하지 못하는 경우가 많다. 사실상 대부분의 의사결정이 이런 유형에 속한다. 이런 점에서 우리는 분명 의사결정에 직관을 사용한다. 그러나 이런 직관은 오랜 시간 동안 축적된 경험의 결과이며, 설명할 수는 없지만 신비하지도 않다(참고로 경험은 진화를 통해 얻어지며 여러 세대를 거쳐 우리에게 전해졌다). 그리고 앞서 설명했듯이 컴퓨터도 이유를 설명하지는 못해도 경험을 통해 배우며 점점 효과적인 의사결정자가 된다.

약 인공지능과 강 인공지능이라는 용어를 만든 철학자 존 설John Searle은 강 인공지능의 가능성을 부정한다. 설은 강 인공지능이 불가능하다는 사실을 보여주기 위해 '중국어 방Chinese room' 이라는 실험을 제안했다. 중국어 방의 실험 시나리오는 다음과 같다. 방 안에 한 남성이 있다고 가정하자. 그 사람은 문구멍을 통해 중국어 질문이 적힌 카드를 받지만 중국어를 이해하지는 못한다. 그는 일련의 규칙을 사용해 질문의 답을 작성한 뒤, 문밖으로 답안을 전달한다. 이 시나리오는 일종의 중국어 튜링 테스트로 답안 덕분에 심사자는 실험 대상이 사람이라고 판단한다.

당신의 생각은 어떠한가? 당신은 방 안의 사람이 중국어를 이해했다고 생각하는가? 설은 아니라고 주장한다. 방 안의 남성은 결코 중국어를 이해하지 못했다. 단지 미리 가지고 있었던 규칙을 사용해 중국어 질문에 답한 것이며 주어진 규칙을 충실히 따르는 정도의 지능만 사용했다.

방 안의 남성이 컴퓨터와 똑같이 일련의 규칙에 따라 행동했다는 사실을 주목해야 한다. 그가 실행한 규칙들은 명령어의 집합인 프로그램인 셈이다. 설은 이런 사실들로부터 컴퓨터가 튜링 테스트를 통과했다고 하더라도 이해력을 가졌다고 판단할 수는 없다고 주장했다.

설의 주장이 옳다면 단순히 일련의 규칙을 따르는 방식으로는 이해력, 즉 강 인공지능을 구현할 수 없다. 그러므로 프로그램을 충실히 수행하는 컴퓨터로는 강 인공지능을 구현할 수 없다. 그의 이런 주장이 옳다면 인공지능의 원대한 꿈도 한낱 환상일 뿐이며, 뛰어난 이해력을 구현한 듯 보이는 인공지능 프로그램도 결국 그 뒤에는 특별한 것이 하나도 없다.

많은 사람들이 설의 주장에 반론을 제기했다. 반론을 제기한 사람들의 상당수는 설의 중국어 방이 실제로는 가능하지 않다고 주장했다. 그들은 다른 것은 차치하더라도 성능이 문제라고 지적했다. 컴퓨터 역할을 하는 사람이 실제로 컴퓨터가 1초 동안 실행하는 명령을 수행하려면 천년쯤 걸릴 수 있다. 프로그램을 일련의 규칙들로 만든다는 생각도 터무니없다.

오늘날 규모가 큰 컴퓨터 프로그램의 경우 명령어의 개수가 수억에서 수십억 개에 이른다. 그런 프로그램을 사람이 읽을 수 있도록 종이로 옮기면 수백만 장의 종이가 필요할 것이다. 컴퓨터는

100만 분의 1초 만에 메모리로부터 프로그램 명령어를 읽을 수 있는 반면, 중국어 방 속 남성의 읽기 속도는 컴퓨터에 비해 수십 억 분의 1에 불과하다. 현실적으로 중국어 방의 남성은 심사자에게 자신이 사람이라는 사실을 확신시킬 수 없고 결과적으로 튜링 테스트를 통과할 수 없다.

한편 방 안의 사람이 중국어 질문 이해력을 보여주지는 못했으나 사람, 방, 규칙 등을 포함한 시스템은 이해력을 보여줬다는 주장도 있다. 사실 우리가 이해력을 찾아 사람의 머릿속을 헤집는다 해도 아무것도 발견하지 못할 것이다. 이처럼 사람의 뇌에 언어 이해를 책임진 영역들이 있지만 그 영역들에서 이해력을 찾지 못하는 것처럼 설이 찾고자 했던 이해력도 그러하다.

나는 설의 교묘한 사고 실험에 대해 훨씬 간단히 반론을 제기할 수 있다고 생각한다. 튜링 테스트로 포장된 중국어 방 실험은 방을 블랙박스로 다루지 않은 만큼 일종의 속임수다. 중국어 방 실험에서 중국어에 대한 이해가 없다는 주장은 방 안을 들여다본 후에야 가능했다. 튜링 테스트에서 심사자는 오직 입력과 출력만 보고 그 출력이 사람의 행동 결과와 구분 가능한지 여부를 판단한다. 컴퓨터가 사람의 이해력과 구별할 수 없는 무언가를 하고 있다면 그 무언가가 진정한 이해력인지 따지는 일은 무의미해 보인다.

수학적으로 증명할 수 있는 전통적인 컴퓨터의 한계 때문에 지능을 구현할 수 없다는 주장도 있다. 튜링의 업적들을 소개할 때, 컴퓨터의 근본적인 한계 때문에 몇몇 문제들은 컴퓨터가 처리할 수 없다고 단정했던 것을 떠올려보자. 튜링 역시 인공지능이 추구하는 지적인 행동이 자신이 제시한 이유로 구현될 수 없다는 의문을 가졌다. 또한 그런 생각을 강 인공지능의 가능성을 부정하는 한 가지 근거로 놓고 고민했다. 사실 인공지능 연구자 대부분은 이런 주장들에 귀를 기울이지 않는다. 그러나 일찍이 보았던 것처럼 "현실적으로 계산 가능한가?"라는 문제는 오랜 세월 인공지능 연구의 발목을 잡아왔다.

마음과 육체

지금부터 의식 연구 분야에서 가장 유명한 철학 문제인 **마음과 육체**mind and body 문제를 생각해보자. 사람의 몸과 뇌 속에서 일어나는 어떤 물리적 과정으로 인해 의식 있는 마음이 생긴다. 그러나 어떻게, 그리고 왜 의식이 생기는가? 신경 세포체, 신경 접합부, 축삭돌기 등과 같은 물리적인 대상들과 주관적인 마음 사이의 관계는 무엇인가? 이런 질문은 과학과 철학에서 가장 거대하고 오래된 문제 가운데 하나다. 호주 철학자 데이비드 차머스David Chalmers는 이를 **의식에 관한 난제**라 부른다.

이 주제를 다룬 문헌은 적어도 플라톤이 활동하던 시기까지 거슬러 올라간다. 플라톤은 『파이드로스Phaedrus』에서 사람 뇌의 추론부가 '이성과 고귀한 소망을 나타내는 말'과 '비이성과 하찮은 욕

망을 나타내는 말'을 두 고삐로 조종하는 마부처럼 동작한다는 뇌 동작 모델을 제시했다. 이 모델에 따르면 한 사람의 일생은 뇌 속의 마부가 두 마리 말을 어떻게 조종하는지에 따라 달라진다. 이와 비슷한 주장은 힌두교의 『우파니샤드Upanisads』에도 등장한다.[4]

이성적 자아를 마부에 빗댄 것은 정말 멋진 은유다. 사실 나는 마부라는 은유도 멋지지만 내 마음속의 고귀한 생각과 하찮은 생각을 고삐로 움켜잡고 조종한다는 생각이 훨씬 마음에 든다. 플라톤은 마부를 마음이라 생각했다. 그러나 이후 그는 마음이 마부라는 다른 마음에 의해 조종된다고 말했을 뿐 그 이상의 주장을 하지 않았다. 철학자들은 이를 **뇌 난쟁이** 문제라 부른다. 여기서 난쟁이는 마부다. 플라톤의 주장이 문제인 이유는 마음이라는 대상을 마부로 바꿔놓았을 뿐 실제로는 마음에 관해 아무것도 설명하지 않았기 때문이다.

문제든 아니든 추론이 우리 행동의 핵심 인자라고 주장하는 마부 비유는 수많은 반대 증거들을 생각할 때 신뢰성이 떨어진다. 예를 들어 신경과학자 존 딜런 헤인스John Dylan Haynes는 여러 실험들을 통해 실험 대상인 사람들이 의사결정을 하고 있다고 의식하기 전 최대 10초 안에 그들의 의사결정을 감지할 수 있음을 보여줬다.[5]

이런 실험 결과를 접하면 많은 궁금증이 생긴다. 그 가운데 가장 중요한 질문 하나는 "의식과 추론이 의사결정을 위한 것이 아니라면, 도대체 무엇을 위한 것인가?"이다.

진화 이론에 따르면 사람 신체의 특징에는 진화를 통해 얻게 된 이점이 존재한다. 같은 원리로 사람에게 의식이 존재한다면 사람이 의식을 통해 얻을 수 있는 진화적 이점이 존재해야 한다. 만약 의식을 통해 얻을 수 있는 이점이 아무것도 없다면 의식이 생겨났을 리 없다.

이와 관련해 의식은 우리 육체의 별 볼 일 없는 부산물에 불과하다는 **부수 현상설**epiphenomenalism 이론이 있다. 만약 이 이론대로 의식이 단순한 부산물이라면 의식은 고삐를 잡은 마부와 같다는 플라톤의 주장과는 달리 자신이 마부라 착각하고 있는 승객일 것이다. 부수 현상설에 비해 덜 극단적인 의견으로 플라톤의 주장과는 달리 의식이 중요한 역할은 하지 않지만 사람만큼 정신 활동이 풍부하지 못한 하등 동물에게는 존재하지 않는 뇌 작용의 결과라는 견해도 있다.

다음으로 우리는 의식을 통한 사회 경험의 주요 요소인 사회적 본성을 살펴볼 것이다. 여기서 사회적 본성이란 우리 자신과 다른 사람들을 사회 그룹의 일원으로 이해하고 다른 사람들이 우리를 어떻게 보는지 생각할 수 있는 능력을 뜻한다. 이런 핵심 능력은 아마도 크고 복잡한 사회 속에서 함께 생활하고 일하는 데 필요하기 때문에 생겨났을 가능성이 크다. 이를 이해하기 위해 영국의 진화 심리학자인 로빈 던바Robin Dunbar의 유명한 연구들을 살펴보자.

사회적 뇌

던바는 "왜 사람과 영장류가 다른 동물들에 비해 커다란 뇌를 가지고 있을까?"라는 간단한 질문을 놓고 고민했다.[6] 뇌는 정보 처리 장치로 사람의 육체가 소모하는 에너지의 대략 20퍼센트를 소비한다. 에너지 소모량을 고려하면 커다란 뇌는 진화 관점에서 실제적 이점을 만들어냈어야 한다. 정확히 무슨 정보를 처리해야 했고 어떤 진화적 이점이 있었던 것일까?

던바는 수많은 영장류를 살펴보며 향상된 정보 처리 능력이 필요할 것 같은 요소들을 찾았다. 예를 들어 자신이 사는 곳에서 음식을 구할 수 있는 곳들을 기억하거나 넓은 수렵 채집 영역에 살았던 영장류들은 좀 더 큰 공간 정보에 대한 기억이 필요했을 수도 있다. 그러나 던바는 오랜 연구 끝에 뇌의 크기와 가장 큰 상관관계에 있는 요소가 영장류의 평균 사회 집단 크기라는 사실을 발견했다. 즉, 영장류의 커다란 뇌는 커다란 사회 집단을 파악하고 관리하고 집단들 사이의 관계를 활용하기 위해 필요하다.

던바의 주장을 들으면 "사람의 평균 뇌 크기를 고려했을 때, 사람들의 평균 집단 크기는 얼마인가?"라는 질문 하나가 머릿속에 떠오른다. 이 질문에 대한 답은 던바의 수로 알려진 150이다. 즉, 사람과 다른 영장류들의 평균 뇌 크기를 분석한 결과, 사람의 평균 사회 집단 크기가 약 150 정도라고 추측할 수 있었다. 만약 뒤이은 연구들에서 사람의 사회 집단 크기로 150이라는 숫자가 전 세계에 걸쳐 반복해 나타나지 않았다면, 던바의 수는 호기심으로 끝났을 것이다. 예를 들어 신석기 농경 마을에는 통상 약 150명 정도가 살았던 것처럼 보인다. 던바의 수는 페이스북 같은 소셜 네트워킹 서비스에서 사용자가 활발히 교류하는 사람들의 숫자와도 연관 있어 오늘날 더욱 큰 관심을 받고 있다.

던바의 수는 사람의 뇌가 감당할 수 있는 관계의 개수로 해석할 수도 있다. 물론 오늘날 대부분은 150명보다 훨씬 많은 사람이 속한 집단에서 생활한다. 그러나 던바의 수는 우리가 정말로 기억하고 관리하는 관계들의 수인만큼 여전히 유효하다.

요컨대 던바의 분석이 사실이라면 사람의 뇌는 사회성을 담고 있기 때문에 다르다고 할 수 있다. 또한 다른 영장류들에 비해 사람의 뇌가 큰 것은 사람이 커다란 규모의 사회 집단에서 생활하며 매우 많은 사회적 관계를 기억하고 관리해야 하기 때문이다.

사회적 뇌에 대해 이야기하다 보면 '사회적 관계를 기억하고 관리한다.'라는 것이 정확히 무슨 뜻인지 궁금해진다. 이런 궁금함을 풀기 위해 우리는 **지향적 입장**intentional stance을 통해 사람들의 행동을 이해하고 예측한다는 미국 철학자 대니얼 데넷Daniel Dennett의 주장을 살펴보려 한다.

지향적 입장

우리는 세상에서 본 것을 이해하려 할 때, 에이전트와 다른 객체들을 자연스럽게 구분할 수 있는 것처럼 보인다. 우리는 앞서 이미 우리를 대신해 우리가 원하는 것을 실행하는 인공지능 프로그램인 에이전트를 본 적이 있다. 지금 언급하고 있는 에이전트는 우리와 비슷한 독립적인 의사결정자를 의미한다. 한 아이가 무슨 초콜릿을 고를지 고민하다 주의 깊게 한 개를 고르는 순간 우리는 바로 에이전시agency, 즉 의도적이고 목적 지향적이며 자율적 행동인 작인agency을 인지할 수 있다. 이와는 반대로 바위 아래 심겨진 나무 한 그루가 점점 자라 바위를 밀쳐낼 때 우리는 작인을 볼 수 없다. 나무의 움직임이 있기는 하나, 움직임 속에서 생각함이나 목적성을 인지하지는 못한다.

왜 우리는 아이의 행동을 에이전트의 행동이라고 생각하는 반면, 식물의 생장에 따른 움직임은 특별한 이유가 없는 과정이라고 생각할까? 이 질문에 대한 답을 이해하기 위해 세상을 변화시키는 다양한 프로세스를 설명할 때 사용할 수 있는 여러 종류의 설명들을 함께 생각해보자.

첫째, 데넛이 정의한 **물리적 입장**physical stance에 따라 대상의 동작을 예측하는 것이다. 물리적 입장하에 우리는 시스템의 동작을 예측하기 위해 자연 법칙을 사용한다. 예를 들어 그는 손에 든 돌을 놓았을 때 돌이 땅으로 떨어진다는 것을 예측하기 위해 간단한 물리학(돌은 무게를 가지고 있으며, 중력의 영향을 받는다)을 사용한다. 이처럼 물리적 입장이 적절한 경우가 있는 반면, 사람들의 행동은 너무나도 복잡해 물리적으로 이해하고 예측하는 것은 적절하지 않다. 사람 역시 궁극적으로는 원자 뭉치이므로 이론상 물리적 입장을 사용해 이해하고 예측할 수도 있다. 하지만 실제로는 거의 가능하지 않다. 컴퓨터 역시 사람과 마찬가지다. 수억 행의 코드로 작성된 컴퓨터 운영체제와 그에 따라 작동하는 컴퓨터 역시 물리적 입장으로 이해하고 예측하는 일은 적절하지 않다.

둘째, **설계적 입장**design stance에 따라 대상의 동작을 예측하는 것이다. 설계적 입장하에 우리는 시스템의 설계 목적을 이해하고 그에 따라 시스템의 움직임을 예측한다. 데넷은 자명종을 예로 들었다. 누군가 우리에게 자명종을 줬을 때, 자명종의 동작을 이해하기 위해 물리 법칙은 필요하지 않다. 우리는 그 물건이 시계라는 사실을 아는 순간, 물건에 적힌 숫자들이 시간임을 알 수 있다. 시계의 설계 목적이 시간을 보여주는 것이기 때문이다. 비슷한 이유로 시계가 크고 짜증 나는 소리를 낸다면, 우리는 그 소리가 알람 소리임을 알 수 있다. 자명종의 설계 목적이 특정한 시각에 크고 짜증 나는 소리를 내는 것이기 때문이다. 자명종의 동작을 이해하기 위해 자명종의 내부 구조와 작동 방식을 이해할 필요는 없다. 이처럼 자명종의 설계 목적만으로도 자명종의 동작을 설명할 수 있다.

셋째, **지향적 입장**intentional stance에 따라 대상의 동작을 예측하는 것이다.[7] 이런 관점에 따르면 객체는 믿음이나 소망 같은 객체의 **정신적 상태**와 연결되며 우리는 객체가 정신적 상태에 따라 동작을 선택한다는 가정하에 객체의 정신적 상태를 사용해 객체의 동작을 예측한다. 이런 생각에 대한 가장 명확한 근거는 사람의 행동을 설명할 때 다음과 같이 말하는 것이 일반적으로 유리하다는 사실이다.

> 제니는 비가 올 것이라 믿고 젖지 않았으면 한다. 피터는 숙제 검사를 끝내고 싶어 한다.

제니가 비가 올 것이라 믿고 젖지 않으려 한다면 우리는 아마도 그녀가 비옷을 입거나 우산을 쓰며 혹은 밖에 나가지 않을 것이라 예상할 수 있다. 비가 올 것이라는 믿음과 젖지 않으려 하는 바람으로부터 기대할 수 있는 행동들이기 때문이다. 이처럼 지향적 입장을 통해 우리는 사람들의 행동을 설명하고 예측할 수 있다. 설계적 입장과 마찬가지로 지향적 입장 또한 대상의 내부 구조와 작동 방식은 고려하지 않는다. 지향적 입장은 사람뿐만 아니라 기계에 대해서도 적용할 수 있다. 다음에서 좀 더 자세히 살펴보자.

데닛은 믿음, 바람, 합리를 기준으로 그 동작을 이해하고 예측할 수 있는 시스템을 **지향적 시스템**이라 정의했다. 지향적 시스템에는 계층이 있다. 1차 지향적 시스템은 자신의 믿음과 바람을 가지지만, 믿음과 바람에 대한 믿음과 바람을 갖지는 못한다. 이에 반해 2차 지향적 시스템은 믿음과 바람에 대한 믿음과 바람을 가질 수 있다. 다음 설명을 보면 계층성을 좀 더 잘 이해할 수 있다.

1차: 제니는 비가 올 것이라 믿는다.

2차: 마이클은 제니가 비가 올 것이라 믿기를 원한다.

3차: 피터는 마이클이 제니가 비가 올 것이라 믿기를 원했으면 한다.

퍼즐이나 어려운 문제를 풀고 있는 것이 아니라면, 일상생활에서 3차 이상의 지향적 입장을 사용할 경우는 많지 않을 듯하다. 심지어 우리 대부분은 5차 이상의 지향적 입장을 사용하는 일을 매우 어려워할 것이다.

우리는 모두 사회적 동물이다. 지향적 입장은 사회적 동물이라는 상태와 직접적으로 연결돼 있다. 우리는 이를 통해 다른 사회 구성원들의 행동을 이해하고 예측할 수 있을 듯하다. 우리 자신을 포함한 사회 구성원 각각의 계획은 다른 구성원들에게 기대되는 지향적 동작의 영향을 받기 때문에 우리는 복잡한 사회에서 살아가며 고차원의 지향적 사고를 하게 된다. 이런 지향적 사고의 가치는 분명하다. 지향적 사고와 동작이 사회 어느 곳에나 존재하며, 사회 일원인 우리 역시 다른 사람들과의 의사소통 과정에서 이를 매우 당연히 여기기 때문이다. 1장에서 보았던 앨리스와 밥의 대화를 떠올려보자.

밥: 나는 이제 당신을 떠나려 해.

앨리스: 도대체 그 여자가 누구야?

두 사람의 대화 속에 담긴 지향적 입장을 몇 가지 개념을 사용해 명확하고 흥미롭게 설명할 수 있다. 앨리스는 밥이 자신보다 다른 여자를 더 좋아해 자신을 떠나려 한다고 믿는다. 앨리스는 그를 설득하길 바라며 그녀가 누군지 알고자 한다. 그녀는 밥에게 물어보면 그녀의 이름을 자신에게 말해줄 것이라 믿는다. 이처럼 바람과 믿음 같은 개념을 사용하지 않고서는 두 사람의 대화를 설명하기 힘들다.

던바는 사람을 포함해 동물들의 고차 지향적 추론 능력이 뇌 크기와 어떤 관계에 있는지 살펴봤다. 그리고 대략 뇌 전두엽의 상대적 크기와 비례 관계에 있음을 확인했다. 뇌 크기가 사회 집단의 크기와 밀접한 관계에 있는 만큼, 뇌 크기는 복잡한 사회 속에서 고차 지향적 추론 능력을 갖추기 위해 자연적으로 진화했다고 말할 수 있다. 집단 사냥, 다른 부족과의 싸움, 친구 맺기, 앙숙과의 경쟁, 협력자 확보 등의 일에서 다른 구성원의 생각을 이해하고 예측하는 일은 매우 중요하다. 그러므로 뇌 크기와 사회 집단 크기 사이의 관계를 설명한 던바의 주장에 따라 사회 집단의 크기가 증가하면 할수록 고차원의 사회적 추론 능력이 더욱 필요해질 것이다.

지향성의 수준과 의식의 수준은 서로 비례 관계에 있는 듯하다. 앞서 논의했던 것처럼 1차 지향적 시스템은 매우 광범위하다. 그러나 고차 지향성은 가지기 어렵다. 사람은 분명 고차 지향적 시스템이다. 누군가 지렁이가 고차 지향적 시스템이라고 주장한다면 나는 동의하지 않을 것이다. 개에 관해 같은 주장을 한다면 나를 설득시켜 동의를 이끌어낼 수는 있겠지만, 개의 고차 지향적 추론 능력은 기껏해야 제한적이다.

사람이 아닌 다른 영장류들의 경우, 제한적이지만 고차 지향적 추론을 할 수 있다는 증거들이 있다. 예를 들어 긴꼬리원숭이의 일종인 버빗 원숭이는 경고성 울음으로 다른 버빗 원숭이들에게 위험한 표범이 나타났음을 알린다. 그런데 버빗 원숭이가 거짓으로 자신들이 표범에게 공격당한다고 알리기 위해 경고성 울음을 사용한다는 사실이 발견됐다.[8] 이런 속임수는 "내가 경고성 울음소리를 내면, 다른 버빗 원숭이는 내가 표범에게 공격당한다고 믿고 도망갈 거야."와 같은 고차 지향적 추론을 포함한 듯 보인다. 물론 어디까지나 추측이며 다른 이유가 있을 수도 있다. 이런 사례를 보면 사람 이외의 동물들도 고차 지향적 사고를 할 수 있다는 주장도 꽤 신뢰성 있어 보인다.

고차 지향성 형태로 나타나는 사회적 추론은 의식과 연관 있는 것처럼 보이며, 복잡한 사회적 관계와 커다란 사회 집단을 지탱하도록 진화해왔다. 그런데 왜 사회적 추론에 의식이 필요할까? 내 동료인 피터 밀리컨Peter Millican은 이 질문에 대해 지향적 입장을 사용하면 효율적으로 계산할 수 있기 때문이라고 답한다.

내가 나의 행동에 대해 믿음과 바람을 기준으로 생각해보면 다른 사람들의 주관적 상황 속에 나를 대입해 생각할 수 있고 결과적으로 그들의 행동을 훨씬 효과적으로 예측할 수 있다. 예를 들어 내가 당신의 빵을 훔친다고 했을 때 당신의 입장에서 생각해보면 별다른 계산 없이도 당신이 느낄 분노를 느끼고 당신의 보복 행동을 예측할 수 있다. 그 덕분에 나는 빵을 훔치고 싶은 유혹을 뿌리치려 할 것이다. 꽤 흥미 있는 생각이다. 그러나 사회적 추론과 의식 사이에 무슨 연관성이 있든 명확한 답을 금방 얻지는 못할 것 같다. 이에 다시 처음 문제로 돌아가 기계가 사회적 추론을 할 수 있는지 생각해보자.

기계가 믿거나 바랄 수 있을까

지향적 입장은 사람들 사이에서도 중요한 역할을 하지만, 사람 이외의 다양한 대상들에도 적용될 수 있다. 예를 들어 일반적인 전등 스위치를 생각해보자. 지향적 입장을 사용해 전등 스위치의 동작을 완벽하게 설명할 수 있다. 즉, 전등 스위치는 사람이 불을 켜기 원한다고 믿으면 전기를 흘려보내고, 믿지 않으면 전기를 차단한다. 우리는 스위치를 움직여 우리의 바람을 전등 스위치에게 알려준다.[9]

그러나 지향적 입장은 분명 전등 스위치의 동작을 이해하고 예측하는 가장 적절한 방법은 아니다. 물리적 입장이나 설계적 입장을 적용하면 스위치의 동작을 훨씬 간단하게 이해하고 예측할 수 있는 반면, 지향적 입장을 적용하려면 전기의 흐름과 차단에 대한 믿음, 사용자의 바람에 대한 믿음을 전등 스위치와 연결 지어야 하기 때문이다. 결과적으로 지향적 입장을 사용해 전등 스위치의 동작을 정확하게 예측할 수 있지만, 설명 치고는 너무 과해 보인다.

지향적 입장을 기계에 적용하려 할 때 "언제가 적당할까?"와 "언제가 유용할까?"라는 두 가지 질문이 있을 듯하다. 정신을 가진 기계와 관련해 영향력 있는 사상가였던 매커시는 이 문제에 대해 다음과 같이 말했다.[10]

> 믿음, 지식, 자유의지, 의도, 의식, 능력, 바람 등을 기계와 연관 짓는 일은 그 일이 사람과 기계에 대해 같은 뜻일 때 타당합니다. 정신적 특징은 온도 조절 장치나 컴퓨터 운영체제 등과 가장 손쉽게 연관될 수 있겠지만, 구조가 명확하지 않은 대상에 적용될 때 가장 유용합니다.

매커시의 말은 오히려 함축적이어서 이해하기 힘들다. 함께 풀어가며 생각해보자. 첫째, 매커시는 기계의 지향적 입장이 사람의 지향적 입장만큼 기계의 생각을 설명할 수 있어야 한다고 주장했다. 이는 물론 튜링 테스트를 떠올릴 만큼 매우 힘든 일이다. 앞서 나왔던 예에 적용해보자. 로봇이 비가 올 것이라 믿고 젖지 않고 싶어 한다고 누군가 주장한다면 이는 로봇이 그런 믿음과 바람을 가진 듯이 논리적으로 행동할 경우에야 적절한 주장일 것이다. 이런 경우 로봇은 가능한 한 젖지 않기 위한 행동을 해야 한다. 로봇이 그런 행동을 하지 않는다면 우리는 로봇이 비가 온다고 믿지 않거나 젖어도 좋다고 생각한다거나 논리적이지 않다고 말해야 할 것이다.

둘째, 매커시는 지향적 입장이 구조와 동작 방식을 모르는 대상에 적용될 때 가장 가치 있다고 말했다. 지향적 입장은 사람, 개 혹은 로봇 같은 대상에 대해 대상의 내부 구조나 동작 방식과는 상관없다. 대상이 비가 온다고 믿고 젖지 않고 싶어 한다면, 우리는 대상에 대해 믿음과 바람 외에 아무것도 알지 못하더라도 그 행동을 예측하고 설명할 수 있다.

의식기계를 향해서

인공지능에 대한 우리의 꿈에서 의식기계의 의미는 무엇일까? 다소 경솔할 수 있지만 몇 가지 구체적인 의견을 통해 이에 대한 결론을 맺고자 한다. 문득 노년에 이 책을 다시 읽으며 내 예측이 얼마나 맞아떨어졌는지 확인하고 싶다는 생각이 든다.

5장에서 다뤘던 딥마인드의 아타리 게이머 프로그램을 생각해 보자. 딥마인드는 에이전트를 만들어 수많은 아타리 비디오 게임을 직접 수행하며 학습할 수 있도록 했다. 이 게임들은 여러 면에서 상대적으로 단순했다. 당연하게도 딥마인드는 스타크래프트와 같이 훨씬 복잡한 게임을 할 수 있는 게이머 프로그램을 개발하고 있다.[11] 현재 진행 중인 이런 연구 개발에서 주요 관심사는 '매우 많은 선택 조건이 존재함', '게임의 상태와 상대 게이머의 동작에 대한 정보가 불완전함', '보상에 이르는 행동을 알기 어려움' 등과 같은 문제들을 어떻게 잘 다루느냐이다. 또한 게이머 프로그램이 브레이크아웃과 같이 이쪽 아니면 저쪽을 선택하며 간단히 게임하는 것이 아니라 상대방과 협력하거나 경쟁하며 일련의 길고 복잡한 동작을 해야 한다는 점도 중요한 문제다.

이런 게이머 프로그램 개발은 매우 환상적인 일이고 그간의 성과도 매우 놀랍다. 그러나 앞서 말한 주요 문제들이 의식과 연관 있어 보이지는 않는 만큼 이런 일이 의식기계의 개발로 이어지지는 않을 듯하다(인공지능 게이머 프로그램이 의식기계 구현에 필요한 문제들을 다루지 않는다는 것일 뿐 결코 비난하는 것이 아니다).

의식기계를 만들기 위해 다음과 같이 제안해보고자 한다. 우리에게 딥마인드가 브레이크아웃 게임용으로 개발했던 것과 같이 고차 지향적이며 의미 있는 추론을 요구하는 시나리오에 대해 스스로 학습할 수 있는 머신러닝 프로그램이 있다고 가정해보자. 혹은 고차 지향적 추론이 담긴 정교한 거짓말을 분간해야 하는 시나리오나 다른 대상과 의사소통하고 자신이나 다른 대상의 정신 상태를 표현해야 하는 시나리오에 대해 스스로 학습할 수 있는 머신러닝 프로그램이 있다고 가정해보자. 내 생각에 이런 시나리오를 제대로 학습할 수 있는 시스템이 있다면 이는 의식기계라는 궁극적인 목표에서 의미 있는 이정표가 될 것이다.[12]

문득 아이의 자폐증 진단에 사용되는 **샐리 앤 테스트**Sally-Anne test가 떠오른다.[13] 자폐증은 유년 시절에 나타나는 심각하지만 꽤 흔한 정신 질환이다.[14]

자폐증에 걸린 아이들은 처음 몇 년간 사회성과 대화 능력 발달에서 명백히 비정상적인 모습을 보이며, 보통 아이들에 비해 적응성, 상상력, 자기주장 등이 부족하다. (중략) 또한, 눈을 마주치지 못하고, 사회적 인식과 행동이 부족하며, 사회 집단에 들어가지 못해 혼자 지내거나 관계가 일방적이다.

샐리 앤 테스트는 진단받는 아이에게 들려주거나 보여주는 짧은 이야기로 다음과 같다.

샐리와 앤이 방에 함께 있다. 방에는 바구니, 상자, 공이 있다. 샐리가 공을 바구니에 넣고는 방 밖으로 나간다. 샐리가 방에 없는 동안, 앤이 바구니에서 공을 꺼내 공을 상자 안에 넣는다. 조금 있다가 샐리가 방에 돌아왔으며, 공을 가지고 놀려 한다.

아이는 "샐리는 공을 찾기 위해 바구니와 상자 가운데 어떤 것을 살펴볼까?"라는 질문을 받는다. 이 질문에 대한 답은 당연히 '바구니'다. 쉬운 문제처럼 보이지만 올바르게 답하려면 다른 사람의 믿음에 대해 추론할 수 있어야 한다. 샐리는 앤이 공을 옮기는 것을 보지 못했기 때문에 공이 바구니에 있을 것이라 믿는다. 그러나 자폐증에 걸린 아이들 대부분은 정상적인 아이들과는 달리 '상자'라고 틀리게 답한다.

이런 접근 방식을 처음 만든 사이먼 배런 코언Simon Baron-Cohen과 그의 동료들은 이런 테스트 결과가 자폐아들에게 **마음이론**ToM, Theory of Mind이 부족하다는 증거라고 주장한다. 마음이론은 어른에게 있는 실질적이고 상식적인 능력이다. 어른은 마음이론이라는 능력 덕분에 자신 및 다른 사람의 믿음이나 바람 같은 정신 상태를 추론할 수 있다. 사람은 마음이론을 처음부터 갖고 태어나지 않는다. 하지만 정상인이라면 마음이론을 키울 수 있는 능력을 갖고 태어난다. 정상적인 아이들은 마음이론을 점진적으로 키워 4세쯤 되면 다른 사람의 시각을 고려해 추론할 수 있게 된다. 10세쯤 되면 완전한 마음이론을 갖게 된다.

이 책을 쓰던 당시 머신러닝 프로그램이 초보적 수준의 마음이론을 어떻게 학습하도록 할 수 있는지 연구가 시작됐다.[15] 또한 최근 몇몇 연구자들은 마음이론넷ToMnet, Theory of Mind net이라는 신경망 시스템을 개발했다. 이 시스템은 다른 대상의 모델링을 학습해 샐리 앤 테스트와 같은 상황에서 올바른 결과를 낸다. 그러나 이런 연구는 매우 초기 단계에 있으며 샐리 앤 테스트에 답하는 정도만으로 인공 의식을 구현했다고 주장할 수는 없다. 다만 연구 방향은 옳다고 생각한다. 우리는 이런 연구를 통해 사람 수준의 마음 이론을 자동으로 학습하는 인공지능 시스템이라는 또 다른 목표를 가질 수 있다.

의식기계는 우리와 같을까

인공지능과 사람에 관해 이야기할 때, 흔히 뇌를 많이 언급하곤 한다. 이는 매우 자연스러운 일이다. 뇌는 사람의 신체에서 정보를 처리하는 주요 기관으로 문제를 풀거나 이야기를 이해하는 등의 일을 처리할 때 활발히 일한다. 즉, 마치 자율주행차를 제어하는 컴퓨터처럼 눈, 귀 및 다른 여러 감각기관으로부터 받은 정보를 해석해 손, 팔, 다리 등을 제어한다고 생각할 수 있다. 그러나 이는 너무 단순한 생각이다. 사람은 지구상에 생명체가 처음 나타난 이후 수십억 년에 걸친 진화의 산물이며, 뇌는 여러 복잡한 기관이 긴밀히 결합된 신체의 일부일 뿐이기 때문이다. 사람은 진화의 관점에서 보면 단순히 선민의식을 가진 원숭이일 뿐이며, 사람의 의식은 이런 배경을 토대로 이해되어야 한다.

의식을 포함해 오늘날 우리가 가진 능력은 진화의 결과다.[16] 우리의 손과 발, 눈과 귀가 진화했듯이 의식 또한 진화한 것이며 사람의 의식은 어느 날 갑자기 하늘에서 뚝 떨어진 것이 아니다. 바꿔 말하면 지렁이와 같았던 우리 조상들이 어느 날 갑자기 셰익스

피어가 된 것이 아니라는 뜻이다. 우리의 고대 조상들은 오늘날 우리만큼 풍부한 의식을 경험하지 못했고, 우리 또한 먼 훗날의 후손들만큼 풍부한 의식을 경험하지 못할 것 같다. 분명 진화는 아직 끝나지 않았다.

흥미롭게도 우리는 역사적 기록을 통해 의식의 특정 요소들이 무슨 이유로 어떻게 발전해왔는지에 대해 단서를 찾을 수 있다. 역사 기록들이 중간 중간 비어 있는 탓에 상당 부분 추측으로 빈 곳을 메꾸어야 하지만, 단서들은 분명 흥미롭다.

우리 호모사피엔스를 포함해 현재 존재하는 모든 유인원들은 1,800만 년 전만 해도 같은 종이었다. 그러나 1,800만 년 전을 기점으로 유인원들이 서로 분화하기 시작했다. 오랑우탄은 1,600만 년 전 사람과 갈라졌으며, 고릴라와 침팬지 또한 600~700만 년 전 사람과 갈라졌다. 이런 분화가 일어난 후, 우리 조상들에게는 다른 유인원들과 구별되는 특징이 나타나기 시작했다. 나무에서 생활하기보다 땅에서 더 많은 시간을 보냈으며, 궁극적으로는 똑바로 서서 두발로 걷게 됐다.

이런 변화를 설명하는 여러 이유들 가운데 하나로 기후가 바뀌어 숲이 줄어든 탓에 나무에서 생활하던 사람의 조상들이 어쩔 수 없이 땅으로 내려왔다는 주장도 있다. 나무에서 내려오자 육식 동물들로부터 공격받을 가능성이 커졌고, 이런 위협에 대한 진화적 대응의 일환으로 사회 집단의 크기가 증가했다. 그리고 이미 알고 있듯이, 사회 집단의 크기가 증가하며 사회적 추론 기술의 필요성이 증가했고, 이를 위해 뇌의 크기도 증가해야 했다.

우리 인류는 약 100만 년 전부터 이미 산발적으로 불을 사용하곤 했지만, 일반적으로 사용하게 된 것은 약 50만 년 전부터인 듯하다. 불을 사용한 덕분에 인류는 빛과 따뜻함을 누릴 수 있었으며, 사나운 육식 동물들을 쫓아낼 수 있었고, 음식물 섭취 기회도 많아졌다. 그러나 불은 관리가 필요했다. 이에 교대로 불을 관리하고, 연료를 모으는 등 사람들 사이의 협력 능력이 필요해졌다. 그리고 고차 지향적 추론 능력은 이런 협력에 도움이 됐으며, 언어 능력도 동시에 진화했다. 언어 능력이 생기자 언어 능력으로 누릴 수 있는 효과들이 뚜렷이 나타나기 시작했다.

이런 진화와 발전을 일일이 순서대로 정확하게 나열할 수는 없다. 그러나 그들로 말미암아 얻은 새로운 능력은 뚜렷해 보이고, 우리는 세월을 통해 나타난 의식의 몇 가지 요소들을 알 수 있다. 물론 여전히 의식이라는 어려운 문제에 답할 수는 없다. 그러나 적어도 우리는 사람의 의식이 무슨 이유로 어떻게 잘 발달할 수 있었는지에 관해 단서를 얻을 수 있으며, 이런 단서를 통해 결국 의식을 미지의 신비한 것이 아닌 실제적인 무언가로 좀 더 잘 이해할 수 있다.

오늘날 우리는 태양의 에너지원을 이해하고 있으며, 이와 비슷하게 언젠가는 의식을 이해하게 될 것이다. 그리고 그 순간이 됐을 때, 태양의 에너지원이 핵융합이라는 답을 알기 전 제시됐던 수많은 다양한 이론들처럼 의식에 대한 오늘날의 토론과 이론들은 훗날 웃음을 자아낼지도 모른다.

우리가 사람 수준의 마음이론을 갖춘 기계를 개발하는 데 성공했다고 가정하자. 그리고 그런 기계들이 복잡한 고차 지향적 추론 문제 다루는 법을 자동으로 학습할 수 있고, 다른 대상들과 복잡한 사회적 관계를 맺고 유지할 수 있으며, 자신과 다른 대상의 복잡한 정신 상태를 표현할 수 있다고 가정하자. 이 기계들은 진정으로 의식, 마음, 자아를 가진 것일까? 현재로서는 답할 수 없다. 그러나 그런 기계 제작에 점점 가까워져 결국 그런 기계를 만들 수 있게 된다면 좀 더 잘 대답할 수 있을 것이다.

그런데 지금 당장 이 질문에 답할 수 없다는 생각을 하다가 문득 튜링의 주장이 그의 환영과 함께 떠오른다. 튜링은 기계가 진짜와 구분할 수 없는 무언가를 한다면, 그 일이 진정한 의식에 의해 이뤄졌는지 논의해서는 안 된다고 주장했다. 우리가 생각할 수 있는 모든 합리적인 시험으로도 구분할 수 없다면, 우리가 더 이상 할 수 있는 것이 없기 때문이다.

용어 사전

1차 논리 수학적 추론을 정확히 밑받침하기 위해 개발된 일반 언어와 유사한 추론 시스템. 논리 기반 인공지능 분야에서 폭넓게 연구됐다.

A* 인공지능 분야에서 가장 널리 사용되는 휴리스틱 탐색 기법으로 1970년대 초에 스탠퍼드연구소의 셰이키 과제에서 개발됐다. A* 탐색기법이 개발되기 전, 휴리스틱 탐색기법은 다분히 즉흥적이었으나, A*의 개발로 수학적 토대 위에서 다뤄지기 시작했다.

LISP 기호 인공지능 시대에 존 매카시가 개발한 **상위 수준 프로그래밍 언어**. LISP 프로그램 전용 컴퓨터인 LISP 머신도 있었다. **프롤로그** 참조.

NP 완전 문제 계산량이 많아 효과적으로 풀 수 없는 문제들의 집합. NP 완전 문제 이론은 1970년대 개발됐다. 당시 수많은 인공지능 문제들이 NP 완전 문제인 것으로 판명됐다. **P대 NP 문제** 참조.

P대 NP 문제 NP 완전 문제가 효과적으로 풀릴 수 있는지 여부에 관한 질문으로 오늘날 수학 분야의 가장 주요한 미해결 문제 가운데 하나. 단시일 내에 해결될 것으로 보이지 않았다. 'P'는 'polynomial time(다항식 시간)'을, 'NP'는 'non-deterministic polynomial time(미정 다항식 시간)'

을 나타낸다. 기술적으로 P대 NP 문제는 NP 문제가 다항식 시간 내에 풀릴 수 있는지에 관한 문제를 의미한다.

R1/XCON 인공지능을 통해 재무적으로 유리한 효과를 거둔 초기 사례이자, 1970년대 DEC에서 개발한 고전적인 전문가 시스템으로 VAX 컴퓨터 구성을 도와준다.

강 인공지능 마치 사람처럼 인지하고 의식을 가지고 있으며 생각할 수 있는 인공지능 시스템. 강 인공지능이 가능할지 어떤 모습일지는 아무도 모른다. **약 인공지능**과 **범용 인공지능** 참조.

강화학습 머신러닝 기술 가운데 하나로 에이전트는 자신의 행동에 대해 보상 형태로 평가받는다.

게임이론 인공지능 분야의 전략적 추론 이론. 인공지능 시스템이 다른 인공지능 시스템과 어떤 상호 작용을 통해 동작할 수 있고 동작해야 하는지 이해하기 위한 틀로써 폭넓게 연구됐다.

결론 전문가 시스템의 'IF … THEN …' 규칙에서 'THEN' 바로 다음에 나오는 부분. 예를 들어, 'IF 동물에게 젖통이 있다. THEN 그 동물은 포유류다.'라는 규칙에서 '그 동물은 포유류다.'가 결론이다.

결정가능 문제 알고리즘으로 풀 수 있는 문제다.

결정문제 답이 '예'나 '아니요'인 수학 문제. 예를 들어, "16의 제곱근은 4인가?"와 "7,920은 소수인가?" 등은 결정문제다. 앨런 튜링이 해결한 결정문제는 "일정한 과정을 따르는 것만으로 답할 수 없는 수학 문제가 있는가?"라는 질문에 답하는 문제였다. 튜링은 알고리즘으로 해결할 수 없는 결정문제가 있다는 것을 보여줬으며, 이런 종류의 문제를 비결정문제라고 한다.

경사 하강법 신경망 학습에 사용되는 기술. **오차역전파** 참조.

계획 문제의 **초기 상태**를 **목표 상태**로 이끌어가는 일련의 동작을 찾는 문제. **탐색**을 참조.

공리주의 사회의 이익을 극대화하기 위한 행동을 선택해야 한다는 주장. 공리주의자는 트롤리 딜레마에 처할 경우, 다섯 사람의 죽음 대신 한 사람의 죽음을 택한다. **덕 윤리** 참조.

규칙 'IF … THEN …' 형태로 표현된 지식. 예를 들어, 'IF 동물에게 젖통이 있다. THEN 그 동물은 포유류다.'와 같은 규칙을 생각해보자. 이 규칙은 '동물에게 젖통이 있다.'는 정보를 가지고 있다면, 우리는 '그 동물은 포유류다.'라는 새로운 정보를 이끌어낼 수 있다는 의미다.

그랜드 챌린지 미국 국방성 고등연구계획국DARPA에서 개최하는 자율주행차 경연 대회. 2005년 10월 자율주행차 시대의 시작을 알리며 **스탠리**라는 자율주행차가 우승했다.

기대 효용도 불확실한 상황에서 의사결정의 결과로 기대되는 평균 효용도.

기대 효용도 극대화 불확실한 상황에서 의사결정을 할 때, 합리적인 **에이전트**는 여러 선택 가운데 기대 효용도가 가장 큰 선택을 하는 원칙.

기호 인공지능 추론과 계획 과정을 명확히 모델링하는 인공지능.

깊이 우선 탐색 탐색 나무를 단계별로 그려나가는 대신, 오직 한쪽 가지를 따라서만 탐색 나무를 확장해 나가는 탐색 방식.

나쁜 추론 결론이 **전제**로부터 도출되지 않는다면 나쁜 추론이다. **좋은 추론** 참조.

내시 균형　게임이론의 핵심 개념. 여러 명의 의사결정자들이 다른 사람의 선택을 고려해 자신이 할 수 있는 최선의 선택을 했고, 그 결과 모든 사람이 동시에 만족한 상태.

논리　추론을 위한 정형 틀. **1차 논리**와 **논리 기반 인공지능** 참조.

논리 기반 인공지능　인공지능에서 논리적인 추론 과정들을 통해 지능적으로 의사결정을 하는 방식.

논리 프로그래밍　프로그래밍 목적과 문제에 관해 알고 있는 것을 단순히 기술해 프로그래밍하는 방식. 나머지는 기계가 알아서 한다. **프롤로그** 참조.

뇌 난쟁이 문제　마음 관련 이론의 고전적인 문제. 마음의 문제를 부주의하게 다른 마음에 떠넘겨 설명하려 할 때 발생하는 문제.

다중 에이전트 시스템　다수의 에이전트가 서로 소통하며 동작하는 시스템.

다층 신경망　**신경망**을 여러 층으로 구현하는 방법. 각 층의 출력은 다음 층의 입력으로 연결. 신경망 연구 초기, 다층 신경망 **학습** 방법이 없었다는 것이 신경망 연구의 주요 문제였다. 단층 신경망은 기능적으로 제약이 크다.

다층 퍼셉트론　**다층 신경망**의 초기 형태.

덕 윤리　윤리 문제와 마주쳤을 때, 윤리 원칙을 갖춘 덕 있는 사람을 정의하고, 그런 사람이 할 만한 선택을 동일하게 선택해야 한다는 생각.

덴드랄　초창기 대표적인 전문가 시스템으로 미지의 유기화합물이 무엇인지 사용자가 결정하는 것을 돕는다.

도덕 대리자 선악을 구분하고 행동 결과를 이해할 수 있으므로 자신의 행동을 설명할 수 있는 존재. 인공지능 시스템 연구자들은 일반적으로 인공지능 시스템이 도덕 대리자가 될 수도 없고 되어서도 안 된다고 생각. 인공지능 시스템의 동작에 대한 책임은 인공지능 시스템이 아닌 인공지능 시스템을 만들어 운영한 사람에게 있다.

동작 인공지능 **기호 인공지능**의 대안으로 제시됐으며, 1985년에서 1995년 사이 많은 주목을 받았다. 시스템이 보여줘야 하는 동작 및 동작 사이의 연관성을 사용해 시스템을 구축한다. **포섭 구조**는 동작 인공지능 구현에 사용되는 가장 유명한 방법.

딥러닝 21세기 머신러닝을 성공으로 이끈 혁신 기술. 기존 대비 신경망의 깊이가 좀 더 깊고 뉴런 사이의 연결이 더 많으며, 좀 더 크고 주의 깊게 선정된 학습 데이터를 사용한다.

라이트힐 보고서 1970년대 초 영국 라이트힐 경이 작성한 인공지능 보고서. 그는 보고서에서 당시의 인공지능 연구를 맹렬히 비난했다. 이 보고서를 시작으로 인공지능 연구 지원금이 중단되기 시작했으며, 이에 이 보고서는 인공지능 겨울 시작의 주요 원인 가운데 하나로 인식된다.

로봇 3원칙 공상과학 작가인 아이작 아시모프가 1930년대 제시한 원칙으로 인공지능의 동작을 지배하는 윤리적 틀에 관한 세 가지 법칙. 정교해 보이지만, 실제 곧이곧대로 구현하는 일은 불가능하며, 사실 명확하지도 않다.

마음과 육체 문제 가장 근본적인 과학 문제 가운데 하나로, 뇌 혹은 육체의 물리적 과정이 마음 혹은 의식과 어떤 연관 관계에 있는지를 다루는 문제.

마음이론 정상적인 어른이라면 가지고 있는 일반적인 능력. 이 능력 덕분에 다른 사람의 정신 상태(믿음, 바람, 의도)를 추론할 수 있다. **지향적 입장**과 **샐리 앤 테스트** 참조.

마이신 1970년대 개발됐으며, 사람의 혈액 질병 진단을 통해 의사를 돕는 고전적이고 대표적인 전문가 시스템.

머신러닝 지능 시스템의 핵심 기능으로 머신러닝 프로그램은 명확히 알려주지 않아도 입력과 출력 사이의 관계를 학습한다. 신경망과 딥러닝은 매우 인기 높은 머신러닝 기법.

모럴 머신 트롤리 딜레마에 처했을 때 어떤 선택을 해야 하는지 질문하고 답을 수집하는 온라인 실험.

목표 상태 주어진 문제가 성공적으로 해결됐을 때의 상태.

문제 해결 인공지능에서 문제 해결은 주어진 문제를 초기 상태에서 목표 상태로 변화시키는 일련의 동작을 찾는 것을 의미한다. 탐색은 인공지능의 기본적인 문제 해결 방법.

물리적 입장 물리적 구조나 법칙을 기준으로 대상의 동작을 예측하고 설명한다는 생각. **지향적 입장**과 비교해 생각해보라.

믿음 인공지능 시스템이 주변에 대해 파악하고 있는 정보. 논리 기반 인공지능에서 시스템의 믿음은 사용 중인 메모리에 들어 있는 정보와 현재 보유한 지식.

발현성 시스템이 구성 요소의 상호작용으로 인해 예상하지 못했던 방식으로 몇몇 특징을 보이는 것을 말한다.

범용 인공지능 계획 수립, 추론, 자연어 대화, 농담, 이야기 이해, 게임 등 사람의 모든 지적 능력을 갖춘 인공지능 시스템을 만들려는 야심찬 목표.

베이즈의 정리 / 베이지안 추론 확률 이론의 핵심 개념. 새로운 정보가 주어졌을 때 기존의 믿음을 수정하는 방법으로 사용. 새롭게 주어진 정보가 불확실할 때, 베이즈의 정리를 사용해 불확실성을 다룰 수 있다.

베이지안 네트워크 지식 표현 기술. 확률적으로 연결된 데이터의 복잡한 관계를 나타내며 베이즈의 정리를 사용해 베이지안 추론 형태를 생성한다.

보상 강화학습 프로그램이 행동의 대가로 받은 평가를 말하며, 긍정적일 수도 부정적일 수도 있다.

부수 현상설 의식이나 마음은 행동을 주도하는 과정들의 부산물일 뿐 행동을 주도하지 않는다는 이론.

분기 계수 의사결정을 할 때마다 고려해야 하는 선택의 개수. 예를 들어, 보드 게임을 할 경우, 현재 상태에서 자신이 취할 수 있는 다음 수의 평균 개수. 틱택토Tic-Tae-Toe의 분기 계수는 약 4이고, 체스의 분기 계수는 약 35이며, 바둑의 분기 계수는 약 250이다. 분기 계수가 크면 클수록 탐색 나무의 크기가 매우 빠르게 증가해 휴리스틱 탐색 기법을 사용해야 한다.

불확실성 인공지능에 늘 존재하는 문제로 우리가 전달받은 정보는 좀처럼 확실하지 않고 언제나 불확실하다. 이와 비슷하게 의사결정 결과 또한 불확실해 다양한 결과가 서로 다른 확률로 발생할 수 있다. 그러므로 불확실성을 다루는 일은 인공지능 시스템의 근본적인 연구 주제다. **베이즈의 정리**와 부록 C를 참조.

불확실성하의 선택 다수의 결과가 나올 수 있는 일에 대해 의사결정을 해야 하는 상황. 의사결정을 했을 때 발생할 수 있는 다수의 결과들에 대해 각각의 확률 정보를 알고 있다. **기대 효용도** 참조.

블록 세계 다양한 모양의 물체를 정돈하는 것이 일인 초소형 모의 세계. 가장 잘 알려진 블록 세계는 슈드루다. 블록 세계를 비판하는 사람들은 인공지능 시스템이 실 세상에서 마주칠 수 있는 정말 어려운 인지와 같은 일들을 블록 세계에서는 추상화해 고려하지 않는다고 비판한다.

비결정문제 수학적인 의미로 컴퓨터가(혹은 보다 정확히 **튜링머신**이) 풀 수 없는 문제.

비뚤어진 실행 인공지능 시스템이 사용자의 요구를 사용자의 기대와는 다른 방식으로 실행하는 것.

사이크 가설 **범용 인공지능** 문제는 사실상 지식 부족에 의한 것으로, 충분한 지식을 갖춘 **지식 기반 시스템**이 있으면 **범용 인공지능**을 구현할 수 있다는 가설.

사이크 프로젝트 **지식 기반 인공지능**이 유행하던 시절의 유명한 혹은 악명 높은 실험으로 정상 교육을 받은 사람이라면 알고 있는 세상에 대한 모든 지식을 인공지능 시스템에게 제공해 범용 인공지능 시스템을 만들려고 했던 프로젝트였으나 실패했다.

사전 확률 추가적인 정보를 받기 전에 이미 알고 있는 확률.

사회 복지 사회 전체적인 행복을 측정한 것.

상식 수준의 추론 사람에게는 너무나도 쉽지만 **지식 기반 인공지능**에게는 매우 어려운 것으로 증명된 추론.

상위 수준 프로그래밍 언어 컴퓨터의 상세 구조 정보를 알 필요가 없는 프로그래밍 언어. 즉, 적어도 원칙적으로는 컴퓨터와 독립적이다. 상위 수준 프로그래밍 언어로 작성된 프로그램은 컴퓨터 종류에 상관없이 실행될 수 있다. 파이선과 자바가 대표적이며 매커시가 개발한 초창기 프로그래밍 언어 LISP 또한 이에 속한다.

샐리 앤 테스트 시험 대상이 **마음이론**(다른 사람의 믿음이나 바람을 추론할 수 있는 능력)을 가지고 있는지 결정하는 평가 방법. 자폐증 검사 목적으로 개발됐다.

선호도 관계 여러 선택 가능한 것들을 대상으로 선호도에 따라 순위를 매기는 것을 의미한다. 에이전트가 당신을 대신해 최선의 선택을 하며 동작하기를 원한다면, 에이전트는 당신의 선호도나 선호도 관계를 알고 있어야 한다.

설계적 입장 시스템의 설계 목적을 기준으로 대상의 동작을 이해하고 예측한다는 생각. 예를 들어, 자명종은 시간을 알려주는 목적으로 설계됐으므로 자명종의 숫자가 시간을 나타낸다고 이해할 수 있다. **물리적 입장** 및 **지향적 입장**과 비교해 생각해보라.

세테리스 파리부스 선호 인공지능 시스템에게 원하는 것을 말할 때, '다른 모든 것이 똑같다면 즉, 가능한 현재 상태와 가깝다면'이라는 가정하에 원하는 것을 말하는 것을 의미한다.

센서 로봇에게 가공되지 않은 인지 데이터를 제공하는 장치. 가공되지 않은 인지 데이터를 올바르게 해석하는 것이 곧 인공지능 시스템의 주요한 연구 분야다. 대표적인 장치로 카메라, 라이다, 초음파 거리계, 충돌 감지기 등이 있다.

셰이키 1960년대 후반 스탠퍼드연구소에서 수행했던 자율 로봇 연구 과제. 이 과제를 통해 몇몇 주요한 인공지능 기술이 개발됐다.

소프트웨어 에이전트 로봇처럼 물리 세계에서 동작하는 대신 소프트웨어 환경에서 동작하는 에이전트로, 일종의 소프트웨어 로봇.

순방향 연쇄 추론 **지식 기반 시스템**에서 정보와 규칙으로부터 결론을 이끌어내는 방법. **역방향 연쇄 추론** 참조.

슈드루 인공지능 황금시대의 유명한 시스템이었으나, 후일 모의 세계에 한정됐다고 비판받았다.

스크립트 1970년대 개발된 지식 표현 기법. 일상 환경에서 틀에 박힌 패턴을 표현하기 위해 개발됐다.

스탠리 2005년 DARPA 그랜드 챌린지 자율주행차 경연 대회에서 우승. 스탠퍼드대학에서 개발했으며, 평균 시속 32킬로미터로 200킬로미터 이상을 자율 주행했다.

스트립스 스탠퍼드연구소에서 셰이키 로봇 과제의 일환으로 개발된 계획 시스템.

신경 세포체 다른 신경 세포체와 연결돼 있으며, 축삭돌기를 통해 신호를 주고받는 뇌의 기본적인 정보처리 유닛. 딥러닝의 신경망은 신경 세포체에서 영감을 얻어 만들어졌다.

신경 접합부 뉴런들을 연결해 서로 신호를 주고받게 하는 접합 부위.

신경망 가중치 신경망에서 뉴런 사이의 연결선에 지정된 값. 가중치가 높으면 높을수록 연결된 뉴런에 더 큰 영향을 끼친다. 신경망은 사실상 가중치 집합이라 할 수 있으며, 신경망 학습은 적절한 가중치 값을 찾는 일.

신경망 인공 뉴런을 사용하는 머신러닝 방법으로 **딥러닝**의 기본 기술. **퍼셉트론** 참조.

신경망의 불명확성 신경망의 전문 능력은 일련의 숫자인 가중치에 내장됐으나 사람은 가중치의 의미를 설명할 수 없다. 결과적으로 현재의 신경망 기술은 결과에 대한 근거를 설명할 수 없다.

신뢰 할당 문제 **머신러닝** 문제로 머신러닝 프로그램의 동작 가운데 어떤 동작이 좋았고 어떤 동작이 나빴는지 결정하는 문제. 예를 들어, 여러분의 머신러닝 프로그램이 체스 시합을 했고 시합에 졌다면, 어떤 수들 때문에 시합에 졌는지 알 수 있는 방법을 말한다.

아실로마 원칙 2015년과 2017년 캘리포니아 아실로마에 인공지능 과학자들이 모여 만든 인공지능 윤리 원칙.

알고리즘의 편향성 편향된 데이터 묶음을 이용한 학습이나 잘못 설계된 소프트웨어로 인해 인공지능 시스템이 편향된 의사결정을 할 가능성. 편향성은 할당 문제 혹은 표현 문제를 야기한다.

알렉스넷 2012년 기존 대비 압도적인 수준의 이미지 인식 성능을 보여준 혁신적인 이미지 인식 시스템. 기념비적인 딥러닝 시스템 가운데 하나로 손꼽힌다.

알파고 딥마인드가 개발한 혁신적인 인공지능 바둑 게임. 2016년 3월 대한민국 서울에서 개최된 세계 바둑 챔피언 이세돌과의 대국에서 승리했다.

약 인공지능 실제로는 이해력(의식, 마음, 자기인식 등)이 없으나 마치 이해력을 가진 것 같은 기계를 만들려는 연구. **강 인공지능**과 **범용 인공지능** 참조.

어번 챌린지 DARPA **그랜드 챌린지**를 뒤이어 2007년에 개최된 자율주행차 대회. 대회에 참가한 자율주행차는 미리 만들어진 도시 도로 환경에서 자율 주행하며 시합한다.

에이전트 기반 인터페이스 인공지능 기능을 갖춘 컴퓨터 인터페이스 소프트웨어. 일반 프로그램처럼 사용자 명령을 수동적으로 기다리지 않고 능동적으로 사용자 업무를 지원한다.

에이전트 사용자를 대신해 자율적으로 작업할 수 있도록 다양한 인공지능 기능을 갖춘 독립 인공지능 시스템. 통상 사용자 작업 환경에 내장돼 동작한다고 가정한다.

엘리자 1960년대 MIT 대학 요세프 바이첸바움 교수가 개발한 대화형 인공지능 프로그램. 엘리자는 정신 심리 요법 의사를 흉내 내기 위해 대화 속 단어와 연관된 간단한 질문을 미리 만들어 두고 사용했다.

역 강화학습 머신러닝 프로그램이 사람의 행동을 관찰해 **보상** 체계를 학습하는 방법.

역방향 연쇄 추론 결론에서 출발하며 현재 가지고 있는 데이터를 사용해 결론이 충족될 수 있는지 확인하는 방식으로 추론을 수행한다. **순방향 연쇄 추론**의 반대 개념이며, **지식 기반 시스템**에서 사용된다.

연역법 이미 알고 있는 지식으로부터 새로운 지식을 이끌어내는 논리적 추론법.

오차역전파 가장 중요한 신경망 학습 알고리즘.

온톨로지 공학 **지식 기반 전문가 시스템**에서 지식을 표현하기 위해 사용할 개념 용어 정의 작업.

위노그라드 스키마 **튜링 테스트**와 비슷한 구분 테스트. 겉보기에 한 단어만 다르지만 의미는 다른 두 문장이 주어졌을 때, 그 차이를 구분하는지 확인한다. 문장 이해력을 요구하는 테스트로 튜링 테스트에서 사용되는 싸구려 속임수를 걸러 내기 위한 구분 테스트.

위험 평가 도구, 하트 영국 더럼시 경찰을 돕기 위해 개발된 머신러닝 시스템으로 용의자 구속 여부에 관한 참고 의견을 제시한다.

유니버설 튜링머신 일종의 범용 **튜링머신**으로 근대 컴퓨터의 원형. 튜링머신이 단지 하나의 알고리즘만을 수행할 수 있는 데 반해, 유니버설 튜링머신은 임의의 알고리즘을 수행할 수 있다.

의미망 개념과 대상 사이의 관계를 도식적인 기호를 사용해 나타낸 **지식 표현 기법**.

의식에 관한 난제 물리적인 과정들이 어떻게, 왜 주관적인 의식 경험으로 이어지는지에 관한 문제. **퀄리아** 참조.

이미지넷 이미지마다 분류 정보가 붙은 이미지 데이터베이스. 이미지를 자동으로 분류할 수 있는 딥러닝 프로그램의 학습에 큰 영향을 끼친 페이 페이 리 교수가 개발했다.

인공지능 겨울 1970년대 초 인공지능을 극도로 비판한 라이트힐 보고서가 나온 이후, 자금 지원이 끊어지고 인공지능 기술에 대한 회의론만 넘쳐났던 시절을 말한다. 첫 번째 인공지능 겨울에 이어 지식 기반 인공지능 시대가 시작됐다.

인공지능의 황금시대 인공지능 연구 초창기 시절로 대략 1956년~1975년 사이(뒤이어 인공지능 겨울이 옴). '분할 정복' 기법을 사용해 인공지능을 연구. 즉, 훗날 개별 요소기능들이 통합될 수 있을 것이라 기대하며, 지능 시스템의 개별 요소들을 구현해 보여주는 시스템 제작에 집중했다.

인지 주변에 무엇이 있는지 이해하는 기능으로 **기호 인공지능** 구현의 근본적인 장애물.

자연어 이해 영어와 같은 일반 언어로 대화할 수 있는 프로그램.

작동 메모리부 전문가 시스템에서 현재 처리 중인 문제에 대한 정보가 들어 있는 부분.

적대적 머신러닝 머신러닝의 한 종류로 사람에게는 문제없어 보이는 입력값을 사용해 머신러닝 프로그램의 오동작을 야기하는 기법.

전문가 시스템 사람의 전문 지식을 사용해 매우 한정된 분야의 문제를 해결하는 시스템. **마이신**, **덴드랄**, **R1/XCON**이 대표적이다. 1970년대에서 1980년대 중반 사이 유행했던 인공지능 핵심 연구 분야.

전제 맨 처음 주장. 논리적 추론을 통해 전제에서 출발해 결론을 도출한다.

정신적 상태 믿음, 바람, 선호와 같은 마음의 주요 상태. **지향적 입장** 참조.

조건 전문가 시스템의 'IF … THEN …' 규칙에서 'IF' 바로 다음에 나오는 부분. 예를 들어, 'IF 동물에게 젖통이 있다. THEN 그 동물은 포유류다.'라는 규칙에서 '동물에게 젖통이 있다.'가 조건이다.

조합적 폭발 연속적인 선택을 해야 할 때, 매 선택에 따라 고려할 경우의 수가 곱셈의 형태로 증가하는 현상. 인공지능 **탐색** 문제에서 발생하는 근본적인 문제로 조합적 폭발이 있을 경우 탐색 나무의 크기가 매우 빠른 속도로 증가한다.

좁은 인공지능 사람의 모든 지적인 능력을 갖춘 범용 인공지능과는 달리, 특정한 문제에 한정된 인공지능 시스템을 만들자는 생각. 이 용어는 주로 언론에서 사용될 뿐 인공지능 모임이나 조직에서는 사용되지 않았다.

좋은 추론 결론이 전제로부터 도출된다면 좋은 추론이다.

중국어 방 철학자 존 설이 강 인공지능이 불가능하다는 것을 보여주기 위해 제안한 실험 시나리오.

지도학습 가장 단순한 형태의 머신러닝. 입력에 대해 원하는 출력을 보여주는 방식으로 프로그램을 학습한다. **학습** 참조.

지식 그래프 구글의 거대 지식 기반 시스템. 이 시스템에 저장된 정보는 인터넷 웹페이지에서 자동으로 추출한다.

지식 기반 인공지능 1975~1985년 사이 유행했던 주요 인공지능 분야. 주어진 문제에 대해 대개 **규칙**의 형태로 저장된 명확한 지식을 사용해 문제를 해결한다.

지식 기반 **전문가 시스템**에서 **규칙**의 형태로 저장된 전문 지식 모음.

지식 내비게이터 **에이전트 기반 인터페이스**로 1980년대 애플에서 제작한 동영상에서 소개됐다.

지식 엔지니어 지식 기반 시스템을 만들도록 훈련된 사람. 지식 엔지니어는 많은 시간을 **지식 추출 및 정의** 작업에 사용한다.

지식 추출 및 정의 **전문가 시스템**을 제작할 때, 관련 전문가로부터 전문 지식을 얻어 규칙으로 정의하는 일.

지식 표현법 지식을 컴퓨터가 처리할 수 있는 형태로 명확히 변형하는 문제. 규칙은 전문가 시스템이 유행하던 때의 대표적인 지식 표현법.

지향적 시스템 지향적 입장에 따라 동작하는 시스템.

지향적 입장 믿음과 바람이라는 정신적 상태와 연관 지어 객체의 행동을 예측하고 설명하려는 생각. 객체가 믿음과 바람을 기준으로 합리적인 행동을 할 것이라고 가정한다.

차원의 저주 학습 데이터에 포함된 **특징**이 많으면 많을수록 **학습량**이 급속히 증가하는 문제.

초기 상태 문제의 처음 상태. **목표 상태** 참조.

최소 최대 탐색 방법 게임 프로그램에서 사용되는 핵심 탐색 기법. 상대방이 게임 프로그램을 가장 불리하게 만들려 한다는 가정하에 게임 프로그램은 자신을 가장 유리하게 만들려 하는 방식. **탐색 나무** 참조.

추론 알고 있는 사실들로부터 새로운 지식을 이끌어내는 일.

추론부 **전문가 시스템**에서 추론 기능을 수행하는 부분. **작동 메모리부**에 저장된 규칙과 사실 정보로부터 새로운 지식을 이끌어낸다.

축삭돌기 신경 세포체를 다른 신경 세포체와 연결해주는 부분. **신경 접합부** 참조.

퀄리아 개인적인 정신 경험. 갓 볶은 커피 향을 맡거나 뜨거운 여름 오후 시원한 맥주를 마실 때의 느낌.

탐색 기본적인 인공지능 문제 해결 기법. 탐색 기법 프로그램은 주어진 문제에 대해 초기 상태에서 출발해 목표 상태에 도달하기 위한 일련의 동작을 찾으려 하며, 이 과정에서 탐색 나무를 생성한다.

투어링머신 1990년대 중반의 전형적인 에이전트 기반 인공지능 시스템. 전체 시스템 제어는 반응, 계획 수립, 모델링을 담당하는 3개의 부 시스템 제어로 구성된다.

튜링 테스트 "기계가 사람처럼 생각할 수 있는가?"라는 질문에 답하기 위해 튜링이 제안했다. 질문자가 답변자와 문답을 주고받은 후, 답변자가 기계인지 혹은 사람인지 확실하게 답할 수 없다면, 질문자는 답변자가 사람 수준의 지능을 갖췄다고 인정해야 한다. 심각하게 받아들일 인공지능 테스트는 아니지만, 분명 독창적이고 영향력도 매우 높다.

튜링머신 문제 해결 방법을 내장한 수학 문제 해결 기계. 컴퓨터가 풀 수 있는 수학 문제는 튜링머신도 풀 수 있다. 앨런 튜링이 결정문제를 풀기 위해 발명했다. **유니버설 튜링머신** 참조.

트롤리 딜레마 "당신이 아무것도 하지 않는다면 다섯 사람이 죽고, 조치를 취한다면 단지 한 사람만 죽을 경우, 당신은 어떻게 해야 하는가?"라는 1960년대 제시된 윤리철학 분야 문제. 인공지능 연구자들은 관련 없다며 무시하는 반면, 자율주행차 분야에서는 종종 논의된다.

특이점 컴퓨터의 지능이 사람의 지능을 뛰어넘는 순간.

특징 머신러닝 프로그램의 결정에 근거가 되는 데이터의 항목.

특징 추출 머신러닝에서 사용할 학습용 데이터의 항목 선택 문제.

퍼셉트론 일종의 신경망으로 1960년대 연구가 시작됐으나, 오늘날에도 여전히 연구되고 있다. 1970년대 초 단층 퍼셉트론의 학습에 심각한 제약이 있다는 사실이 알려지며 퍼셉트론 연구가 사라지기도 했다.

포섭 구조/포섭 계층 구조 동작 인공지능 시대 로봇 개발에 사용된 동작 우선순위 정의 구조. 로봇에게 원하는 행동을 계층 구조로 나타내는데, 아래에 있는 것들이 위에 있는 것들보다 우선순위가 높다.

프로메테우스 과제 1987~1995년 유럽에서 진행된 자율주행차 기술 연구 과제.

프롤로그 **1차 논리**에 기반을 둔 프로그래밍 언어로 **논리 기반 인공지능**이 유행하던 시절에 특히 인기가 많았다.

학습 명확히 알려주지 않아도 입력과 출력 사이의 관계를 찾아내 배우는 **머신러닝** 작업. 일반적으로 입력에 대해 원하는 출력 정보를 프로그램에게 제공하는 방식으로 학습한다. **지도학습** 참조.

호머 1980년대 개발된 **에이전트**로 모의 바다 세계에서 동작한다. 호머는 제한적이기는 해도 영어로 대화할 수 있었고, 바다 세계에서 주어진 일을 처리할 수 있었으며, 행동에 대한 상식 수준의 이해력도 갖췄다.

활성화 한계치 뉴런은 수많은 입력을 가지고 있으며, 그 가운데 일부가 활성화된다. 활성화된 입력들의 가중치 합이 활성화 한계치보다 크면, 출력이 활성화된다.

효용도 인공지능 프로그램에서 **선호도**를 나타내는 표준 기법. 모든 가능한 결과에 효용도를 나타내는 값을 지정한다. 인공지능 시스템은 효용도를 극대화하는 일련의 동작을 계산한다. **기대 효용도**와 **기대 효용도 극대화** 참조.

휴리스틱 탐색 탐색에 대한 경험 법칙으로 올바른 탐색방향을 보장하지는 않는다. A* 참조.

규칙 이해하기

다음은 동물에 관한 규칙을 표현한 예로, 내가 알기에 패트릭 윈스턴Patrick Winston과 베르톨트 혼Berthold Horn이 만들었다.

1. IF 동물에게 털이 있다. THEN 그 동물은 포유류다.
2. IF 동물에게서 우유가 나온다. THEN 그 동물은 포유류다.
3. IF 동물에게 날개가 있다. THEN 그 동물은 조류다.
4. IF 동물이 날 수 있다. AND 동물이 알을 낳는다. THEN 그 동물은 조류다.
5. IF 동물이 고기를 먹을 수 있다. THEN 그 동물은 육식 동물이다.
6. IF 동물이 포유류다. AND 동물에게 발굽이 있다. THEN 그 동물은 유제류다.
7. IF 동물이 포유류다. AND 동물이 육식 동물이다. AND 동물이 황갈색이다. AND 동물에게 검은색 줄무늬가 있다. THEN 그 동물은 호랑이다.

8. IF 동물이 유제류다. AND 동물에게 검은색 줄무늬가 있다.
THEN 그 동물은 얼룩말이다.

이런 규칙들이 순방향 연쇄 추론에서 어떻게 사용되는지 살펴보자. 먼저 사용자가 '동물에게서 우유가 나온다.' '동물에게 발굽이 있다.' '동물에게 검은색 줄무늬가 있다.'는 정보를 줬다고 가정해보자. 이 경우 다음과 같이 순방향 연쇄 추론이 발생한다.

1. '동물에게서 우유가 나온다.'라는 정보로부터 규칙 2가 선택되고 '그 동물은 포유류다.'라는 정보가 기억된다.
2. '그 동물은 포유류다.'라는 새로운 정보는 '동물에게 발굽이 있다.'는 처음 주어진 정보와 합쳐져 규칙 6이 선택된다. 그 결과 '그 동물은 유제류다.'라는 정보가 기억된다.
3. '그 동물은 유제류다.'라는 새로운 정보는 '동물에게 검은색 줄무늬가 있다.'는 처음 주어진 정보와 합쳐져 규칙 8이 선택된다. 그 결과 '그 동물은 얼룩말이다.'라는 정보가 기억된다.
4. 더 이상 선택할 규칙이 없다.

이런 방식으로 동물에 관한 규칙과 처음 주어진 세 가지 특별한 정보에서 세 가지 정보를 추가로 새롭게 이끌어낼 수 있었다.

이제 몇몇 가설(목표)에 대해 역방향 연쇄 추론을 적용했던 것을 떠올려보자. 우리는 훨씬 작은 단위 수준(원자)의 지식으로 내려가 일하기 위해 규칙을 사용한다. 사용자가 시스템에 어떤 정보도 주지 않고 동물이 유제류인지 아닌지 결정하는 목표를 제시했을 때 어떤 일이 일어나는지 살펴보자.

1. 추론부는 제시된 목표('그 동물은 유제류다.')를 결론으로 포함하는 규칙을 찾는다. 이 경우, 규칙 6을 찾을 것이다.
2. 그러나 추론부는 규칙 6을 선택할 수는 없다. 규칙 6의 두 전제 조건('동물이 포유류다.'와 '동물에게 발굽이 있다.')이 사실인지 알 수 없기 때문이다. 이에 추론부는 스스로 이 두 가지 전제 조건이 사실인지 결정하는 목표를 세운다. 기술적으로 '동물이 포유류다.'와 '동물에게 발굽이 있다.'는 두 조건은 부 목표가 된다.
3. 추론부는 먼저 첫 번째 부 목표인 '동물이 포유류다.'를 결론으로 포함하는 규칙을 찾는다. 이 경우, 규칙 1과 2를 찾을 것이다. 부 목표를 달성하기 위해 '동물에게 털이 있다.'라는 전제 조건(규칙 1)이나 '동물에게서 우유가 나온다.'라는 전제 조건(규칙 2)이 사실인지 아닌지 결정해야 한다. 이제, 추론부는 이 두 가지 전제 조건 가운데 '동물에게 털이 있다.'는 첫 번째 전제 조건을 부 목표로 정한다.
4. 이제 추론부는 새로운 부 목표인 '동물에게 털이 있다.'를 결론으로 포함하는 규칙을 찾는다. 그런데 그런 규칙이 없다. 그러나 끝은 아니다. 추론부는 이런 상황에 다다르면 사용자에게 해당 조건이 사실인지 아닌지 질문할 수 있다. 이제 역방향 연

쇄 추론 과정은 사용자에게 질문하고 답을 얻는다. 질문을 받은 사용자가 동물에게 털이 있는지 없는지 알지 못해 '모른다.'라는 답변을 줬다고 가정하자. 원하는 정보를 얻지 못한 추론부는 규칙 1을 선택하지 않기로 결정하고, '동물이 포유류다.'를 결론으로 포함한 규칙 2로 옮겨간다. 이때, 규칙 2의 전제 조건은 '동물에게서 우유가 나온다.'이다.

5. 추론부는 '동물에게서 우유가 나온다.'라는 전제 조건을 부 목표로 선정한다. 그러나 이 부 목표를 결론으로 포함하는 규칙이 없으며, 추론부는 사용자에게 해당 조건을 질문한다. 이번에는 사용자가 '예'라고 답했다 가정한다. 그러면 '동물에게서 우유가 나온다.'라는 정보가 작업 메모리부에 저장된다. 이에 따라 규칙 2가 선택되며, '동물이 포유류다.'라는 정보가 작업 메모리부에 추가로 저장된다.
6. 규칙 6의 첫 번째 전제 조건이 만족됐으므로 추론부는 두 번째 전제 조건으로 옮겨가 '동물에게 발굽이 있다.'가 사실인지 아닌지 결정하려 한다. 추론부는 이 전제 조건을 부 목표로 선정한다.
7. 그러나 '동물에게 발굽이 있다.'를 결론으로 포함하는 규칙이 없으므로 추론부는 사용자에게 다시 질문한다. 사용자가 '예'라고 답했다 가정한다. '동물에게 발굽이 있다.'라는 정보가 작업 메모리부에 추가로 저장된다. 이 정보는 '동물이 포유류다.'라는 정보와 결합돼, 규칙 6이 선택되고, 동물이 유제류라는 결론을 얻을 수 있다. 드디어 사용자의 최초 질문에 답할 수 있다.

프롤로그 이해하기

가족 관계 추론 시스템을 만든다고 가정해보자. 이를 위해 우리는 간단한 프롤로그 프로그램으로 가족 관계를 어떻게 추론할 수 있는지 살펴볼 것이다. 먼저, 'female(X)'는 'X는 여성이다.'를 뜻하고, 'parents(X, M, F)'는 'X의 엄마와 아빠는 각각 M과 F이다.'를 뜻한다. 이제 여러분은 다음과 같은 프롤로그 규칙을 쓸 수 있다.

```
sister_of(X, Y):- female(X), parents(X, M, F), parents(Y, M, F).
```

이 규칙의 의미는 다음과 같다.

다음과 같은 조건이 충족된다면 X는 Y의 여자 형제다.

1. X는 여자다.
2. X의 엄마와 아빠는 각각 M과 F다.
3. Y의 엄마와 아빠는 각각 M과 F다.

논리적 추론에 익숙하지 않다면 다소 복잡하게 느낄 수도 있다. 그러나 위 규칙은 본질적으로 X가 여자고, X와 Y의 부모가 같다면, X는 Y의 여자 형제라는 것을 뜻한다.

이제 위 프롤로그 규칙에 몇 가지 정보를 입력해보자.

```
female(제니).
parents(제니, 웨인, 이본).
parents(데이비드, 웨인, 이본).
```

프롤로그로 제니가 데이비드의 여자 형제인지 판단하고자 하면, 성공적으로 답을 얻을 수 있다.

```
sister_of(제니, 데이비드)
```

위와 같은 질문에 프롤로그는 '예'라고 답하며 제니가 데이비드의 여자 형제라는 사실을 증명할 수 있음을 보여준다.

베이즈의 정리 이해하기

베이즈의 정리에 대해 좀 더 알아보자. 우리는 4장에서 다루었던 독감 예제를 꼼꼼히 따져볼 것이다. 이를 위해, 약간의 관련 '기호'를 알아야 한다. 우선 우리가 신경 쓸 가설은 당신이 독감에 걸렸다는 것이며, 증거는 독감 검사 결과가 양성이라는 사실이다.

지금부터 우리가 계산할 값은 증거를 고려했을 때 가설이 사실일 확률이다. 바꿔 말해 독감 검사 결과가 양성이라는 사실을 고려했을 때 당신이 실제로 독감에 걸렸을 확률이며, 우리는 이 확률을 기호로 Prob(가설|증거)라고 나타낸다. 이 기호에서 '|'은 '~을 고려했을 때'라는 뜻이다.

가설(당신이 독감에 걸렸다.)이 사실일 확률을 **사전 확률** prior probability이라 하며 Prob(가설)라고 나타낸다. 사전 확률은 새로운 증거가 나오기 전에 가설이 사실이라고 생각하는 확률이다. 4장의 예에서 사전 확률은 무작위로 선택된 사람이 독감에 걸렸을 확률이다. 우리는 1,000명당 한 명이 독감에 걸렸다는 것을 알고 있으므로, 사전 확률은 1/1000=0.001이다. 우리는 이 값을 가설에 대한 초기 믿음으로 생각할 수 있다. 그러므로 우리가 누군가에 대해 아무런 정보도 가지고 있지 않다면, 그가 독감에 걸렸을 가능성은 무작위로 선택된 사람이 독감에 걸렸을 확률과 정확히 같으며, 1/1000다. 베이즈의 정리를 사용하면 새로운 증거가 나타났을 때 이 값을 고칠 수 있다.

다음으로 '가설이 사실이다.'라고 고려했을 때, 증거를 볼 확률을 Prob(증거|가설)라고 나타낸다. 우리는 독감 검사 결과의 정확도가 99퍼센트라는 사실을 알고 있다. 그러므로 당신이 독감에 걸렸다면, 검사 결과가 양성일 가능성은 99퍼센트다.

마지막으로 무작위로 선택된 사람에 대해 검사 결과가 올바를 가능성을 Prob(증거)라고 나타낸다. 이 값을 이해하는 일은 이 예제에서 가장 주의할 부분으로, 그 확률값은 다음 식과 같이 '사람이 독감에 걸렸을 확률과 검사 결과가 양성일 확률을 곱한 값'과 '사람이 독감에 걸리지 않았을 확률과 검사 결과가 여전히 양성일 확률을 곱한 값'을 더한 값이다.

$$\text{Prob}(\text{증거}) = (0.001 \times 0.99) + (0.999 \times 0.01) = 0.011$$

그러므로 베이즈의 정리에 4장 예의 값을 실제로 적용한다면 다음과 같다.

$$\text{Prob}(\text{가설}|\text{증거})$$

$$= \frac{\text{Prob}(\text{증거}|\text{가설}) \times \text{Prob}(\text{가설})}{\text{Prob}(\text{증거})}$$

$$= \frac{0.99 \times 0.001}{0.011} = 0.09$$

그러므로 당신의 검사 결과가 양성이었을 때 당신이 실제로 독감에 걸렸을 확률은 9퍼센트로 10퍼센트도 채 되지 않는다.

신경망 이해하기

먼저 민스키와 페퍼트가 주장한 퍼셉트론 모델의 문제를 살펴보자. 두 사람에 따르면 단층 퍼셉트론은 매우 간단한 XOR 함수도 구현할 수 없다. 가령, 다음과 같이 두 개의 입력을 가진 퍼셉트론 모델을 생각해보자.

퍼셉트론에 학습시키려는 XOR 함수는 다음과 같다. 두 입력 가운데 오직 하나만 활성화되면 출력이 활성화된다. 퍼셉트론 모델로 이런 동작을 모델링하는 것이 불가능하다는 것을 이해하기 위해 XOR 동작이 가능한 순간을 상상해보라. 이때, 그림 D1과 같이 두 입력의 가중치는 각각 w_1과 w_2이고, 활성화 한계치는 T이며, 가중치와 활성화 한계치는 다음과 같은 특징을 갖는다.

1. 두 입력 모두 활성화되지 않는다면, 신경망의 입력 가중치 합은 0이며, 출력은 활성화되지 않는다. 그러므로 T는 0보다 커야 한다.

2. 입력 1만 활성화된다면, 퍼셉트론의 출력은 활성화된다. 그러므로 w_1은 T보다 커야 한다.
3. 입력 2만 활성화된다면, 퍼셉트론의 출력은 활성화된다. 그러므로 w_2는 T보다 커야 한다.
4. 입력 1과 입력 2가 동시에 활성화된다면, 퍼셉트론의 출력은 활성화되지 않는다. 그러므로 $w_1 + w_2$는 T보다 작아야 한다.

네 가지 특징을 동시에 만족시키는 w_1, w_2, T는 존재하지 않는다. 그러므로 XOR 함수를 학습할 수 있는 단층 퍼셉트론은 존재할 수 없다.

이제 2층 퍼셉트론이 XOR 함수를 어떻게 학습할 수 있는지 살펴보자. 그림 D2를 보라. 나는 이 퍼셉트론이 XOR 함수를 올바르게 학습한다고 주장한다. 이 퍼셉트론은 세 개의 뉴런으로 구성된다. 뉴런 1은 두 입력 가운데 하나만 활성화돼도 출력이 활성화될 것이다. 뉴런 2는 두 입력이 동시에 활성화되지만 않는다면 출력이 활성화될 것이다. 마지막으로 뉴런 1과 뉴런 2의 출력이 모두 활성화되면 뉴런 3의 출력이 활성화될 것이다. 정리하면, 입력 1과 입력 2 가운데 오직 하나만 활성화됐을 때 뉴런 3의 출력이 활성화될 것이다.

좀 더 자세히 살펴보기 위해 다음 네 가지 경우를 생각해보자.

1. 먼저, 두 입력 모두 활성화되지 않았다고 가정하자. 그러면 뉴

런 2의 입력 가중치 합 0이 −1.5보다 크므로 뉴런 2의 출력이 활성화될 것이다. 이 경우, 가중치 1인 뉴런 3의 두 번째 입력이 활성화되나, 활성화 한계치 1.5보다는 작다. 그러므로 뉴런 3의 출력은 활성화되지 않을 것이다.

2. 입력 1이 활성화됐으나, 입력 2는 활성화되지 않았다고 가정하자. 뉴런 1의 입력 가중치 합은 1로 활성화 한계치 0.5보다 크다. 그러므로 뉴런 1의 출력은 활성화될 것이다. 뉴런 2의 입력 가중치 합은 −1이 되며, 이는 -1.5보다 크기 때문에 뉴런 2의 출력 또한 활성화될 것이다. 결과적으로 뉴런 3은 두 입력이 모두 활성화돼 가중치 합이 2가 되며, 이는 1.5보다 크기 때문에 뉴런 3의 출력은 활성화될 것이다.
3. 입력 2가 활성화됐으나, 입력 1은 활성화되지 않았다고 가정하자. 바로 앞 경우와 마찬가지이므로 뉴런 3의 출력은 활성화될 것이다.
4. 두 입력 모두 활성화됐다고 가정하자. 그러면 뉴런 1의 가중치 합은 2가 되어 뉴런 1의 출력이 활성화될 것이다. 반면, 뉴런 2의 가중치 합은 −2가 되어 뉴런 2의 출력은 활성화되지 않을 것이다. 결과적으로 뉴런 3의 가중치 합은 1이 되며, 뉴런 3의 출력은 활성화되지 않을 것이다.

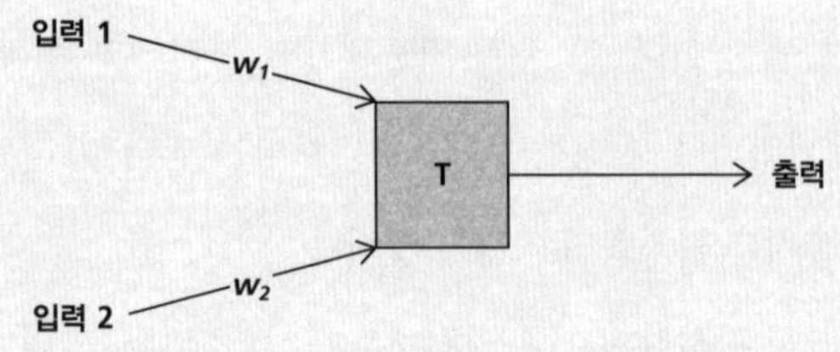

그림 D1 XOR 함수를 모델링할 수 없는 단층 퍼셉트론

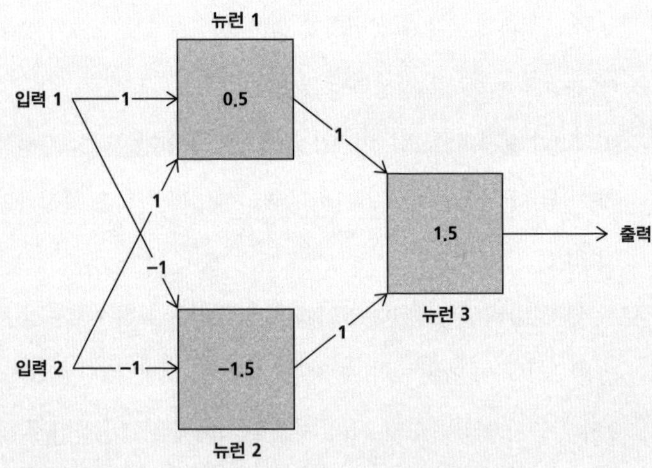

그림 D2 XOR 함수를 올바르게 모델링할 수 있는 2층 퍼셉트론

읽을거리

이 책의 몇몇 독자들은 호기심에 여러 관련 자료를 찾아 읽고 싶어 할 것 같다. 그런 독자들을 위해 다음과 같은 문헌들을 소개한다.

스튜어트 러셀Stuart Russell과 피터 노빅Peter Norvig의 『인공지능: 현대적 접근방식 3판Artificial Intelligence: A Modern Approach』은 인공지능을 현대적 관점에서 학술적으로 소개한다. 나는 인공지능 세부 기술에 관해 궁금한 것이 있을 때면, 늘 이 책을 찾아보곤 한다.

인공지능이 발전해온 방법과 역사에 대해 상세히 알고 싶은 독자에게는 닐스 닐슨Nils Nilsson의 『인공지능을 위한 탐구The Quest for Artificial Intelligence』(Cambridge University Press, 2010)를 추천한다. 인공지능의 대가가 쓴 책으로, 수많은 현대 인공지능 연구들을 역사적으로 매우 훌륭하게 설명한다.

앨런 튜링의 삶에 관한 책도 여럿 있으며, 그 가운데 단연 최고는 앤드루 호지스Andrew Hodges가 쓴 『앨런 튜링의 이미테이션 게임Alan Turing: The Enigma』이다. 학부생 시절 나는 3권으로 이루어진 『인공지능 핸드북Handbook of Artificial Intelligence, 1권(Avron Barr, Edward A. Feigenbaum 편집, 1981), 2권(Avron Barr, Edward A. Feigenbaum 편집, 1982), 3권(Paul R. Cohen, Edward A. Feigenbaum 편집, 1982)』(William Kaufmann & Heuristech Press)을 즐겨 읽었다. 이 책은 인공지능의 황금시대에 만들어진 여러 시스템들의 영광스러운 모습과 사용된 기술을 보여준다. 절판된 지 꽤 오랜 시간이 지났지만, 인터넷에서 복사본을 얻을 수 있다.

전문가 시스템에 관심 있는 독자들에게는 피터 잭슨의 명저 『전문가 시스템의 소개Introduction to Expert Systems』(Addison Wesley, 1986)를 추천한다. 이 책은 약 30년 전 학부생 시절에 읽었던 책으로 이번에 다시 읽을 수 있어서 좋았다. 전문가 시스템 구축을 위한 지식 공학을 자세히 알고 싶은 독자에게는 『전문가 시스템 구축하기Building Expert Systems』(Addison Wesley, 1983)를 추천한다. 인공지능 분야의 논리에 대한 연구를 이해하고 싶은 독자에게는 마이클 제네세레스Michael Genesereth와 닐스 닐슨이 쓴 『인공지능의 논리적 기초Logical Foundations of Artificial Intelligence』(Morgan kaufmann, 1987)를 추천한다. 나는 대학원생 시절 이 책을 매우 열심히 읽었다. 책에서 소개된 기술들은 10년이 채 지나지 않아 구닥다리 기술이 됐으나, 이 책은 인공지능 연구에서 가장 영향력 있었던 연구 분야 가운데 하나인 논리에 대해 매우 잘 쓴 책으로 남아 있다.

로드니 브룩스는 동작 인공지능과 포섭 구조에 관한 자신의 논문을 모아 『캄브리아기 지능Cambrian Intelligence』(MIT Press, 1999)이라는 책을 썼다. 뻔뻔해 보일지는 모르겠지만 에이전트, 에이전트 구조 및 다중 에이전트 시스템에 관해서는 내가 쓴 『다중 에이전트 시스템에 대한 소개Introduction to Multi Agent Systems』(Wiley, 2009)를 추천한다. 인공지능 게임이론의 역할을 좀 더 알고 싶은 독자에게는 『다중 에이전트 시스템: 알고리즘, 게임이론, 논리적 기반Multiagent Systems: Algorithmic, Game-Theoretic, and Logical Foundations』(Cambridge University Press, 2008)을 추천한다.

머신러닝은 매우 큰 주제여서, 수박 겉핥기로 살펴보는 일도 쉽지 않다. 이 책에서는 머신러닝 기술 가운데 오늘날 인공지능 연구의 중심에 있는 신경망 기술을 좀 더 집중적으로 이야기했지만, 사실 그 외에도 다양한 머신러닝 기술들이 있다. 다양한 머신러닝 기술들에 대해 좀 더 자세히 알고 싶은 독자에게는 이셀 알페이딘Ethel Alpaydin의 『머신러닝: 새로운 인공지능Machine Learning: The New AI』(MIT Press, 2006)을 추천한다. 딥마인드에 취업하기를 원한다면, 이안 굿펠로Ian Goodfellow, 요슈아 벤지오Yoshua Bengio, 에런 쿠빌Aaron Courville의 『심층 학습Deep Learning』을 읽으면 좋다.

특이점에 대해 의미 있는 논의를 하고 싶은 독자에게는 머리 섀너핸Murray Shanahan의 『특이점과 초지능The Technological Singularity』을 추천한다. 윤리적 인공지능에 관해서는 버지니아 디그넘의 『책임감 있는 인공지능Responsible Artificial Intelligence』(Springer, 2019)을 읽으면 좋고, 기술과 고용에 관해서는 칼 베네딕트 프레이Carl Benedikt Frey의 『테크놀로지의 덫The Technology Trap』을 추천한다.

마거릿 보든Margaret Boden의 『인공지능과 자연인Artificial Intelligence and Natural Man』(MIT Press, 1977)은 강 인공지능과 의식기계에 대해 고전적인 소개를 담고 있다. 수전 블랙모어Susan Blackmore의 『의식개론Consciousness: An Introduction』(Hodder & Stoughton, 2010)에는 의식에 대해 좀 더 상세한 내용이 담겨 있다. 대니얼 데닛이 마음, 의식 및 인공지능을 주제로 쓴 대부분의 책은 읽을 만한 가치가 충분하다. 그의 책을 읽기 원하는 독자에게 나는 첫 번째 책으로 『마음의 진화Kinds of Minds』를 추천한다. 이후 딱 한 권만 더 읽으려 한다면 그의 책 『브레인스톰Brainstorms』(1978)에 실린 에세이 '여긴 어디인가Where Am I?'를 추천한다. 이 책은 인터넷에서 찾을 수 있다.

참고문헌

근래에 나온 인공지능과 머신러닝 분야의 논문들은 'arXiv'라는 공개 온라인 보관소에 저장돼 있다. 이곳의 논문들은 'arXiv:1412.6572'와 같이 간단한 번호 체계에 따라 정리돼 있으므로 여러분은 https://arxiv.org를 방문해 1412.6572와 같은 논문 번호를 입력해 원하는 논문을 얻을 수 있다.

주

서 론

1 http://tinyurl.com/y7zc94od
2 http://tinyurl.com/yxk3xurl

1장 튜링의 전자두뇌

1 앤드루 호지스(Andrew Hodges), 『앨런 튜링의 이미테이션 게임(Alan Turing: The Enigma)』, 1983
2 앨런 튜링의 놀라운 과학 업적과는 별개로 그는 뿌리 깊은 사회적 이슈를 남겼다. 오랜 기간에 걸친 대중 사회 운동으로 영국 정부는 2014년 이미 오래전 세상을 떠난 튜링을 사면했다. 얼마 후, 튜링을 처벌했던 법에 의해 기소 당했던 모든 사람들에게도 사면령이 내려졌다.
3 소수를 확인할 수 있는 가장 명확한 방법이기는 하지만 가장 우아하거나 효율적인 방법은 아니다. 고대로부터 에라토스테네스의 체라는 깔끔한 방법이 있다.
4 이후부터는 유니버설 튜링머신과 튜링머신을 구분하지 않고, 모두 튜링머신이라고 쓴다.
5 튜링과는 독립적으로 알론조 처치(Alonzo Church)가 튜링보다 조금 앞서 완전히 다른 방법으로 결정문제를 증명했으나 튜링의 증명만이 인정된다. 튜링의 증

명이 좀 더 직접적이고, 완전하며, 이해하기 쉽기 때문이다. 또한, 유니버설 튜링 머신에 기반을 둔 여러 결과물들이 세상을 바꾼 것들이었기 때문이다.

6 정확히 말해 알고리즘은 방법 자체이고, 프로그램은 파이선이나 자바 같은 프로그래밍 언어로 기술된 알고리즘이다. 그러므로 알고리즘은 프로그래밍 언어와는 독립적이다.

7 튜링머신 프로그램은 이보다 훨씬 조악하다. 여기 기술된 명령어들 역시 상대적으로 기계어에 가까운 프로그래밍 언어지만, 튜링머신 프로그램에 비해 매우 상위수준이어서 훨씬 이해하기 쉽다.

8 T. H. Cormen, C. E. Leiserson and R. L. Rivest, 『Introduction to Algorithms (1st edition)』, MIT Press and McGraw-Hill, 1990.

9 A. M. Turing, 'Computing Machinery and Intelligence', Mind, 49, 1950, pp. 433~60.

10 이 대화는 애플 매킨토시 컴퓨터용 엘리자를 사용해 얻은 것이다. 매킨토시를 가진 독자라면 직접 확인할 수 있다.

11 http://tinyurl.com/y7nbo58p

12 사실 용어가 불확실하다. 대부분의 사람들은 '범용 인공지능'을 사람이 지닌 모든 지적 능력을 컴퓨터로 구현한 것이라 생각한다. 그러나 이런 생각에 자아인식 같은 철학적 문제는 들어 있지 않다. 이런 관점에서 범용 인공지능은 존 설의 약 인공지능과 같다. 그러나 때때로 범용 인공지능은 존 설의 강 인공지능 같은 것을 의미한다. 이 책에서 나는 범용 인공지능을 약 인공지능의 의미로 사용한다.

13 http://tinyurl.com/y76xdfd9

2장 인공지능의 황금시대

1 가장 영향력 있었던 기법 가운데 하나는 존 매커시가 개발한 시분할 기법이었다. 그는 누군가 컴퓨터를 사용하고 있을 때, 컴퓨터 수행시간의 대부분이 입력이나 프로그램 실행을 기다리는 일이라는 것을 깨달았다. 그는 다른 사람들이 동시에 컴퓨터를 사용하게 함으로써 이 문제를 해결할 수 있다고 생각했다. 그가 개발한 시분할 기법 덕분에 고가의 컴퓨터를 훨씬 효율적으로 사용할 수 있게 됐다.

2 실제로는 'List Processor'를 뜻한다.

3 S. Nasar, 『A Beautiful Mind』, Simon & Schuster, 1998

4 J. McCarthy et al, 'A Proposal for the Dartmouth Summer Research Project on Artificial Intelligence(1955)' (재발행:『AI Magazine』, 24(4), 2006, pp. 12~14)

5 T. Winograd, 『Understanding Natural Language』, Academic Press, 1972

6 언어학에서는 '그것', '그녀의', '그녀' 등과 같이 한 번 나왔던 것을 지칭하는 명사를 대명사라 부른다. 자연어처리 컴퓨터 프로그램은 이런 대명사가 가리키는 것을 알아야 한다. 이 문제는 오늘날까지도 여전히 어려운 문제로 남아 있으며, 사람들은 슈드루의 대명사 이해 능력을 이 문제를 해결하기 위한 시작점으로 생각한다.

7 R. E. Fikes and N. J. Nisson, 'STRIPS: A New Approach to the Application of Theorem Proving to Problem Solving', Artificial Intelligence, 2(3-4), 1971, pp. 189~208

8 셰이키를 제어한 컴퓨터는 PDP-10으로 1960년대 후반 최고의 컴퓨터였다. PDP-10의 무게는 1톤이 넘었으며, 크기는 방 하나를 가득 채울 만큼 컸다. PDP-10의 주 메모리는 약 1메가바이트였다. 참고로 내 주머니에 있는 스마트폰의 주 메모리 용량은 4기가바이트로 PDP-10의 주 메모리보다 4,000배 크며, 스마트폰의 성능은 PDP-10의 성능보다 훨씬 높다.

9 http://tinyurl.com/yxu8hwoq

10 http://tinyurl.com/n6lf8t6

11 정확한 숫자가 아닌 감을 주기 위한 어림수다.

12 b를 탐색 문제의 분기 계수라 하자. 또한, d를 탐색 나무의 깊이라 하자. 이때, 탐색 나무의 맨 아래에는 b^d(b의 d승) 즉, b를 d번 곱한 개수만큼의 상태가 있다. 이런 증가를 지수적 증가라 한다. 몇몇 사람들은 이를 기하급수적 증가라고도 부르지만, 인공지능 분야에서 기하급수적 증가라는 용어가 사용되는 것을 본 적은 없다.

13 미국에서는 이 게임을 체커라 부르며, 영국에서는 드래프트라 부른다. 새뮤얼이 미국인인 만큼 체커라 부르는 것이 적당해 보인다. 또한, 인공지능 분야에서는 일반적으로 '새뮤얼의 체커 플레이어'라 부른다. 그러므로 영국 사람이 '새뮤얼의 드래프트 플레이어'라고 말한다면, 많은 사람들이 어리둥절해할 것이다.

14 P. E. Hart, N. J. Nilsson, and B. Raphael, 'A Formal Basis for the Heuristic Determination of Minimum Cost Paths', IEEE Transactions on Systems Science and Cybernetics 4(2), 1968, pp. 100~107

15 독립 집합 문제라 부른다.

16 본문에서는 순회 세일즈맨 문제를 간단히 설명했으며, 좀 더 자세히 설명하면 다음과 같다. C는 도시의 집합이며, C에 속한 임의의 두 도시 i와 j의 거리는 $d_{i,j}$이다. B는 연료를 한 번 채우고 최대한 움직일 수 있는 거리다. C, $d_{i,j}$, B는 주어진다. 풀어야 하는 문제는 '모든 도시를 순회하고 출발점으로 다시 돌아올 수 있는 경로가 존재하느냐?'이다. 이때, 이동거리는 B보다 클 수 없다.

17 'P'는 다항식(Polynomial)을 뜻한다. 문제 해결 알고리즘의 수행 시간이 다항식으로 표현된다는 뜻이다.

3장 지식의 힘

1 P. Winston and B. Horn, 『LISP (3rd edition)』, Pearson, 1989

2 E. H. Shortliffe, 『Computer-Based Medical Consultation: MYCIN』, American Elsevier, 1976

3 R. Schank and R. P. Abelson, 『Scripts, Plans, Goals, and Understanding: An Inquiry into Human Knowledge Structures』, Psychology Press, 1977

4 W. A. Woods, 'What's In a Link? Foundations for Semantic Networks.' In D. G. Borow and A. Collins, 『Representation and Understanding: Studies in Cognitive Science』, Morgan-Kaufmann, 1975

5 D. McDermott, 'Tarskian Semantics, or, No Notation without Denotation!' Cognitive Science 2(3): pp. 277~82, 1978. 이 제목은 미국 독립 전쟁 당시의 슬로건 '대표가 없다면, 세금도 없다'에서 따온 것처럼 보인다. 미국 독립 200주년인 1976년에 책을 쓰고 있었기 때문이다.

6 J. McCarthy, 『Concepts of Logical AI』(출판되지 않음)

7 W. F. Clocksin and C. S. Mellish, 『Programming in PROLOG』, Springer-Verlag, 1981

8 프롤로그의 연역 표현을 분해라 부른다. 1960년대 발명됐으며, 프롤로그에서 사용되는 규칙들에 대해 효과적으로 구현될 수 있다.

9 D. H. D. Warren, 'Generating Conditional Plans and Programs', In Proceedings of the Second Summer Conference on Artificial Intelligence and Simulation of Behaviour(AISB- 76), Edinburgh, July 1976

10 R. V. Guha and D. Lenat, 'Cyc: A Midterm Report', AI Magazine, 11(3), 1990

11 V. Pratt, 'CYC Report', 1994(http://tinyurl.com/y4q4aoqj)

12 R. Reiter, 'A Logic for Default Reasoning', Artificial Intelligence, 13, 1980, pp. 81~132

13 사람들은 이 예를 닉슨 다이아몬드라 부른다. 이런 추론 시나리오를 도식적으로 표현하면 다이아몬드 모양이 되기 때문이다.

4장 로봇과 합리성

1 R. A. Brooks, 'Intelligence Without Representation', Artificial Intelligence, 47, 1991, pp. 139~59

2 흥미롭게도 사람의 지능에서 수준 높은 부분들은 두뇌의 신피질이 담당한다. 그런데 사람의 진화 기록을 살펴보면 신피질은 상당히 최근에 생겨난 것으로 보인다. 결과적으로 추론과 문제 해결 능력은 새로운 능력이다. 우리 조상들은 진화하는 동안 대부분 추론과 문제 해결 능력 없이 살아왔다.

3 S. Russell and D, Subramanian, 'Provably Bounded-Optimal Agents', Journal of Artificial Intelligence Research, 2, 1995.

4 https://www.irobot.co.uk

5 R. A. Brooks, 'A Robot That Walks: Emergent Behaviors from a Carefully Evolved Network', Proceedings of the 1989 Conference on Robotics and Automation, Scottsdale, Arizona, May 1989

6 I. A. Ferguson, 'TouringMachines: Autonomous Agents with Attitudes', IEEE Computer, 25(5), pp. 51~5, 1992. '투어링머신'은 분명 '튜링머신'의 말장난이다. 퍼거슨(Ferguson)이 나의 25년지기 친구이기는 하지만 나는 이런 말장난을 받아들이기 쉽지 않다. 처음 사용한 이후 지난 30년간 사람들이 '투어링머신'이라는 단어를 사용해왔다는 것을 안다면, 그가 여전히 그 말장난을 재미있다고 생각하지는 않을 것 같다.

7 S. Vere and T. Bickmore, 'A Basic Agent', Computational Intelligence, 6, 1990, pp. 41~60

8 역사적으로 좀 더 정확하게 말하면 책상 윗면을 표현한 그래픽 사용자 인터페이스는 애플이 아닌 제록스 팔로 알토 연구센터(Xerox Palo Alto Research Center, PARC)에서 발명됐다. 애플은 잠재된 가능성을 알아차리고 구현해 제품으로 만든

회사다.
9 http://tinyurl.com/y9qxdko5
10 P. Maes, 'Agents That Reduce Work and Information Overload', Communications of the ACM, 37(7), 1994, pp. 30~40
11 O. Etzioni and D, Weld, 'A Softbot-based Interface to the Internet', Communications of the ACM, 37(7), 1994, pp. 72~6
12 J. von Neumann and O, Morgenstern, 『Theory of Games and Economic Behavior』, Princeton University Press, 1944
13 좀 더 쉽게 설명하기 위해, 나는 효용도를 돈과 연관지어 설명했다. 물론 실제로도 돈과 효용도 사이에는 종종 연관성이 존재한다. 그러나 일반적으로는 서로 다르다. 그러므로 여러분이 효용도를 단순히 돈과 연관 지어서만 생각한다면, 수많은 경제학자들이 화낼 것이다. 사실상 효용도 이론은 선호도를 표현하고 계산하는 산술적인 방법일 뿐이다.
14 S. Russell and P. Norvig, 『Artificial Intelligence: A Modern Approach(3rd edition)』, Pearson, 2016
15 R. Murphy, 『An Introduction to AI Robotics』. MIT Press, 2001
16 J. Pearl, 『Probabilistic Reasoning in Intelligent Systems: Networks of Plausible Inference』, Morgan Kaufmann, 1988
17 M. Wooldridge, 『An Introduction to MultiAgent Systems (2nd edition)』, John Wiley, 2009
18 A. Rubinstein and M. J. Osborne, 『A Course in Game Theory』, MIT Press, 1994
19 B. Selman, H. J. Levesque and D. G. Mitchell, 'A New Method for Solving Hard Satisfiability Problems', Proceedings of the Tenth National Conference on AI (AAAI 1992), San Jose, California, 1992

5장 '딥' 돌파구

1 딥마인드 인수합병 금액은 언론사마다 달랐다. 4억 유로는 『가디언(The Gardian)』의 보도 내용이었다.(http://tinyurl.com/kvyueye)
2 M. Minsky and S. Papert, 『Perceptrons: An Introduction to Computational

Geometry』, MIT Press, 1969

3 http://tinyurl.com/ycu4ngsg

4 D. E. Rumelhart and J. L. McClelland, 『Parallel Distributed Processing(1권, 2권)』, MIT Press, 1986

5 D. E. Rumelhart, G. E. Hinton and R. J. Williams, 'Learning Representations By Back-propagating Errors', Nature, 323, 1986, pp. 533~6

6 I. Goodfellow, Y. Bengio and A. Courville, 『Deep Learning』, MIT Press, 2016

7 뉴런 개수의 증가 추세를 보면 약 40년 이내에 사람과 인공 신경망의 뉴런 숫자가 비슷해질 것 같다. 그러나 이런 사실이 40년 이내에 인공 신경망이 사람 수준의 지능을 달성할 것이라는 뜻은 아니다. 뇌가 단순히 거대한 신경망으로만 이루어진 것은 아니기 때문이다.

8 http://www.image-net.org

9 https://wordnet.princeton.edu

10 A. Krizhevsky, I. Sutskever and G. E. Hinton, 'ImageNet Classification with Deep Convolutional Neural Networks', In NIPS, 2012, pp. 1106~14

11 I. Goodfellow et al, 'Explaining and Harnessing Adversarial Examples', arXiv:1412.6572

12 V. Mnih et al, 'Playing Atari with Deep Reinforcement Learning', arXiv:1312.5602v1

13 V. Mnih et al, 'Human-Level Control through Deep Reinforcement Learning', Nature, 518, 2015, pp. 529~33

14 D. Silver et al, 'Mastering the Game of Go with Deep Neural Networks and Tree Search', Nature, 529, 2016, pp. 484~9

15 http://tinyurl.com/ydafuhjp

16 D. Silver et al, 'Mastering the Game of Go without Human Knowledge', Nature, 50, 2017, pp. 354~9

17 https://www.captionbot.ai

18 https://translate.google.com

19 이 번역은 스코틀랜드의 작가이자 번역가인 스콧 몬크리프(C. K. Scott Moncrieff)가 한 것이다. 그가 번역한 『잃어버린 시간을 찾아서』는 비난을 받기도 하지만 문학 역사상 가장 유명한 번역서 가운데 하나로 손꼽힌다.

6장 오늘날의 인공지능

1 https://tinyurl.com/y2k5aeq4

2 https://tinyurl.com/y8bu8xx8

3 https://tinyurl.com/y5y75rgs

4 https://blog.cardiogr.am/tagged/research

5 이 수치는 출산 과정에서 혹은 매우 어려서 죽은 사람들의 비율에 의해 다소 왜곡됐을 것이다. 이들이 성인이 됐다면 오늘날 우리가 적당하다고 생각하는 나이까지 살 수 있었을 것이다.

6 http://tinyurl.com/yc5gv8jg

7 J. De Fauw et al, 'Clinically Applicable Deep Learning for Diagnosis and Referral in Retinal Disease', Nature Medicine, 24, September 2018, pp. 1342~50

8 http://tinyurl.com/yakkuyg2

9 A. Herrmann, W. Brenner, and R. Stadler, 『Autonomous Driving』, Emerald, 2018

10 https://corporate.ford.com/innovation/autonomous-2021.html

11 https://www.riotinto.com/media/media-releases-237_23991.aspx

7장 인공지능의 공포

1 http://tinyurl.com/ybsrkr4a

2 R. Kurzweil, 『The Singularity is Near』, Penguin, 2005

3 V. Vinge, 'The Coming Technological Singularity: How to Survive in the Post- Human Era', NASA Lewis Research Center, Vision 21: Interdisciplinary Science and Engineering in the Era of Cyberspace, pp. 11~22

4 T. Walsh, 'The Singularity May Never Be Near', arXiv:1602.06462v1

5 https://tinyurl.com/y622vm6k

6 D. S. Weld and O. Etzioni, 'The First Law of Robotics (A Call to Arms)', Proceedings of the National Conference on Artificial Intelligence (AAAI-94), 1994, pp. 1042~7

7 P. Foot, 'The Problem of Abortion and the Doctrine of the Double Effect', Oxford Review, Number 5, 1967

8 http://tinyurl.com/ybl8luoe

9 E. Awad et al, 'The Moral Machine Experiment', Nature, 563, 2018, pp. 59~64

10 http://tinyurl.com/ydf26689

11 http://tinyurl.com/jslm95f

12 사실 나는 아실로마 원칙이 만들어진 두 번의 학회 모임에 모두 초청을 받았었고, 기꺼이 참석하고 싶었다. 그러나 우연히도 선약이 있어 참석할 수 없었다.

13 http://tinyurl.com/y28osmtw

14 http://tinyurl.com/y29v4rrd

15 http://tinyurl.com/yc3vgkgv

16 http://tinyurl.com/y2egvzxx

17 V. Dignum, Responsible Artificial Intelligence, Springer, 2019

18 N. Bostrom, 『Superintelligence』, Oxford University Press, 2014

19 S. O. Hansson, 'What Is Ceteris Paribus Preference?' Journal of Philosophical Logic, 25(3), 1996, pp. 307~32

20 A. Y. Ng and S. Russell, 'Algorithms for Inverse Reinforcement Learning', Proceedings of the Seventeenth International Conference on Machine Learning(ICML '00), 2000

8장 현실이 된 공포

1 C. B. Benedikt Frey and M. A. Osborne, 'The Future of Employment: How Susceptible Are Jobs to Computerisation?' Technological Forecasting and Social Change, 114, January 2017

2 https://rodneybrooks.com/blog/

3 https://tinyurl.com/yytefewg

4 http://tinyurl.com/ydb9bpz4

5 http://tinyurl.com/ycq6jk35

6 http://tinyurl.com/y74yfk8a

7 M. Oswald et al, 'Algorithmic Risk Assessment Policing Models: Lessons from the Durham HART Model and "Experimental" Proportionality', Information & Communications Technology Law, 27:2, 2018, pp. 223~50

8 http://tinyurl.com/y6narok3

9 https://www.predpol.com

10 http://tinyurl.com/y242nn5u

11 http://tinyurl.com/ycef9mqv

12 http://tinyurl.com/y4elgklp

13 나는 이 시나리오를 유명한 인공지능 연구자인 스튜어트 러셀(Stuart Russell)이 만들었다고 생각한다.

14 http://tinyurl.com/yy7szdxm

15 R. Arkin, 'Governing Lethal Behaviour: Embedding Ethics in a Hybrid Deliberative/Reactive Robot Architecture', Technical report GIT-GVU-07-11, College of Computing, Georgia Institute of Technology

16 https://www.stopkillerrobots.org/

17 House of Lords Select Committee on Artificial Intelligence, Report of Session 2017~19. AI in the UK: Ready, Willing and Able? HL Paper 100, April 2018

18 http://tinyurl.com/lbtnkse

19 https://tinyurl.com/y9juww8v

20 https://tinyurl.com/y7dzz46v

21 Nature, 563, 27 November 2018, pp. 610~11

22 C. Criado Perez, 『Invisible Women: Exposing Data Bias in a World Designed for Men』, Chatto & Windus, 2019

23 http://tinyurl.com/y9cd9x7f

24 http://tinyurl.com/y25dhf9k

25 페이스북은 사용자에게 특화된 정보를 제공한다.(http://tinyurl.com/j4ys4hq)

26 http://tinyurl.com/y7mcrysq

27 https://tinyurl.com/yyc6botm

28 http://tinyurl.com/yaypy567

29 http://tinyurl.com/yd36fdva

30 http://tinyurl.com/y6uoewyg

31 http://tinyurl.com/y8vgslkb

32 http://tinyurl.com/y6wx5tz7

9장 의식기계?

1 http://tinyurl.com/yxwlrrkq

2 T. Nagel, 'What Is It Like to Be a Bat?' Philosophical Review, 83:4, 1974, pp. 435~50

3 D. Kahneman, 『Thinking, Fast and Slow』, Penguin, 2012

4 마차의 마부를 이해하고 자신의 마음을 제어하는 사람은 여행의 끝에서 가장 훌륭한 집에 도착한다(까타 우파니샤드 1.3).

5 C. S. Soon et al., 'Unconscious Determinants of Free Decisions in the Human Brain', In Nature Neuroscience, 11, 2008, pp. 543~5

6 좀 더 정확히 말하면 던바가 관심을 가졌던 것은 신피질의 크기였다. 참고로 신피질은 뇌에서 인지, 추론, 언어를 담당하는 부분이다.

7 D. C. Dennett, 『The Intentional Stance』, MIT Press, 1987

8 D. C. Dennett, 'Intentional Systems in Cognitive Ethology', Behavioral and Brain Sciences, 6, 1983, pp. 342~90

9 Y. Shoham, 'Agent-Oriented Programming', Artificial Intelligence, 60(1), 1993, pp. 51~92

10 J. McCarthy, 'Ascribing Mental Qualities to Machines', Formalizing Common Sense: Papers by John McCarthy, Alblex, 1990

11 http://tinyurl.com/yc2knerv

12 '의미 있는'이 중요하다. 누군가 지적 능력을 평가하는 테스트 방법을 제안할 때마다 다른 누군가는 문제 해결에 성공했다고 주장하기 위해 당신이 예상하지 않았던 방법을 찾아내 문제를 해결하려 할 것이다. 튜링 테스트가 직접적인 예다. 나는 속임수가 아닌 의미 있는 방식으로 튜링 테스트를 통과할 수 있는 프로그램을 기대한다.

13 S. Baron-Cohen, A. M. Leslie and U. Frith, 'Does the Autistic Child Have a "Theory of Mind"?' Cognition, 21(1), 1985, pp. 37~46

14 S. Baron-Cohen, 『Mindblindness: An Essay on Autism and Theory of

Mind』, MIT Press, 1995

15 N. C. Rabinowitz et al., 'Machine Theory of Mind', arXiv:1802.07740

16 나는 진화심리학 전문가는 아니다. 9장에서 제공하는 읽을거리 추천은 로빈 던바가 쓴 『사람 진화』(Penguin, 2014)다. 좀 더 자세한 사항을 알고 싶다면 방금 소개한 책을 읽어보도록 한다.

괄호로 만든 세계

1판 1쇄 인쇄 2023년 10월 18일
1판 1쇄 발행 2023년 10월 30일

지은이 마이클 울드리지
옮긴이 김의석

발행인 양원석 **편집장** 김건희
디자인 강소정, 김미선 **영업마케팅** 윤우성, 박소정, 이현주, 정다은, 백승원

펴낸 곳 ㈜알에이치코리아
주소 서울시 금천구 가산디지털2로 53, 20층(가산동, 한라시그마밸리)
편집문의 02-6443-8902 **도서문의** 02-6443-8800
홈페이지 http://rhk.co.kr
등록 2004년 1월 15일 제2-3726호

ISBN 978-89-255-7583-4 (03400)